U0235110

时光花事

王文元 姜 琪 主编

化学工业出版社
·北 京·

内容简介

《时光花事》收录了较为常见的草本花卉、木本花卉、绿植等365种，照片450余张。每种植物分为识别和养护两个部分，识别部分配植物盛花时的照片或绿植照片，并阐述植物的形态特征及其应用；养护部分着重强调该植物的今日花事和后期的日常养护管理知识。每种植物分别对应一天，并配上阳历的日历，星期可以填写。花事记部分，留有书写空间，可以记录自己的养花、识花心得和日常心情。

本书作为科普图书，适合各个年龄的植物爱好者参考阅读，是植物养护管理人员、家庭养花必备手册，同时也对园林绿化养护人员、日常维护工作人员、园林绿化技术人员有较好的参考价值。

图书在版编目（CIP）数据

时光花事 / 王文元，姜琪主编. — 北京：化学工业出版社，2021.7
ISBN 978-7-122-39061-5

Ⅰ. ①时… Ⅱ. ①王… ②姜… Ⅲ. ①花卉—观赏园艺 Ⅳ. ①S68

中国版本图书馆CIP数据核字（2021）第080947号

责任编辑：袁海燕　　加工编辑：杨欣欣
责任校对：田睿涵　　装帧设计：景　宸

出版发行：化学工业出版社
（北京市东城区青年湖南街13号 邮政编码100011）
印　　装：北京瑞禾彩色印刷有限公司
889mm×1194mm　1/48　印张 15¾　字数 473 千字
2021年10月北京第1版第1次印刷

购书咨询：010-64518888　　售后服务：010-64518899
网　　址：http://www.cip.com.cn
凡购买本书，如有缺损质量问题，本社销售中心负责调换。

定　价：128.00元

版权所有　违者必究

主编

王文元　姜　琪

编写人员

肇　稷　程　瑶　陈韦钢

图片

安　原　王文元　姜　琪

前 言

英国博物学家达尔文在《物种起源》中说："花是自然界中最美丽的产物。"的确，花卉以其鲜艳亮丽的色彩、柔媚多姿的形态、浓淡适宜的馨香，成为人类最早和经常遇到的审美对象。自古以来，观赏性、装饰性一直是花卉价值取向的最主要内容。另外，一些具有美丽叶形和叶色的观叶植物，以及具有美丽果实的观果植物也逐渐被人们推崇和喜爱。特别是经过人类千百年来的培养，当前的观赏植物不但品种繁多、色彩纷呈，而且还是园林绿化的重要组成部分，是构成绚丽多彩空间环境的植物材料，也是一个城市、一个地区园林水平和艺术水平的窗口，更是衡量居住环境质量水平、生活水平和精神文明建设成就的标志。

《时光花事》自然科普手册，收录了较为常见的观赏植物共 365 种，照片 450 余张。依据北纬 40° 地区常见自然生长植物及盆栽、温室栽培植物的物候特点，从其最佳观赏性、植物文化与季节节日文化等方面进行合理编排和筛选。本书文字部分，不但描述了物种的形态特征，还特意强化了其花卉养护内容。从植物学分类（采用 APG4 分类系统）、形态特征、历史、民俗、植物文化、拓展应用、四季养护等多个角度对植物进行解读，以提升《时光花事》文字内容的趣味性和可参考性。同时本书精选了每种植物的最佳观赏期的照片，全方位体现植物的个性美，以此加深读者对每种植物的美感享受认识。本书通俗易懂，图文并茂，无论是植物爱好者、园艺工作者还是大专院校相关专业师生，均可从中了解到相关花卉知识，为园林应用、家庭栽培等提供必要的参考信息。

本手册编写历时半年多，期间编著者对文字和图片进行了多轮仔细修改和精心筛选。旨在完成一本高质量的公益科普手册，呈现给热爱花卉和自然的朋友们。由于编者学识经历和时间有限，手册难免有疏漏之处，希望读者朋友批评指正。

北方植物联盟

2021 年 1 月 3 日

目录

1月

[1] 凡加括号的品种，括号内名称为大众熟悉的俗名。

2月

3月

4月

5月

6月

7月

8月

9月

10月

11月

12月

时光花事

1 月

2 月

3 月

01

Chimonanthus praecox

蜡梅

蜡梅科蜡梅属落叶灌木。叶对生，椭圆状卵形至卵状披针形；花着生于第二年生枝条叶腋内，先花后叶，芳香；花被片圆形、长圆形、倒卵形、椭圆形或匙形，无毛；果托近木质化，口部收缩，并具有钻状披针形的被毛附生物。花黄似蜡，浓香扑鼻，是冬季观赏主要花木。花期11月至翌年3月，果期4—11月。

01 日 | 1月

星期___

花事记

今日花事

蜡梅怕风，较耐寒，性喜温暖而湿润的气候，宜在阳光充足通风良好处生长。

春夏花事 盆栽蜡梅，平时放在室外阳光充足处养护，夏季每天早晚各浇一次水，水量视盆土干湿情况控制。新叶萌发后至6月的生长季节，每10～15天施一次腐熟的饼肥水；生长季抹芽、摘心。花前修剪，花后补剪。上盆初期不再追施肥水，春季要施叶肥。每隔2～3年翻盆换土一次，在花谢后进行，换掉1/3的盆土。

秋冬花事 盆栽蜡梅开花期间，土壤保持适度干燥，不宜浇水过多。在春秋两季，盆土不干不浇。在不低于-15℃时能安全越冬，北京以南地区可露地栽培。花期遇-10℃低温，花朵易受冻害。平时浇水以维持土壤半墒状态为佳，秋后再施一次有机肥。每次施肥后都要及时浇水、松土，以保持土壤疏松。花期不要施肥。

02

Spathiphyllum kochii

白鹤芋（白掌）

白鹤芋又称白掌。天南星科白鹤芋属多年生草本植物。无茎或茎短小，具块茎或伸长的根茎，有时茎变厚而木质化。叶基生，叶长椭圆状披针形，两端渐尖，叶脉明显；叶柄长，深绿色，基部呈鞘状；叶全缘或有分裂。春夏开花，花葶直立，高出叶丛，佛焰苞直立向上，大而显著，稍卷，白色或微绿色，肉穗花序圆柱状，乳黄色。大型种，叶深色，花小、白色，生长慢。花期5—8月。可以过滤室内废气，对氨气、丙酮、苯和甲醛都有一定的清洁功效。还可以用作切花。

02日 1月

星期____

花事记

今日花事

喜高温高湿，也比较耐阴。应在高温温室内栽培，对湿度比较敏感，怕强光暴晒，生长适温为 22 ～ 28℃。

春夏花事 分株繁殖以 5—6 月进行最好。将整株从盆内托出，从株丛基部将根茎切开，每丛至少有 4 枚叶片，分栽后放半阴处恢复。不能过多浇水，保持盆土湿润即可。每隔 1 ～ 2 年换盆一次，结合换盆修剪根系，除去部分老根及过长根系，剔去旧土，换以新培养土，以利于白鹤芋开花。

秋冬花事 9 月至翌年 3 月温度控制在 18 ～ 21℃，冬季温度不低于 14℃。温度低于 10℃时植株生长受阻，叶片易受冻害。

03

Adenium obesum

沙漠玫瑰

夹竹桃科沙漠玫瑰属多肉灌木或小乔木。树干肿胀。单叶互生，集生枝端，倒卵形至椭圆形，全缘，先端钝而具短尖，肉质，近无柄。总状花序，顶生，喇叭状，有玫红、粉红、白色及复色等。喜高温干燥和阳光充足的环境，耐酷暑，不耐寒。因原产地接近沙漠且红如玫瑰而得名沙漠玫瑰。花盛开时美丽，常栽培观赏。花语:“爱你不离不弃，至死不渝”“坚强”。花期 5—12 月。

03 日 1 月

星期___

花事记

今日花事

沙漠玫瑰的修剪工作非常重要。如果不注意平时的修剪，任其徒长，很容易失去观赏价值。花期过后是修剪的最好时节，可以根据个人喜好进行取舍。

春夏花事 每年的春夏雨季是生长期。因此，这时候应稍微添加肥料以满足其成长所需养分。但由于沙漠玫瑰的生长速度慢，所以肥料以缓效性的为佳，例如腐熟的堆肥等。

秋冬花事 秋冬是休眠期，其生长非常缓慢甚至停止。因此，切勿在这段时间内施肥。应避免使沙漠玫瑰生长于潮湿的环境。纵然在生长期间，水分亦不能过多，1 ～ 2 个月浇一次水即可。在每次浇水前，必须确定盆土的表面完全干燥方可进行。切勿在植株休眠期浇水，如此一来，只会使植株更容易遭受寒害而枯萎。

04

Kalanchoe blossfeldiana

长寿花

别名：家乐花、矮生伽蓝菜。景天科伽蓝菜属多年生肉质草本植物。叶圆形或椭圆形，深绿色，叶片边缘为钝齿状，终年常绿。人工培育的花色多，有红、橙、黄、紫等多种颜色，花期较长。花期为冬季至春季，开花量大。近年培养出重瓣花品种，在园艺上逐渐取代单瓣花品种。

04日 1月

星期____

花事记

今日花事

喜阳光充足但日照时间不长的生长环境，来自半沙漠地区，耐干旱，室温在 15 ～ 24℃左右会开花不断，超过 24℃会抑制开花。

春夏花事 炎夏正午要避免阳光直射，以免烧伤叶片。生长速度中等。开花后，会进入休眠，其间要减少浇水。平时泥土干燥方可浇水。生长季节 15 ～ 20 天施肥一次，可选择稀薄的复合液肥，使生长速度更快。

秋冬花事 不能忍受 12℃以下的气温，在低温时应将长寿花放入室内明亮处越冬及采取保暖措施。

05

Chimonanthus praecox

素心蜡梅

蜡梅科蜡梅属落叶灌木。为蜡梅中最名贵品种。常丛生；幼枝四方形，老枝近圆柱形，灰褐色，无毛或被疏微毛，有皮孔；叶纸质至近革质，卵圆形、椭圆形、宽椭圆形至卵状椭圆形，有时长圆状披针形；花着生于第二年生枝条叶腋内，先花后叶，芳香；果托近木质化，坛状或倒卵状椭圆形；口部收缩，并具有钻状披针形的被毛附生物。适应性强，喜阳光充足的环境。有“旱不死的素心蜡梅”之说。花期11月至翌年3月，果期4—11月。

05日 | 1月 星期___

花事记

今日花事

怕风、忌水湿，发枝力强，耐修剪。生长适温10～15℃。

春夏花事 素心蜡梅萌发力很强，如任其自然生长，则枝条杂乱丛生，严重影响观赏及开花方向。一般采用独干培育方法：在定植一年后选留一强壮枝，在离根部50厘米处，挖坑施基肥并培好土，其余枝条全部剪除，1年内即可高达1～2米。应继续注意修剪整形，随时剪除根际萌生的枝条，修剪多在3—6月间进行，7月以后停止。如不适时修剪，则易抽生很多徒长枝，消耗养分，使花芽分化不良，影响开花。

秋冬花事 冬季耐−15℃低温。但若花期遇−10℃以下低温，开放的花朵就会受冻害。秋凉后，浇水量应逐渐减少。

06

Paphiopedilum appletonianum

卷萼兜兰

兰科兜兰属多年生草本植物。卷萼兜兰花朵的唇瓣与拖鞋头相似，故又名拖鞋兰。茎极短；叶片革质，近基生，带形或长圆状披针形，绿色或带有红褐色斑纹；花葶从叶丛中抽出，花形奇特，唇瓣呈口袋形；背萼极发达，有各种艳丽的花纹；两片侧萼合生在一起；花瓣较厚，花寿命长。温暖型斑叶品种等大多在夏秋季开花，冷凉型绿叶品种在冬春季开花。

06日 | 1月 | 星期__

花事记

今日花事

全年均喜高湿度的环境，通常湿度要保持在60%～80%上下，喜温暖、怕强光暴晒。花瓣较厚，花期长，每朵开放时间，短的3～4周，长的5～8周。

春夏花事 夏季是其生长期，每天应浇水2次，不宜在太阳底下暴晒。定期施肥，一般情况下两周或三周施肥一次，施肥浓度不宜过高。待到花蕾钻出，停止施肥。当气温达到25℃左右时，应让植株尽量受到光照。同时要注意转动盆体，使植株全部受到光照。

秋冬花事 适当光照，环境温度不得低于10℃。浇水最好在中午以前，当植株表面呈现干燥状时进行。

07

Eustoma grandiflorum

洋桔梗

别名：草原龙胆。龙胆科洋桔梗属一二年生草本植物。叶对生，灰绿色，卵形，全缘。株高因品种不同而异。花冠呈漏斗状，有单重瓣之分；花色非常丰富，主要有红、粉红、淡紫、紫、白、黄以及各种不同程度镶边的复色花。根据品种不同，每个花茎可产生 10 ～ 20 朵花，通常单枝着花 5 ～ 10 朵。是国际上十分流行的盆花和切花种类之一。自然花期为 5—7 月。在一定的设施和栽培技术条件下可实现周年开花。

07 日 | 1 月
星期 ___

7月 8月 9月 10月 11月 12月

花事记

今日花事

生长适温为 15 ～ 28℃，夜间温度不能低于 12℃。

春夏花事 温度超过 30℃，花期明显缩短。花蕾形成后应使其避开高温高湿环境，否则容易引起霉病危害，导致花朵腐烂。对水分的要求非常严格，含水量过多会损伤根系，含水量过少会使茎和叶生长失去活力。因此，为了将含水量控制在一定范围内而使洋桔梗健康生长，最好采取滴灌浇水。

秋冬花事 冬季温度在 5℃以下时叶丛呈莲座状，不能开花；成长期应在温暖、阳光充足、通风良好的环境中栽培。

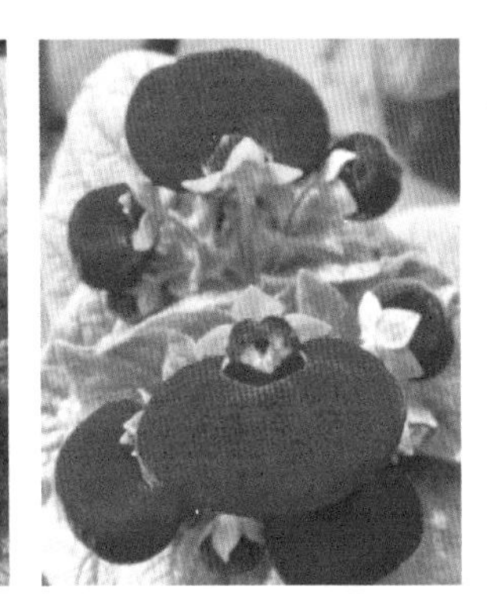

08

Calceolaria herbeohybrida

蒲包花

别名：荷包花。荷包花科荷包花属多年生草本植物。茎、叶有毛茸；叶卵形，对生。花期长，花色艳丽。花色变化丰富，单色品种具黄、白、红系各种深浅不同的花色；复色品种则在各种颜色的底色上，具有橙、粉、褐、红等色斑或色点。花形别致，具二唇花冠，小唇前伸，下唇膨胀呈荷包状，向下弯曲。花朵盛开时犹如无数个小荷包悬挂梢头，颜色艳丽并具各种斑纹，十分别致。橙色花看起来很像是元宝，被赋予富贵、富有的含义。5 月开花，6 月以后种子成熟。蒴果，种子细小。

08 日 1 月

星期____

花事记

今日花事

低温花卉，性喜温暖而又凉爽的气候条件，既怕高温炎热，也不耐严寒，生长适温为13～16℃，最低温度要求在5℃以上。

春夏花事 不宜强光直射，也不耐荫蔽。中午日照强烈时需放通风凉爽处。空气湿度宜高，而土壤含水量最好是半干半湿，忌土壤潮湿，更怕积水。浇水时要注意勿使水珠集聚在叶面或芽上，不然易烂叶、烂心。生长期间易遭蚜虫、红蜘蛛为害，需及时喷洒40%乐果1200倍液防治。

秋冬花事 蒲包花是长日照植物，增加光照即可提前开花。从11月中、下旬开始增加人工光照，于落日后开启100瓦的电灯照明，每天照射3～4小时，可在1月间开花。开花时温度保持在8℃左右可延长开花时间。花期不能往花朵上喷水，否则不易结实。

09 杜鹃 *Rhododendron simsii*

别名：杜鹃花、鹃花。杜鹃花科杜鹃花属常绿或落叶灌木。花色绚丽多彩，是世界著名花卉。民间传说杜鹃花是杜鹃鸟咯血染成的，故有“鲜红滴滴映霞明，尽是冤禽血染成”的诗句。分枝多而纤细，密被亮棕褐色扁平糙伏毛。叶革质，常集生枝端，卵形、椭圆状卵形或倒卵形或倒卵至倒披针形；花芽卵球形，鳞片外面中部以上被糙伏毛，边缘具睫毛。花2～3朵（多可达6朵）簇生枝顶；花萼5深裂，裂片三角状长卵形；花冠阔漏斗形，玫瑰色、鲜红色或暗红色；蒴果卵球形，密被糙伏毛。花期4—5月，果期6—8月。

09日 | 1月 | 星期____

花事记

今日花事

修剪整枝是日常管理的一项重要措施，可调节生长发育，促使长势旺盛。杜鹃生于海拔 500～1200 米（高可至 2500 米）的山地疏灌丛或松林下，喜酸性土壤，在钙质土中生长得不好，甚至不生长。性喜凉爽、湿润、通风的半阴环境，既怕酷热又怕严寒，生长适温为 12～25℃。

春夏花事 盆栽杜鹃 4 月中下旬搬出温室，置于背风向阳处，忌烈日暴晒，气温不超过 35℃；适宜在光照强度不大的散射光下生长，光照过强，嫩叶易被灼伤，严重时会导致植株死亡。露地栽种的杜鹃可隔 2～3 天浇一次透水；在炎热夏季，每天至少浇一次水。4—5 月杜鹃开花后，由于植株在花期中消耗掉大量养分，随着叶芽萌发，新梢抽长，可每隔 15 天左右追一次肥。5—6 月是杜鹃扦插的时间。

秋冬花事 10 月也可进行扦插。冬季，露地栽培杜鹃要采取措施进行防寒，以保其安全越冬。绝大多数杜鹃都能结实采种，仅有重瓣杜鹃不结实。一般种子的成熟期从每年的 10 月至翌年 1 月。当果皮由青转黄至褐色时，果的顶端裂开，种子开始散落，此时要注意随时采收。

10 *Armeria maritima*

海石竹

白花丹科海石竹属宿根草本植物。花瓣干燥，小花聚生成密集的球状，群植可形成非常美丽的花海景观。海石竹的花语意为对女性的称赞，很适合在相应的节日中送给女性。植株低矮，丛生状。叶基生，线状长剑形，全缘、深绿色。春季开花，头状花序顶生，有半圆球形，有白色、粉红色、玫瑰红色、紫红色等。花茎细长。

10日 1月

星期＿＿

7月 8月 9月 10月 11月 12月

今日花事

喜阳光充足及排水良好的沙质壤土，栽培土质以富含有机质的腐叶土为佳。排水、光照需良好。性喜温暖，忌高温高湿，生长适温为 15 ～ 25℃。

春夏花事 生长期要求光照充足，夏季以散射光为宜，避免烈日暴晒。温度高时生长缓慢需遮阴、采取喷洒水雾的方式降温。需肥量不多，浇水要适量。气温高、水温低或者久旱后在温度高时浇大量水，会对海石竹的根系造成损害。想要花开爆盆的话，就需要剪掉一些没用的枝叶。对老枝也要适当修剪，这样能够促进新枝的萌发和生长。

秋冬花事 不建议室外过冬，当温度低于 7℃时则会停止生长。

11.

Alpinia zerumbet

艳山姜

姜科山姜属常绿乔木。叶片披针形，顶端渐尖而有一旋卷的小尖头，基部渐狭，边缘具短柔毛，两面均无毛；花美丽，圆锥花序呈总状花序式，花瓣下垂，包裹住花蕊，像一个个小铃铛，通常成串开放，具有非常高的观赏价值。蒴果卵圆形，被稀疏的粗毛，具显露的条纹，顶端常冠以宿萼，熟时朱红色；种子有棱角。艳山姜的花语为“羞涩”和“矜持”。花期4—6月，果期7—10月。

11日 | 1月 | 星期___

花事记

今日花事

生长温度一般在 22 ～ 28℃之间，适合在温暖的环境中生长，不耐寒，一般最低只能耐 8℃左右的温度。

春夏花事 适合生长在半干的土壤中，不需要经常给它浇水，也切记不能有积水出现，水浇多了会影响到它的正常生长，一般每隔 3 ～ 5 天浇一次水即可。喜温暖充足的光照，但不能放在夏季强光下暴晒，可以将其放置在半阴处。枝叶生长速度比较快，所以需要经常进行修剪，将生长过密的枝叶都修剪掉，这样能够增加透光度。出现徒长现象也要及时修剪，以保证植株的美观。

秋冬花事 温度如果低于 5℃，会直接冻伤植株。立冬后可将叶丛剪除，根部用干草覆盖好，以免遭受严重霜冻，损坏根部。北方只要置于室内便能安全越冬。

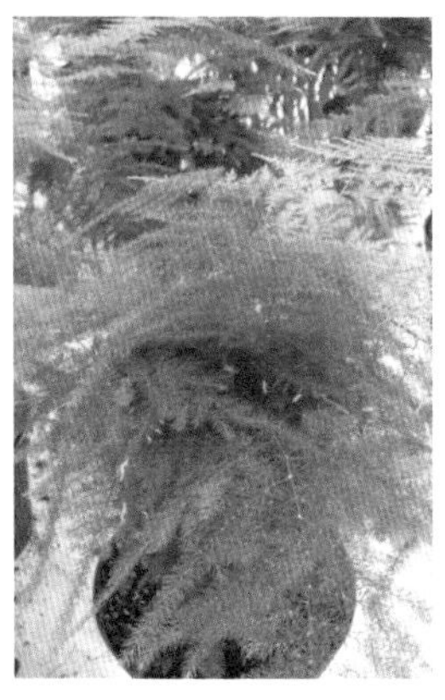

12

文竹

Asparagus setaceus

天门冬科天门冬属多年生常绿草本植物。枝叶平出，似薄云重叠，枝干如竹，故又名云竹。根部稍肉质，茎柔软丛生，细长。茎的分枝极多，近平滑。叶状枝通常每 10 ～ 13 枚成簇，略具三棱；鳞片状叶基部稍具刺状距或距不明显。花通常 1 ～ 3（多可至 4）朵腋生，白色，有短梗。文竹枝叶纤细，高低有序，形似羽毛的叶片翠绿轻盈、风韵潇洒、秀色宜人。若置于案头，给人以清灵之感，使人赏心悦目。其花语为“永恒”“朋友纯洁的心”“永远不变”。花期 9—10 月。果熟时紫黑色；果期为冬季至翌年春季。

12 日 | 1 月

星期 ___

花事记

今日花事

文竹性喜温暖湿润和半阴通风的环境，室温保持在12～18℃之间为宜，超过20℃时要通风散热，生长适温为15～25℃。以疏松、肥沃、排水良好、富含腐殖质的沙质壤土栽培为好。

春夏花事 夏季忌阳光直射，平日浇水以浇入盆中的水很快渗入土中而土面不积水为度。不干不浇，浇就浇透。天气干燥或炎热时，除需保持盆土湿润状态外，还需经常向植株周围地面洒水和用清水喷洗枝叶，以增加空气湿度。春夏生长季节，以氮肥为主，可每月施1次腐熟的薄液肥。当植株定型后，要适当控制施肥，以免徒长，影响株型美观。

秋冬花事 冬季不耐严寒，不耐干旱，不宜浇太多水，否则根会腐烂。越冬温度为5℃。冬季气温低，要减少浇水量，以免冻坏根茎；同时要注意浇水时水温应尽量与周围温度相近。

13

Lantana camara

马缨丹

马鞭草科马缨丹属直立或蔓性灌木。高1～2米，有时藤状，长可达4米；茎枝均呈四方形。单叶对生，揉烂后有强烈的气味，叶片卵形至卵状长圆形。花序直径1.5～2.5厘米；花序梗粗壮，长于叶柄；苞片披针形，长为花萼的1～3倍，外部有粗毛。果圆球形，成熟时紫黑色。全年开花。马缨丹根、叶、花可作药用，具有清热解毒、散解止痛等功效。是叶花两用观赏植物。

13日 1月

星期___

花事记

今日花事

性喜温暖、湿润、向阳之地，耐干旱，稍耐阴，不耐寒。

春夏花事 3—4月室温在16～20℃即可播种，以25～28℃发芽最快，约10～15天发芽。亦可扦插，春季以嫩枝扦插成活率高，其他季节选择半木质化枝条，枝条长5厘米左右，带节。马缨丹抗性强，基本无病虫害发生。因其生性强健，长势快，养护上主要是防止生长过快或徒长。全株及根有毒。

秋冬花事 在热带地区全年可生长，冬季不休眠。

14

Catharanthus roseus

长春花

又名日日春。夹竹桃科长春花属多年生草本植物。常作一年生栽培。直立基部木质化；花筒细长；花冠裂片5，倒卵形，品种花色丰富。花期、果期几乎全年。

14日 1月

星期___

7月 8月 9月 10月 11月 12月

花事记

今日花事

性喜高温、高湿气候，耐半阴，不耐严寒，最适宜温度为 20 ～ 33℃。喜阳光，光照不足时容易不开花。土壤忌湿怕涝，一般土壤均可栽培，但盐碱土壤不宜，以排水良好、通风透气的沙质或富含腐殖质的壤土为好。

春夏花事 在炎热的夏季，不宜在强光下暴晒，应勤浇水，保持盆土湿润，切忌干热。此时如能略给予荫蔽能促使其开花繁茂。盛夏阵雨时，注意排水，以免受涝而致整片死亡。如室内装饰，为不影响观赏，应在上盆成活后，进行几次摘心，以促进多发分枝、多开花，花后需剪去残花。

秋冬花事 低于 15℃以后停止生长，低于 5℃会受冻害。冬季应严格控制浇水量，以土壤干燥为好。

15 *Paphiopedilum armeniacum*

杏黄兜兰

兰科兜兰属的地生或半附生植物，属于国家一级保护植物。叶基生；数枚至多枚，叶片带形、革质；花葶从叶丛中长出，花苞片非叶状；子房顶端常收狭成喙状；花大而艳丽，有种种色泽；柱头肥厚，下弯，柱头面有乳突，果实为蒴果。2—4 月开花。由中国植物学家张敖罗于 1979 年初次采集；1982 年经陈心启、刘方媛定名。初开为绿黄色，全开时为杏黄色，可开放 40 ～ 50 天，罕见的杏黄花色填补了兜兰中黄色花系的空白，具有较高的观赏价值。

15日 1月

星期＿＿

花事记

今日花事

全年要求湿润的培养土。此外，为预防根部缺氧，应保证培养土排水良好。

春夏花事 应用软水（最好是雨水）浇花，但盆内不可积水，否则会使细菌大量繁殖。夏季可通过喷水或喷雾达到兜兰生长所需的较高空气湿度。应每半年施一次石灰肥（碳酸钙），剂量为每10厘米盆径用一茶匙碳酸石灰。也可在浇花水中加入石灰，这样肥料就可被植株长期汲取。

秋冬花事 冬季浇花的水不能太凉。

16 *Passiflora caerulea*

西番莲

西番莲科西番莲属多年生常绿草质或半木质藤本攀缘植物。西番莲果汁中含有菠萝、香蕉、芒果等 165 种水果的香味物质，是举世闻名的香料水果。茎圆柱形并微有棱角，无毛，略被白粉；叶纸质；托叶较大、肾形，抱茎；聚伞花序退化仅存 1 花，与卷须对生；花大，淡绿色；浆果卵圆球形至近圆球形，熟时橙黄色或黄色；种子多数，倒心形；花期 5—7 月。可作庭园观赏植物。全草可入药，具有祛风消热作用。

16日 1月

星期___

花事记

今日花事

需要搭上架子，使它能顺着攀爬生长。

春夏花事 对光照的需求很大，应保持充足的阳光照射，土壤干后及时浇水，不能使土壤长期处在干燥缺水的状态，同时注意不能浇水过多。应经常施肥保证养分，但注意不能施肥过多，否则会烧坏根部。

秋冬花事 冬季养殖西番莲，应将养护温度控制在22℃。基本上不需要浇水和施肥。在入冬之前，可以先施加一次肥料，以提升抗寒能力，气温降低后要停止施肥。尽量不要浇水，若土壤太过干燥，则可以浇少量水，浇水时使水温与养护环境的温度保持一致。

17

Bougainvillea spectabilis

叶子花（三角梅）

叶子花又称三角梅。紫茉莉科叶子花属木质藤本状灌木。茎有弯刺，并密生绒毛。单叶互生，卵形全缘，被厚绒毛，顶端圆钝；花很细小，黄绿色，三朵聚生于三片红苞中，外围的红苞片大而美丽；有鲜红色、橙黄色、紫红色、乳白色等，被误认为是花瓣，因其形状似叶，故称其为叶子花。花期可从11月起至翌年6月。

17日 | 1月

星期____

花事记

今日花事

性喜温暖、湿润的气候和阳光充足的环境。不耐寒，耐瘠薄，耐干旱，耐盐碱，耐修剪，生长势强，喜水但忌积水。对土壤要求不严，但在肥沃、疏松、排水好的沙质壤土能旺盛生长。

春夏花事 每年 5 月初至 6 月中旬，都是进行压条的好时段。每次压条约 30 ～ 35 天。南方多为地栽观赏，栽植时间为春季。地点应选光照充足、排水良好的地方，以利于其生长。北方则盆栽观赏，上盆或换盆的时间为每年春季萌芽前，盆土选用腐叶土、田园土、沙、马粪（腐熟的）或骨粉，按 2 ： 3 ： 3 ： 2 的比例混合均匀后的培养土。栽后浇透水。叶子花光照不足会影响其开花；适宜生长温度为 20 ～ 30℃。

秋冬花事 北方冬季室内虽然干燥，但浇水不宜过多，一般一周浇水一次。无须施肥，落花之后，可以适当修剪一下，将那些枯萎的枝条修剪掉。

18

Sansevieria trifasciata

虎尾兰

又名虎皮兰、锦兰、千岁兰、虎尾掌、黄尾兰或岳母舌等。天门冬科虎尾兰属多年生草本观叶植物。暗绿色，两面有浅绿色和深绿相间的横向斑带；总状花序，花白色至淡绿色；浆果直径约7～8毫米。花期11—12月。适合布置装饰书房、客厅、办公场所，可供较长时间观赏。

18日 1月

星期___

花事记

今日花事

适应性强，性喜温暖湿润，耐干旱，喜光又耐阴。对土壤要求不严，以排水性较好的沙质壤土较好。其生长适温为 20 ～ 30℃。

春夏花事 春季是新叶生长的季节，盆栽宜放置于有光照的窗台上培养，保持盆土的湿润。充足的光照可为其生长提供足够的光合养分，待新叶长成后，可移至室内光线明亮处观赏。夏季喜高温，耐强光照。但夏季光照强烈，虎尾兰的叶色易老化，不利于观赏。夏季宜布置于半阴处的阳台或室内光线明亮处，盆土见干后再浇水，适当施肥。气温炎热时每天应向其四周喷雾，以增加空气湿度，注意加强室内的通风。

秋冬花事 秋季气温凉爽后应逐步增加虎尾兰的光照。冬季不耐寒，室温保持在 5℃以上能安全越冬。盆土宜偏干，低温时若盆土较湿，易引起根茎腐烂。如室内温度能保持在 10℃以上，虎尾兰仍缓慢生长，浇水应遵循“见干见湿”的原则，不施肥。

19

Nepenthes mirabilis

猪笼草

猪笼草科猪笼草属多年生草本或半木质化藤本植物。属于热带食虫植物。猪笼草叶的构造复杂，分叶柄、叶身和卷须。卷须尾部扩大并反卷，形成瓶状捕虫笼，下半部稍膨大，笼口上具有盖子，可捕食昆虫。猪笼草即因其捕虫笼形似猪笼而得名。花期 4—11 月。

19 日 | 1 月

星期＿＿

7月 8月 9月 10月 11月 12月

花事记

今日花事

大部分猪笼草的天然生长环境的湿度和温度都较高，并具有明亮的散射光。一般生长于森林或灌木林的边缘或空地上。栽培时宜悬挂于树荫下或室内，稍为遮阴。

春夏花事 3—5月为繁殖育苗期，剪取具2～3个节的枝条做插穗，大的叶子切下一半左右，插入沙中或浸入水中，等根长出、侧芽长出3片叶时，可上盆定植。生长旺盛的猪笼草，叶片过长时反而不形成捕虫笼，故一般每2个月才施肥1次。土表变干即浇水，夏季要常向叶片喷水。茎过长时，为了让其形成捕虫笼，需剪短枝条，让其发新枝。

秋冬花事 猪笼草不耐寒，必须做好保温工作，冬季室内温度不应低于18℃。秋天开始要保持土质稍干状态，冬季要控水。

20

瑞香

Daphne odora

瑞香科瑞香属常绿直立灌木。枝粗壮，通常二歧分枝，小枝近圆柱形，紫红色或紫褐色，无毛。叶互生，纸质，长圆形或倒卵状椭圆形，先端钝尖，基部楔形，边缘全缘，上面绿色，下面淡绿色，两面无毛，侧脉 7～13 对，与中脉在两面均明显隆起；叶柄粗壮，散生极少的微柔毛或无毛。果实红色。花期 3—5 月。瑞香多采用压条和扦插法繁殖，也可嫁接或播种。

20日 | 1月
星期___

花事记

今日花事

喜散光，忌烈日，盛暑要遮阴。喜疏松肥沃、排水良好的酸性土，忌用碱性土壤。

春夏花事 春季时，可从盆土生长良好的植株上，摘取较为健壮的带叶的枝条进行扦插繁殖，每隔一周浇一次透水。盆土过湿或施用未经腐熟的有机肥时，极易引起根腐病的发生，应每隔 10 ～ 15 天喷洒 1 次 50% 多菌灵 800 倍液，或 70% 甲基托布津 1000 倍液等杀菌药剂。春秋两季都可进行移植，但以春季开花期或梅雨期移植为宜。成年树不耐移植，移植时务必尽量多带宿土，还要加以重剪。

秋冬花事 如果有枯枝、病枝时应及时剪掉。冬季室内温度应保持在 5℃以上，多接触阳光加强光合作用。盆土以见干见湿为好；可适量施点磷、钾肥促进花蕾膨大。

21

Dionaea muscipula

捕蝇草

茅膏菜科捕蝇草属多年生草本植物。原产于北美洲，是一种非常有趣的食虫植物。它的茎很短，在叶的顶端长有一个酷似“贝壳”的捕虫夹，且能分泌蜜汁，当有小虫闯入时，能以极快的速度将其夹住，并消化吸收。在初夏至盛夏开花。

21日 1月

星期___

花事记

今日花事

沼生植物，喜阳光。家庭栽培时，春、秋、冬三季可全日照，南方夏季应加 50% 遮阴或置于室内向阳窗台上。空气湿度大于 50%。生长温度 15 ～ 35℃，适宜温度：21 ～ 35℃。

春夏花事 捕蝇草在春天长出新叶后不久就开始开花，它会长出一支高达 15 ～ 25 厘米的花茎，在顶端约有 10 个花苞。每隔一天开一朵花，花白色。进入夏季，采用浸盆的方式进行补水，捕蝇草会继续长出更多的叶子，长出更大的捕虫器，此时便是捕蝇草需要大量捕食的季节，用以贮存养分供给下一年的开花之用。整个夏季，捕蝇草会不断地长出新叶。

秋冬花事 秋季，捕蝇草会长出另一种长得较慢的叶子，夏季的叶子大部分已经枯萎了。在冬季时，有些很小的捕虫器仍会留着，但已失去捕虫能力，几乎不会运用。环境温度应不低于 0℃。每周浇一次水，最好用矿物质含量低的水（如雨水、纯净水等）。

22 圆叶茅膏菜 *Drosera rotundifolia*

别名：圆叶毛毡苔。肉食性茅膏菜的一种。茅膏菜科茅膏菜属多年生草本植物。茎短；叶基生，密集，具长柄；叶片圆形或扁圆形；叶柄扁平，具毛或无毛。螺状聚伞花序1～2条，腋生，花葶状，纤细，直立，不分叉；具花3～8朵，钻形；花梗长1～3毫米，与萼同被粉状毛；花萼裂片卵形或狭卵形；花瓣5，白色，匙形。蒴果，熟后开裂为3果爿；种子多数，椭圆球形，微具网状脉纹。花期夏、秋季，果期秋、冬季。一般在泥沼、沼泽及潮湿地方可以见到。全草可入药，有祛痰止痢的功效。

22日 | 1月 | 星期＿＿

7月 8月 9月 10月 11月 12月

花事记

今日花事

圆叶茅膏菜生于海拔 900 ～ 1000 米的山地湿草丛中。产自吉林和黑龙江。分布于欧洲中部和北部、亚洲和美洲北部等寒冷地带。

春夏花事 通常比较耐湿，可用浸盆法来进行供水。对水质的要求偏高，浇水时要用钙、镁等矿物质含量低的软水。每年春夏季，茅膏菜的新芽有可能会遭到蚜虫的侵害，造成叶片生长畸形或枯萎。当发现叶片有被啃食过的痕迹时，应及时捕捉灭杀。如要采集加工，需在 5—6 月采收，洗净泥土，鲜用或晒干。

秋冬花事 秋冬季结果。

23 *Eryngium foetidum*

刺芹

伞形科刺芹属二年生或多年生草本植物。茎绿色直立，粗壮，无毛，有数条槽纹，上部有 3～5 歧聚伞式的分枝；头状花序生于茎的分叉处及上部枝条的短枝上，呈圆柱形。能耐 -1℃至 2℃的低温，适宜生长温度为 17～20℃，超过 20℃生长缓慢，30℃则停止生长。对土壤要求不严，但土壤结构好、保肥保水性能强、有机质含量高的土壤有利于其生长。花果期 4—12 月。常用作切花栽培。花语是“静静地等待与守候”。

23 日 | 1 月 | 星期___

花事记

今日花事

种子繁殖。喜温耐热、喜肥、喜湿，在阴坡潮湿的环境中生长茂盛。产于中国多省区。通常生长在海拔100～1540米的丘陵、山地林下、路旁、沟边等湿润处。

春夏花事 小苗期不宜浇水太多。待苗长至10厘米时，植株生长旺盛，应勤浇水，保持土壤表层湿润。浇水的同时追施速效氮肥1～2次。注意中耕和适当间苗，间苗时拔除杂草。夏季需适当遮阴，并防暴雨冲刷，雨后及时排水，保证出苗整齐。

秋冬花事 一般9—10月直播，入冬前灌一次冻水，以利幼苗越冬。1月扣棚，1～2月无须通风透气。当幼苗返青时，进行中耕、松土、除草。待苗高10厘米时，植株进入旺盛生长期，温棚保持在15～25℃。每亩每次用硫酸铵15千克左右，追施1～2次，可提前收获。

24 *Portulacaria afra*

树马齿苋（金枝玉叶）

树马齿苋又称金枝玉叶。刺戟木科树马齿苋属多年生常绿肉质灌木。全株无毛；茎平卧或斜倚，伏地铺散，多分枝，圆柱形，淡绿色或带暗红色；叶互生，有时近对生，叶片扁平，肥厚，倒卵形，似马齿状，全缘，上面暗绿色，下面淡绿色或带暗红色，花无梗，午时盛开；蒴果卵球形盖裂；种子细小，多数，偏斜球形，黑褐色，有光泽。花期5—8月，果期6—9月。

24日 1月

星期___

7月 8月 9月 10月 11月 12月

花事记

今日花事

喜温暖、干燥和阳光充足的环境，耐干旱和半阴，不耐涝。

春夏花事 浇水做到“不干不浇，浇则浇透”，避免盆土积水，否则会造成烂根。每15～20天施一次腐熟的稀薄液肥。夏季高温时可适当遮光，以防烈日暴晒，并注意通风。

秋冬花事 秋季5～6天浇一次水。冬季放在室内阳光充足处，停止施肥，控制浇水，温度最好在10℃以上。5℃左右植株虽不会死亡，但叶片会大量脱落。

25 *Punica granatum 'Multiplex'*

重瓣白花石榴

千屈菜科石榴属落叶灌木或小乔木。枝顶常呈尖锐长刺；幼枝具棱角，无毛；老枝近圆柱形。叶对生或簇生于短枝上；具短叶柄；叶片纸质。花白色，生枝顶。浆果近球形，先端有宿存花萼裂片，皮厚。种子多数，具晶莹、多汁、味酸甜的外种皮。花期5—6月。重瓣白石榴比较稀有，分布于福建。其花不单能观赏还能入药，是一种能止血涩肠和收敛止泻的中药材。

25日 1月

星期＿＿

花事记

今日花事

喜阳光充足和干燥环境，耐寒，耐干旱，不耐水涝，不耐阴，对土壤要求不严，以肥沃、疏松有营养的沙质壤土最好。

春夏花事 春季选二年生枝条扦插或夏季采用半木质化枝条扦插均可，插后 15 ～ 20 天生根。分株：可在早春 4 月芽萌动时，挖取健壮根蘖苗分栽。生长期需摘心，控制营养枝生长，促进花芽形成。夏季需保持盆土湿润。如发生干腐病、煤污病，可将病枝剪掉烧毁。

秋冬花事 在落叶后或春季萌芽前进行一次修剪整形，花蕾过多时要及时剪除一部分。坐果后根据造型还应剪掉不需要的果实。一件中型盆景，在适当位置留 1.5 ～ 2.5 千克果实即可。冬季将盆栽放置于向阳的棚室内，室温不得超过 5℃，以保持正常休眠。

26

Punica granatum 'Flore Plena'

千瓣红花石榴

千屈菜科石榴属落叶灌木或小乔木。植株略小于普通石榴，成龄树冠呈半圆形；花朵大；花萼肥厚，花钟状，鲜红色，腋生；花瓣成彩球状。花虽鲜艳，却因雌雄蕊瓣化而不易结果。春至秋季均能开花，以夏季最盛。与原种的区别是花大，重瓣，大红色。花果都很艳丽夺目，为观赏石榴的主要品种。

26 日　1月

星期____

花事记

今日花事

喜光，有一定的耐寒能力。喜湿润肥沃的石灰质壤土。

春夏花事 繁殖可用播种、扦插或高压法。栽培土质不拘，但以肥沃壤土最佳。排水、日照需良好，半日照处开花较差。每年早春修剪整枝一次。春、夏、秋季各施肥一次，有机肥料或氮、磷、钾肥均宜。性强健，喜高温多湿，少病虫害。

秋冬花事 秋季降温之时，施两次左右的饼肥水养护，以清水稀释后使用，可以起到增强保暖能力的效果。冬季停止施肥，进行控水养护，浇水时，需要选择温度较高的中午进行。

27 铁海棠 *Euphorbia milii*

别名：虎刺梅。大戟科大戟属蔓生灌木。茎多分枝，而具纵棱，密生硬而尖的锥状刺，常呈3～5列排列于棱脊上，呈旋转状。花果期全年。中国南北方均有栽培，常见于公园、植物园和庭院中。全株入药，外敷可治瘀痛、骨折及恶疮等。

花语：倔强而又坚贞，温柔又忠诚，勇猛又不失儒雅。开花的时候会分泌出一种黏液，对人的皮肤和黏膜都会造成一定程度的刺激，可能会导致皮肤瘙痒，如果误食更可能造成呕吐腹泻、咽喉肿痛、呼吸困难等后果。在养护过程中需加以注意。

27日 1月

星期＿＿

7月 8月 9月 10月 11月 12月

花事记

今日花事

喜暖，喜光，耐旱，忌湿，畏寒。适合生长在疏松、排水良好的沙质土中。只要环境适宜，一年四季均可开花，尤其是北半球，冬季开花最盛。

春夏花事 整个生长期都能扦插，但以5—6月进行最好，成活率高。较耐旱，不需要常浇水。不能长期强光照射。

秋冬花事 铁海棠的养护比较粗放。冬季室温低于5℃时，会出现短期的休眠现象，但不会枯死。

28 *Nematanthus wettsteinii*

金鱼吊兰

别名：金鱼花。苦苣苔科袋鼠花属多年生草本植物。基部半木质。开花时形状类似于金鱼，有很高观赏价值，花期长，一株可盛开多朵花，常作为盆栽种植家中。茎细长，圆柱形，叶宽卵形，长近于宽；二歧蝎尾状聚伞花序，偏向一侧；苞片小；萼片长圆形；花冠最初红色，逐渐变淡黄色至白色，短管状，具棱，略弯，冠檐膨大成坛状；蒴果宽卵形；种子4粒或较少。

28日 | 1月 星期___

花事记

今日花事

金鱼吊兰喜高温、高湿、遮阴环境，生长适温为 18 ～ 22℃。

春夏花事 嫩枝扦插，插穗主要用顶芽和茎段。春秋需要经常淋水保湿，夏季将花盆放在盛水的浅盘内。开花前应增施磷肥，开花时不要施肥，花谢后应进行修剪整形。夏季高温，金鱼吊兰生长很缓慢或几乎停止生长，这时应适当采取遮阴措施，才能使其生长旺盛，不脱叶。

秋冬花事 忌低温，如果连续两天的温度低于 10℃，叶子就开始变黄、发干，直至很轻微的震动就会脱叶。应放置于阳光充足的位置。

29

Freesia refracta

香雪兰（小苍兰）

香雪兰又称小苍兰，鸢尾科香雪兰属，多年生球根花卉。花茎直立，叶子线形，质硬；花无梗。早春开花，有黄、白、紫、红、粉红等色，穗状花序，花偏生一侧，筒中部以下狭细，裂片不等大，有芳香味。花期 4—5 月，果期 6—9 月。

29 日 | 1 月 | 星期___

花事记

今日花事

性喜温暖湿润环境，要求阳光充足，但不能在强光、高温下生长。适宜生长温度15～25℃。

春夏花事 生长期要求肥水充足，每2周施用一次有机液肥，亦可适量施用复合化肥。盆土要求“见干见湿”，不可积水或土壤过于干燥。夏季炎热时即进入休眠，天气凉爽后球茎开始发芽生长和抽茎开花。生长适温白天为18～20℃，夜间为14～16℃。越冬温度为6～7℃。

秋冬花事 冬季必须做好保暖防寒、增加光照、注意施肥等方面加强管理。保持栽培土微湿，不干不缺水时就不要浇水。到1月前后，使用小木棍做支撑，用小绳索四周固定，防止倒伏，或搬动时叶片受到损伤。2月以后开花。

30 石榴 *Punica granatum*

千屈菜科石榴属落叶乔木或灌木。单叶，通常对生或簇生，无托叶；花顶生或近顶生，单生或几朵簇生或组成聚伞花序，近钟形；浆果球形，顶端有宿存花萼裂片；果皮厚；种子多数，浆果近球形；外种皮肉质半透明，多汁；内种皮革质。石榴花为两性花（即雌雄同株），因雌蕊发育程度的不同，分为完全花和不完全花。一般重瓣花到后期基本上是不结实的，而单瓣花是结实的。石榴作为药用有悠久的历史，各种古医籍均有记载。花期 5—7 月，果熟期 9—10 月。

30日 | 1月 星期____

花事记

今日花事

喜阳光充足和干燥环境，耐寒，耐干旱，不耐水涝，不耐阴，对土壤要求不严，以肥沃、疏松有营养的沙质壤土为最好。

春夏花事 春季选二年生枝条扦插或夏季采用半木质化枝条扦插均可，插后15～20天生根。分株：可在早春4月芽萌动时，挖取健壮根蘖苗分栽。春、秋季均可进行压条，不必刻伤，芽萌动前将根部分蘖枝压入土中，经夏季生根后割离母株，秋季即成苗。露地栽培应选择光照充足、排水良好的场所。生长过程中，需勤除根蘖苗和剪除死枝、病枝、密枝和徒长枝，以利通风透光。盆栽时宜浅栽，需控制浇水，宜干不宜湿。生长期需摘心，控制营养枝生长，促进花芽形成。

秋冬花事 控制好水量，把握“不干不浇，浇就浇透”的原则，保证充足的阳光。

31 *Anthurium andraeanum*

花烛（红掌）

花烛又称红掌。天南星科花烛属多年生常绿草本植物。茎节短；叶自基部生出，绿色，革质，全缘，长圆状心形或卵心形；叶柄细长，佛焰苞平出，革质并有蜡质光泽，橙红色或猩红色；肉穗花序黄色，可常年开花不断。花烛花姿奇特美妍。花期持久，适合盆栽、切花或庭园荫蔽处丛植美化。

31日 | 1月 星期___

花事记

今日花事

性喜温热多湿而又排水良好的半阴的环境，怕干旱和强光暴晒，适宜生长昼温为26～32℃，夜温为21～32℃。所能忍受的最高温为35℃，可忍受的最低温为14℃。

春夏花事 主要在凉爽高湿的春季分株，秋季阴凉天气也可分株。切忌在炎热的夏季或干燥寒冷的冬季分株。春季还可扦插繁殖。生长期及时剪除枯黄叶、病叶；叶片过密时，适当剪除部分老叶，促使新叶生长。

秋冬花事 冬季室内栽培不遮阴，放在南窗附近。减少浇水。低于15℃时不能形成佛焰苞；13℃以下出现冻害。

01 *Hippeastrum rutilum*

朱顶红

石蒜科朱顶红属多年生草本植物。鳞茎近球形，并有匍匐枝；叶 6 ~ 8 枚，花后抽出，鲜绿色；花茎中空，扁平，具白粉。花 2 ~ 4 朵；佛焰苞状总苞片披针形；花梗纤细；花被管绿色，圆筒状；花被裂片长圆形，顶端尖，洋红色，略带绿色；花丝红色，花药线状长圆形。花期夏季。人工引种栽培，园艺品种多。

01 日 2月

星期___

花事记

今日花事

喜温暖、湿润气候，不喜酷热，阳光不宜过于强烈。球茎复苏期，防止倒春寒。控制水量防止球茎腐烂。

春夏花事 朱顶红适合生长温度为 20 ～ 25℃左右，以此来决定种植时间。种植基质以疏松、透水、偏酸性为宜。推荐的基质为泥炭：蛭石：珍珠岩 = 2 ：1 ：1 或泥炭：珍珠岩 =1 ：1 构成。基质中最好拌入 10% 的骨粉、过磷酸钙等基肥。夏季定期喷洒等量式波尔多液防治斑点病。上盆后每月施磷钾肥一次，施肥原则是薄施勤施。此时也可进行分球繁殖。

秋冬花事 朱顶红花谢后，要及时剪掉花梗。因为花后这一阶段主要是养鳞茎球，使其充分吸收养分，让鳞茎增大和产生新的鳞茎。剪掉花梗就是让养分集中在鳞茎上。注意防治红蜘蛛，使用杀螨剂清除。11 月后移至室内，应停止施肥、控制浇水，维持鳞茎球不干枯。生长适温 5 ～ 10℃。12 月中旬，室温达到 25℃以上，加强水肥管理，可在春节期间开花。

02 *Limonium sinense*

补血草

又名中华补血草。白花丹科补血草属多年生草本植物。高15～60厘米，全株（除萼外）无毛。叶基生，淡绿色或灰绿色，花序伞房状或圆锥状；花序轴通常3～5（10）枚，上升或直立，具4个棱角或沟棱，常由中部以上作数回分枝，末级小枝二棱形；花瓣5，蓝紫色；果实倒卵形，黄褐色。色彩淡雅，观赏时期长，是重要的配花材料。除作鲜切花外，还可制成自然干花，用途广泛。花期：北方7—11月，南方4—12月。

02 日 | 2月 星期____

7月 8月 9月 10月 11月 12月

花事记

今日花事

补血草喜凉爽的环境。保持适宜的生长温度，以白天18～20℃、夜间10～15℃为宜。应注意通风，以防病害发生。

春夏花事 夏季应处于阴凉环境中，小苗期间，对水分的需求比较多，最好一直保持土壤湿润。之后则会具有一定的耐旱性。对肥的需求较多。除了土中原有的养分外，还需及时追肥。特别是花期，需10天施肥一次，主要施磷肥。

秋冬花事 开花过后要及时进行适当修剪。抗寒冷能力非常强，即使在非常偏北的地区，一般也不用采取特别的防寒措施。

03

Jasminum nudiflorum

迎春花

木犀科素馨属落叶灌木。小枝细长直立或拱形下垂，呈纷披状；3 小叶复叶交互对生，叶卵形至矩圆形；花单生在去年生的枝条上，先于叶开放，有清香，金黄色，外染红晕，花期 2—4 月。因其花期较早，花后即迎来百花齐放的春天而得名。迎春花与梅花、水仙和山茶花合称为“雪中四友”，是中国常见花卉之一。南方常见用作绿篱，也可盆栽。

03 日

2 月

星期___

花事记

今日花事

喜光，稍耐阴，略耐寒，怕涝，在华北地区和长江流域均可露地越冬。要求温暖而湿润的气候，疏松肥沃和排水良好的沙质土。在酸性土中生长旺盛，碱性土中生长不良。根部萌发力强。枝条着地部分极易生根。

春夏花事 此时可以采用分株、扦插的方法进行繁殖。生长期要加强光照，保证水分供应。夏天光照强度大时应避免阳光灼伤叶面，使植株脱水枯萎。夏季空气湿度大、温度高，易发灰霉病、褐斑病，可施用甲基托布津、百菌清等广谱杀菌剂。

秋冬花事 控制浇水次数，见干见湿。入冬前施用一次有机肥保证第二年养分供应。进行枝条修剪，除去病枝、虫害枝，小枝留 2 ～ 3 芽。

最好将温度控制在 15℃左右，可以把迎春盆景放在阳光充足的地方，加快植株生长速度，增粗枝干，提高观赏效果。浇水要尽量少浇，甚至可以不浇。施肥也要适量，每月施加一两次即可。

04

Orychophragmus violaceus

诸葛菜

（二月兰）

诸葛菜又称二月兰。十字花科诸葛菜属一年或二年生草本植物。茎直立，基生叶及下部茎生叶大头羽状全裂，顶裂片近圆形或短卵形，侧裂片卵形或三角状卵形；花紫色、浅红色或褪成白色，花萼筒状，紫色，密生细脉纹；长角果线形，种子卵形至长圆形，黑棕色。2—5月开花，5—6月结果，是良好的绿化地被观赏花卉。

04 日 | 2月 | 星期＿＿

花事记

今日花事

对土壤要求不高，忌强光直射，喜半阴、较潮湿的地方。

春夏花事 早春萌发时要及时除草。要想保持野花组合在景观布置中始终具有较好的观赏效果，就必须控制不令其结实，一般在结实期将其修剪到 10 ～ 15 厘米的高度。4 月多发霉霜病要注意保持通风干燥，可以喷施 50% 疫霉净 500 倍液。

秋冬花事 在进行秋播准备土地时，要清除有碍种子与土壤较好接触的地面杂物，包括枯枝落叶等。也可使用除草剂喷洒苗地除草，间隔 4 周后再进行播种栽植。对于当年 8 月左右播种的小苗要适当做防寒处理以保证成活。盆栽可在此时换盆，可选用园土、珍珠岩和草木灰按照 6：2：1 的比例进行混合配制，并要施足基肥。

05

Begonia cucullata var. *hookeri*

四季海棠

秋海棠科秋海棠属多年生常绿草本植物。茎直立，稍肉质，高 15 ～ 30 厘米；单叶互生，有光泽，卵圆至广卵圆形，先端急尖或钝，基部稍心形而斜生，边缘有小齿和缘毛，绿色；聚伞花序腋生，具数花，花红色、淡红色或白色。蒴果具翅。花期 2—11 月。常做花境植物，室内可栽植。

05日 2月

星期＿＿

7月 8月 9月 10月 11月 12月

花事记

今日花事

喜生于微酸性沙质壤土中，空气湿度大的环境。喜温暖而凉爽的气候，最适宜生长温度 15 ～ 24℃。

春夏花事 防止倒春寒，加强光照为开花做准备。北方于 4 月中旬可露地定植，在初春可直射阳光，随着日照的增强，须适当遮阴。夏天注意遮阴，土壤微湿即可。注意通风，忌水涝。春季生长旺盛期土壤需要含有较多的水分，浇水要及时，保持湿润。薄肥勤施，每隔 10 ～ 15 天施 1 次腐熟发酵过的有机肥即可。花期后要及时摘心以促进后期花芽分化。

秋冬花事 秋季要保持水肥充足，及时摘心促进花芽分化。温度保持 25℃左右仍可继续开花。到了霜降之后，就要移入室内培养，应放在有散射光且空气流通的地方，保持空气流通。否则会遭受霜冻。若室温持续在 15℃以上，施以追肥，它仍能继续开花。

06 春兰 *Cymbidium goeringii*

兰科兰属地生植物。假鳞茎较小，卵球形，包藏于叶基之内。叶4～7枚，带形；花葶从假鳞茎基部外侧叶腋中抽出，直立，明显短于叶；蒴果狭椭圆形。花期1—3月；花色泽变化较大，通常为绿色或淡褐黄色而有紫褐色脉纹，有香气。

春兰在中国有悠久的栽培历史，多进行盆栽于室内观赏，开花时有特别幽雅的香气，为室内布置佳品。其根、叶、花均可入药。

中国人喜爱兰花，传统名花中的兰花仅仅指分布在中国的兰属植物中的若干种地生兰，如春兰、惠兰、建兰、墨兰和寒兰等，即通常所说的“中国兰”，并不包括国外引进的一些热带兰花。春兰可用分株、播种法及组织培养繁殖。

花事记

今日花事

性喜温暖、湿润的半阴环境；稍耐寒，忌高温、干燥、强光直射。生长适温 15 ～ 25℃，宜用含腐殖质、疏松肥沃、透气保水、排水良好的湿润土壤栽培，pH 为 5.5 ～ 6.5 为好。夏季需遮阴，遮阴度 70%；冬季要求阳光充足。摆放在室内阳光较充足的窗台或阳台，每隔 2 ～ 3 天将盆的方向转换 1 次，室温保持 5 ～ 6℃以上即可。空气干燥时，适当喷雾，保持 50% ～ 60% 的空气湿度。

春夏花事 注意防止倒春寒，空气湿度 70% 为宜，加强通风和光照，见干见湿。夏季温度高时要注意遮阴、通风，可在傍晚适当浇水，每隔 2 ～ 3 周可施用一次薄肥。要防止蚜虫或炭疽病发生。

秋冬花事 此时可以对春兰进行分盆或换土，以酸性土为宜，忌碱性土；入室前清理枯叶，除去弱芽，保留壮芽。保持土壤湿润即可，每周可用稀释的饼肥随水施用一次。冬季 6℃左右低温下能正常生长，短期的 0℃也无碍花芽冬季休眠。10 月至翌年 2 月，需 10℃以下的低温处理进行春化以促进来年开花，环境湿度 50% 为宜。保持土壤微湿，忌强光照，强风吹，保持空气流通以免烂根。

07

月季花

Rosa chinensis

蔷薇科蔷薇属常绿半常绿低矮灌木。开花不断，是它的独特之处。我国已有 30 多个城市把月季定为市花，世界上也有一些国家把月季定为国花。其小枝粗壮，圆柱形，近无毛，有短粗的钩状皮刺；小叶片宽卵形至卵状长圆形；先端长渐尖或渐尖，基部近圆形或宽楔形，边缘有锐锯齿，两面近无毛，上面暗绿色，常带光泽，下面颜色较浅；花几朵集生，稀单生；花瓣重瓣至半重瓣，红色、粉红色至白色；果卵球形或梨形，红色，萼片脱落。花期 4—9 月，果期 6—11 月。

07 日 | 2 月

星期 ___

花事记

今日花事

月季性喜温暖，怕炎热。较耐旱，但怕涝。在空气流通、空气湿度75%左右环境下生长良好。湿度过高、通风不良，易感染白粉病、黑斑病等病害；空气太干燥，嫩叶容易变成畸形，也易遭红蜘蛛等害虫为害。全日照条件下生长健壮，其生长适温，白天为20～25℃，夜间为12～15℃

春夏花事 早春浇水一次，喷洒石硫合剂一次，防治病虫害。要使月季保持植株生长活力，需不断修剪，从基部剪除所有的枯枝、病枝、弱枝及交叉枝，保留3～5个健壮的主枝。当气温超过30℃以上时生长受到抑制，花芽不再分化，炎夏季节花少而小，花色不正，需适当遮阴，以利降温。傍晚浇水为宜。夏季闷热潮湿、不通风时易发白粉病，可使用粉锈宁1000～1100倍液全株喷洒并保持植物通透。

秋冬花事 11月初浇封冻水一次。当温度降到5℃以下即进入休眠期，停止生长。10月以后不施肥。冬季尽量控制浇水。

08 *Pleione bulbocodioides*

独蒜兰

兰科独蒜兰属的国家二级保护植物，也是中国的特有物种。半附生草本植物。假鳞茎卵形至卵状圆锥形，上端有明显的颈，顶端具 1 枚叶。叶纸质。花葶从无叶的老假鳞茎基部发出，直立，顶端具 1 花；花粉红色至淡紫色，蒴果近长圆形。花期 4—6 月。具有较高的园艺价值。

08日 2月

星期＿＿

花事记

今日花事

喜凉爽、通风的半阴环境，较耐寒。

春夏花事 夏季气温最好不要高于 25℃。偶尔有几天 30℃高温也可以忍受。盆栽，陶盆和塑料盆都可以。陶盆需要较频繁地浇水。陶盆表面水分蒸发有利于保持独蒜兰根部环境凉爽。浇水的关键期是生长季节初期，见干见湿。

秋冬花事 秋季随着昼夜长短变化，独蒜兰伪球茎开始进入休眠期。生长停止，叶片变黄，这时应开始给以小水。当叶片完全干枯后，停止浇水，让基质完全干燥。叶片会自然脱落。低温休眠一段时间后，自己会萌发新芽。独蒜兰应在休眠期上盆或换盆。一般是在 1 月底 2 月初，老根不用修剪，以利于稳定球茎。

09

Plectranthus ecklonii

艾克伦香茶菜

唇形科马刺花属多年生花卉。株高约 0.75 米，能形成茂密可爱的丛生状株型；叶片深绿有光泽，叶背浓紫色，花枝上淡紫色的花朵带有紫色斑纹；根据株龄和修剪程度不同，花期不同，但短日照条件下有利开花；春季始花，花期可延至深秋。是近年来优良的绿化栽培花卉。富含多种芳香油，其中有多种成分可供药用。

09 日 | 2月

星期____

花事记 ________________________________

今日花事

养殖土壤最好是选择疏松透气、排水良好的土壤；适宜在 0 ～ 30℃左右的温度下生长。按照其生长情况进行浇水，夏季炎热时可一天浇一次。放置在有充足散射光的地方养殖。冬季注意防寒。

春夏花事 春季可扦插繁殖。保证充足光照，喜水忌涝。花期前将氮、磷、钾颗粒肥按照 2 ∶ 3 ∶ 2 的比例混合使用，并及时浇水。

秋冬花事 北方不可露地越冬，常做 1 年生栽培，可粗放管理。

冬季保证温度 10℃以上，给予充足阳光，10 ～ 15 天浇水一次。

10

Begonia× hiemalis

丽格海棠

秋海棠科秋海棠属多年生块茎草本植物。单叶，互生，叶缘为重锯齿状或缺刻，掌状脉，叶表面光滑具有蜡质，叶色为浓绿色；地下有褐色的木质化不规则球茎，其下部生有许多须根，上部着生枝条；花形多样，多为重瓣。花期长，可从 12 月持续至翌春 4 月。花色丰富，枝叶翠绿，株型丰满，是冬季美化室内环境的优良品种，也是四季室内观花植物的主要种类之一。

10 日 | 2 月 星期____

花事记

今日花事

性喜温暖、湿润、半阴环境。喜欢排水良好的基质。生长发育适温为18～22℃。

春夏花事 大多用12厘米或13厘米的塑料花盆栽培。每年11月开始现蕾，花期长达半年之久。到6月以后，由于天气渐热，植株进入休眠和半休眠状态。如能安全度过夏天，待到立秋以后，随着天气的逐渐凉爽，从其枝条的基部抽发新枝，进入下一个养护周期。浇水宜在早晨或傍晚，浇水次数视盆土湿润程度而定。

秋冬花事 冬季要注意保暖，最低温度不得低于15℃。由于冬季丽格海棠仍处于生长开花期，应尽量摆放在室内的朝南向阳处，如室内窗台上等。冬季浇水尽量选择在晴天中午，水温应与室内气温相近。

11

Cymbidium sinense

墨兰

兰科兰属地生植物。假鳞茎卵球形，包藏于叶基之内；叶带形，近薄革质，暗绿色；花葶从假鳞茎基部发出，直立，较粗壮，一般略长于叶。花的色泽变化较大，常为暗紫色或紫褐色，而具浅色唇瓣，也有黄绿色、桃红色或白色的，一般有较浓的香气；萼片狭长圆形或狭椭圆形；花瓣近狭卵形；唇瓣近卵状长圆形；蕊柱稍向前弯曲，两侧有狭翅。蒴果狭椭圆形。花期 10 月至翌年 3 月。是常见的观赏性兰花。

花事记

今日花事

喜阴，而忌强光。喜温暖，而忌严寒。喜湿润但排水良好的荫蔽处，忌干燥。

春夏花事 最好以雨水或雪水浇灌，如必须用自来水浇墨兰，须暴晒一天之后才能使用。浇水用喷壶，不要将水喷入花蕾内，以免引起腐烂。夏季切忌阵雨冲淋，必须用薄膜挡雨。夏秋两季在日落前后至入夜前，保持叶面干燥为宜。夏季高温休眠，要减少强光照射，梳理枯叶为开花做好准备。墨兰施肥“宜淡忌浓”，一般春末开始，秋末停止。

秋冬花事 冬春两季，在日出前后浇水最好，还要喷雾增加空气湿度，以利墨兰生长。每天给其 5 ～ 6 小时光照，每隔 3 ～ 5 天浇一次水，并需要向空气中喷洒水分，而且也需要追施复合肥养护。但在 10 ～ 11 月降温时，需减少浇水量，每隔两年翻盆换土养护。温度不得低于 5℃。温度过低时，需移入室内养护。

12

蕙兰

Cymbidium faberi

别名：大花蕙兰。兰科兰属园艺杂交种，多年生常绿草本植物。株高可达150厘米，假鳞茎粗壮，合轴性；假鳞茎有节，节上有隐芽；叶丛生，叶片带状，革质，花序较长，花被片花瓣状；花大型，花色有红、黄、翠绿、白、复色等色。大花蕙兰具有较高的观赏价值，有艳丽的花朵、修长的剑叶，花型整齐且质地坚挺，经久不凋，是人们喜爱的观赏植物。冬季开花。

12日 2月

星期____

花事记

今日花事

适生冬季温暖和夏季凉爽的环境，适温为 10 ～ 25℃。低于 5℃时，大花蕙兰叶片生长不良。湿度应维持在 60% ～ 70%。应注意防除食花的蜗牛。在开花期内应停止施肥。

春夏花事 春季气温变化较大，不要急于移至室外，以保护新芽的生长，待有充足的光照后再移至室外栽培。开花植株仅保持盆土湿润即可。春季花后换盆或分株繁殖。花凋谢后的花枝应立刻剪掉，否则会影响新芽生长。夏季高温不利于花芽分化，应注意降温，促使花芽分化。温度控制在 28℃以下有利于生长。夏季阳光强烈，应遮光 30%，避免受烈日灼伤。高温干燥时，可向叶面喷雾。7 月前，15 天左右施液肥 1 次。每月喷洒杀虫剂和杀菌剂 1 次可有效防除病虫害。

秋冬花事 开花时期，要注意夜间的温度不要超过 20℃，否则会造成花蕾脱落。北方移入室内栽培，以免晚间的低温使植株生长缓慢。应充分阳光照射，以增加营养物质的积累。一般 1 ～ 2 天浇水 1 次，尽量使基质湿润，以保护刚发育的花芽。花芽生长期间要多施磷、钾肥，促使花芽肥壮。

13 仙客来 *Cyclamen persicum*

报春花科仙客来属多年生草本植物。块茎扁球形，具木栓质的表皮，棕褐色，顶部稍扁平；叶和花葶同时自块茎顶部抽出；叶片心形、卵形或肾形，有细锯齿，叶面绿色，具有白色或灰色晕斑，叶背绿色或暗红色，叶柄较长，红褐色。花萼通常分裂达基部，裂片三角形或长圆状三角形，全缘；花冠白色或玫瑰红色，喉部深紫色，基部无耳，剧烈反折。花期 11 月到翌年 3 月。仙客来是一种普遍种植的鲜花，适合种植于室内盆栽，冬季则需温室种植。仙客来的某些栽培种有浓郁的香气，而有些香气淡或无香气。仙客来是山东省青州市的市花，也是 1995 年天津举办的第 43 届世界乒乓球锦标赛的吉祥物。

13日 2月

星期___

花事记

今日花事

仙客来性喜温暖，怕炎热，在凉爽的环境下和富含腐殖质的肥沃沙质壤土中生长最好。较耐寒，可耐 0℃的低温不致受冻。

春夏花事 秋季到第 2 年春季为其生长季节，夏季半休眠，在生长期，要求空气湿润和日照充足的环境。浇水宜在上午 10—12 时之间进行。要保证至少要 3 小时的光照，并且 1 周之内最少转动 1 次盆的方向，使仙客来植株受光均匀。春季可移到室外，加强光照；逐渐减少浇水，使盆土干燥，待叶枯干时将枯叶去除，并把盆放在室内无阳光照射和淋不到雨的通风、阴凉之处。若遭雨淋，易引起烂根。过干易使球茎失水而萎蔫。8 月下旬气温下降时可开始浇少量的水，待芽开始萌发时，就可以进行翻盆。对早春播种的幼苗与繁殖的新株，应带部分宿土，剪去 2 ～ 3 厘米以下的老根，在百菌灵或多菌灵溶液中浸泡 0.5 小时，晾干后栽植上盆浇透水，放于荫蔽处。无论老株或幼株，都不能深栽，以球茎露出 1/3 ～ 1/2 为宜；在换盆缓苗之后，应每半月施 1 次稀薄液肥，现蕾之后还需增施磷、钾肥。

秋冬花事 冬季适宜的生长温度在 12 ～ 16℃之间，促进开花时不应超过 18 ～ 22℃。30℃以上植株将进入休眠，35℃以上植株易腐烂、死亡。冬季可耐低温，但 5℃以下则生长缓慢，花色暗淡，开花少。冬季补充二氧化碳气体，可促进生长和开花。夜间 7 ～ 8℃虽也能继续开花，但花期会向后推迟。遵循“不干不浇，浇则浇透”的原则。浇水要避免浇到球茎上，以免球茎积水而导致软腐病的发生。

14 瓜叶菊 *Pericallis hybrida*

菊科瓜叶菊属多年生草本植物。常作 1～2 年生栽培。分为高生种和矮生种，20～90 厘米不等。全株被微毛，叶片大，形如瓜叶，绿色光亮；花顶生，头状花序多数聚合成伞房花序，花序密集覆盖于枝顶，常呈锅底形；花色丰富，还有复色的。花期 1—4 月。瓜叶菊的花语是：喜悦，快乐，合家欢喜，繁荣昌盛。适宜在春节期间送给亲友。是一种常见的盆景花卉和装点庭院居室的观赏植物。

14 日 | 2 月

星期____

花事记

今日花事

性喜温暖、湿润、通风良好的环境。不耐高温，怕霜冻。一般于温室栽培，温度夜间不低于5℃，但小苗也能经受1℃的低温；白天不超过20℃，以10～15℃最合适。室温过高易徒长，造成节间伸长，缺乏商品价值。气温太低，影响植株生长，花朵发育小。

春夏花事 一般采用播种繁殖，8月浅播于盆面，温度保持在20～25℃，10～20天发芽。从播种到开花需6个月。重瓣品种以扦插为主，在植株上部剪去后，取茎部萌发的强壮枝条，在粗沙中扦插。炎热天气易患病腐烂，每天可用清水喷叶面1～2次，以降低气温、增加空气湿度。将花盆移至室外半阴处，避免阳光直射。

秋冬花事 9月末即可移入室内，控制生长温度为5～20℃。注意适当通风。控制浇水量，不干不浇，以防徒长。及时进行整枝，并修剪花蕾，否则易患白粉病。进入1月，可在植株上喷布多菌灵1500倍液防治。

15

非洲紫罗兰

Saintpaulia ionantha

苦苣苔科非洲堇属多年生草本植物。无茎，全株被毛；叶卵形，叶柄粗壮肉质；花1朵或数朵在一起，淡紫色。栽培品种繁多，有大花、单瓣、半重瓣、重瓣、斑叶等；花色有紫红、白、蓝、粉红和双色等；8—9月为露地花期。植株小巧玲珑，花色斑斓，四季开花，是室内的优良花卉，也是国际上著名的盆栽花卉，在欧美地区栽培特别盛行。

15日 | 2月

星期____

花事记

今日花事

喜温暖气候，忌高温，较耐阴，宜在散射光下生长；宜使用肥沃疏松的中性或微酸性土壤。室内可全日光散光照射，不宜浇水过度，注意防寒。

春夏花事 春夏两季适当遮阳。夏季光线太强、高温时，叶片会变白或出现灼伤，对生长十分不好。夏季气温高、空气干燥，应多浇水，并且向花盆四周喷水，以增加空气湿度。在开花观赏期不需要施任何肥，也不要向叶片上喷水雾，更不能在花上喷雾，因为盛开的花一旦沾水很快就会败落。常见病虫害有环斑病、叶斑病、白粉病、介壳虫、蓟马、蚜虫等。用多菌灵、百菌清、石硫合剂、粉锈宁、敌敌畏、氧化乐果等进行喷杀。

秋冬花事 秋冬季节给予充足的光照，光线不足时易徒长，不开花，但要忌强光直射。秋播最好，发芽率高，长势健壮，翌年春季即可开花。其最适宜的生长温度在16～24℃，越冬温度不得低于10℃。浇水不宜过多，当盆土干透后再浇；保持相对湿度在40%左右便可。

16 *Primula obconica*

鄂报春
(皱叶报春)

鄂报春又称皱叶报春。报春花科报春花属多年生草本植物。根状茎粗短；叶卵圆形、椭圆形或矩圆形，上面近于无毛或被毛，毛极短，下面沿叶脉被多细胞柔毛。花葶1至多枚自叶丛中抽出；伞形花序2～13花，苞片线形至线状披针形；花萼杯状或阔钟状，裂片倒卵形。花异型或同型，雄蕊着生于冠筒中上部，蒴果球形，直径约3.5毫米。该种于世界各地广泛栽培，为常见的盆栽花卉。在栽培条件下，开花期很长，故又名四季报春。

16日 2月

星期＿＿

花事记

今日花事

喜气候温凉、湿润的环境和排水良好、富含腐殖质的土壤，不耐高温和强烈的直射阳光，多数亦不耐严寒。一般用作冷温室盆花的报春花宜用中性土壤栽培。

春夏花事　夏季高温期呈半休眠状态，要少浇水，放在凉爽、通风良好的地方。极易发生病虫害的侵袭，尤其是猝倒病，应当及时防治，可用敌克松药剂 800 倍液喷洒土面进行防治。

秋冬花事　秋季后减少浇水，可以将植株全部摆放于光照下，使其能够在温度降低的晚秋接受更多的光照，促使其生长和花芽的分化。入秋后气候逐渐变凉，报春花此时也进入了生长旺盛季节，这时应加强花的肥水；在报春花生长后期应适当增加磷肥。适宜生长温度：白天 20℃，夜间 5 ～ 10℃。在 12 ～ 22℃均能生长良好。

17

Narcissus pseudonarcissus

黄水仙
（洋水仙）

黄水仙又称洋水仙。石蒜科水仙属多年生草本植物。叶绿色，略带灰色，基生，宽线形，先端钝；有皮鳞茎卵圆形；花茎挺拔，顶生1花，花朵硕大，花横向或略向上开放，外花冠呈喇叭形、花瓣淡黄色，边缘呈不规则齿状皱榴；副花冠多变，花色温柔和谐，清香诱人。花期2—4月。是世界著名的水培球根花卉。花朵鲜黄靓丽，极具观赏的价值，可片植亦可置景，深受大众喜爱。

17 日 2月

星期___

花事记

今日花事

喜温暖、湿润和阳光充足环境。对温度的适应性比较强，在不同生长发育阶段对温度的要求不同。生长适温为10～15℃。土壤的pH值应为6～7.5，以肥沃、疏松、排水良好、富含腐殖质的微酸性至微碱性沙质壤土为宜。

春夏花事 放在有散射光照处，春季保持土壤湿润，或者等土壤干燥后再补水。夏季水分流失快，要勤补水，每天都要浇。害怕高温，因此夏季要注意降温，多洒水通风。夏季光照强烈时要及时避开，避免晒伤。

秋冬花事 秋季保持土壤湿润，是露地种植良好时期。冬季温度低，要控水，大概5天浇一次就行。盆栽黄水仙常用促成栽培法栽培。将鳞茎放35℃下贮藏5天，再经17℃贮藏至花芽分化完全，约1个月，然后放9℃低温下贮藏6～8周，盆栽后白天室温21℃、晚间15℃。在叶片生长期可施用“卉友”15-15-30盆花专用肥或施腐熟农用肥1～2次，60～70天后即可开花。

18 *Punica granatum 'Nigr'*

墨石榴

千屈菜科石榴属植物。树冠极矮，树势较强。叶狭小，披针形，浓绿色，嫩梢、幼叶、花瓣鲜红色，花萼、果皮、籽粒紫红色。5月至10月不断开花结果。果实小，圆球形，直径3～5厘米。秋季充分成熟裂果后，紫红色种子外露尤为美观，是家庭养花盆栽，盆景制作的理想品种。

18日 2月

星期___

花事记

今日花事

根系发达，萌生力强，耐干旱，怕积水，耐瘠薄，对土壤要求不严。

春夏花事 萌芽后可施腐熟液肥，15 天左右施 1 次；生长期每隔 7 ～ 10 天施 1 次稀释后的有机肥液。夏季气温高，每天早晚各浇 1 次水。为防止枝叶徒长，扰乱树形，在养护过程中，要经常修剪。

秋冬花事 秋季叶片脱落进入休眠状态，可隔 1 天浇 1 次水；冬季处于休眠期，可几天浇 1 次水，盆内浇水掌握“见干见湿”和“浇则浇透”的原则，保持上下湿度一致。果期在 7 月上旬至 10 月上旬，花果同期。

19 *Calathea makoyana*

孔雀竹芋

竹芋科肖竹芋属多年生常绿草本植物。植株挺拔，株高可达 60 厘米；叶柄紫红色，叶片薄革质，卵状椭圆形，叶面上有墨绿与白色或淡黄相间的羽状斑纹，就像孔雀尾羽毛上的图案，因而得名。叶片亦有特性：白天舒展，晚间折叠起来。是室内优良观叶植物。

19日 2月

星期___

花事记

今日花事

性喜半阴，不耐直射阳光，适应在温暖、湿润的环境中生长。

春夏花事 生长季要每半个月施1次稀薄液肥，施肥时要注意氮肥不能施用过多，以免出现叶片斑纹褪色、叶片增厚、叶柄柔软等生育不良现象。忌阳光暴晒，夏季应放在荫棚下栽培。温度高于30℃时，叶缘枯焦，新芽萌发减少，叶片变黄，应经常喷水，以保湿降温。

秋冬花事 在空气干燥、通风不良的条件下，易生介壳虫、粉虱等，可用25%亚胺硫磷乳剂1000倍液或40%氧化乐果1500倍液喷杀。一定要注意防寒保温，室温应保持在13℃以上。除白天中午前后可用与室温相近的清水喷洗叶面。保持土壤湿润即可。

Mimosa pudica

20

含羞草

豆科含羞草属多年生草本植物或亚灌木。茎圆柱状，具分枝，有散生、下弯的钩刺及倒生刺毛，托叶披针形。羽片和小叶触之即闭合而下垂；指状排列于总叶柄之顶端，线状长圆形，先端急尖，边缘具刚毛。头状花序圆球形，具长总花梗，花小，淡红色，后期为白色，多数；苞片线形；花萼极小；花冠钟状，裂片 4，外面被短柔毛。荚果长圆形，扁平，稍弯曲，荚缘波状，具刺毛，成熟时脱落，荚缘宿存；种子卵形。花期3—10 月，果期5—11 月。具有较好的观赏效果。

20日 | 2月
星期___

7月	8月	9月	10月	11月	12月

花事记

今日花事

喜温暖湿润、阳光充足的环境，适生于排水良好，富含有机质的沙质壤土。

春夏花事 春季15℃以上可放在阳台上或院子里，夏季炎热干燥时应早、晚各浇一次水，温度过高时喷水降温适当遮阴。

秋冬花事 保持土壤湿润。冬季移入室内进行养护，保证阳光充足每天浇水。

21 *Hydrangea macrophylla*

绣球
（八仙花）

绣球又称八仙花。绣球花科绣球属落叶灌木。茎常于基部发出多数放射枝而形成一圆形灌丛；枝圆柱形；叶纸质或近革质，倒卵形或阔椭圆形。伞房状聚伞花序近球形，直径 8 ～ 20 厘米；具短的总花梗，花密集，粉红色、淡蓝色或白色；花瓣长圆形；蒴果长陀螺状。花期 6—8 月。绣球花型丰满，大而美丽，其花色有粉、蓝、紫等多种颜色，令人悦目怡神，是常见的盆栽观赏花木。

21 日 | 2 月

星期 ___

花事记

今日花事

喜温暖、湿润和半阴环境。绣球的生长适温为18～28℃，冬季温度不低于5℃。

春夏花事 扦插繁殖，夏季采半木质化枝条做插穗。土壤以疏松、肥沃和排水良好的沙质壤土为好。绣球盆土要保持湿润，但浇水不宜过多，特别在雨季要注意排水，防止受涝引起烂根。花芽分化需5～7℃条件下6～8周，20℃温度可促进开花，见花后维持16℃，能延长观花期，但高温使花朵褪色快。绣球为短日照植物，每天黑暗处理10小时以上，约45～50天形成花芽。平时栽培要避开烈日照射，以60%～70%遮阴最为理想。

秋冬花事 冬季室内盆栽绣球以稍干燥为好。过于潮湿则叶片易腐烂。土壤pH的变化，使绣球的花色变化较大。为了加深蓝色，可在花蕾形成期施用硫酸铝。为保持粉红色，可在土壤中施用石灰肥（碳酸钙）。

22 *Liriodendron × sinoamericanum*

杂交鹅掌楸

木兰科鹅掌楸属植物。是以中国鹅掌楸为母本、北美鹅掌楸为父本获得的人工杂交种。落叶乔木，可高达 60 米，主干通直，叶形似马褂，先端略凹；小枝紫褐色，树皮褐色，树皮浅纵裂。花期 5—6 月，花较大，黄色，具清香，单生枝顶，形似郁金香。聚合果纺锤形，由多个顶端具 1.5 ～ 3 厘米长翅的小坚果组成，10 月成熟，自花托脱落。可广泛应用于庭院、公园、道路及厂区绿化。

22 日 2 月

星期____

花事记

今日花事

喜光、喜温暖湿润气候，有一定的耐寒性，喜酸性土壤。

春夏花事 初春移栽时可以在树下 7 ～ 8 厘米处使用复合肥做底肥。根据降水情况浇水。如果是新栽的树木，运输会导致根部缺水，这个时候一定要加大浇水量。夏季高温时要做好遮阴。

秋冬花事 应防治卷叶蛾、大袋蛾、樗蚕、凤蝶等食叶虫害。防治方法：人工摘除枯梢、虫袋、虫茧；剪去病虫枝、枯枝、影响生长枝，涂抹愈伤膏；黑光灯引诱成虫；在幼虫孵化盛期用 90% 敌百虫晶体 800 倍液或 1.8% 阿维菌素乳油 2000 倍液喷雾防治。

冬季注意防寒，耐最低温度 -15℃。11 月初浇封冻水一次，树干用石硫合剂涂白并包裹草绳。东北地区还应进行包冠防风处理。

23

Mahonia bealei

阔叶十大功劳

小檗科十大功劳属常绿灌木或小乔木。叶长圆形，上面深绿色，叶脉显著，背面淡黄绿色，网脉隆起；小叶无柄，基部一对小叶倒卵状长圆形。总状花序簇生，长5～6厘米；芽鳞卵状披针形，苞片阔披针形，花黄色；外萼片卵形，花瓣长圆形；浆果倒卵形，蓝黑色，微被白粉。2—5月开花，5—8月结果。阔叶十大功劳四季常绿，树形雅致，栽在房前屋后、池边、山石旁，青翠典雅。

23日 | 2月

星期＿＿

7月 8月 9月 10月 11月 12月

花事记

今日花事

喜温暖、湿润和阳光充足的环境，耐阴，较耐寒；对土壤要求不严，在肥沃、排水良好的沙质壤土上生长最好。生长在阔叶林、竹林、杉木林及混交林下、林缘，草坡，溪边、路旁或灌丛中。

春夏花事 喜阳光充足的环境，夏季高温期要遮阴喷水，防止暴晒。春夏生长期可适当多浇，以利发芽抽梢；夏季坚持早晚浇水，并喷叶面水，使叶片湿透。

秋冬花事 全光照的条件适于阔叶十大功劳植株的生长。入冬前施一次较浓的饼肥为基肥。宜在中午前后浇水，忌浇晚前水，以免冻伤根系。北方宜收进室内越冬。

24 *Jasminum mesnyi*

野迎春
（黄素馨）

野迎春又名黄素馨。木犀科素馨属常绿直立亚灌木，高可达5米。枝条下垂；小枝四棱形，光滑无毛；叶对生，叶片和小叶片近革质，叶缘反卷。花通常单生于叶腋，稀双生或单生于小枝顶端；苞片叶状，倒卵形或披针形；花梗粗壮，花萼钟状，裂片小叶状，披针形；花冠黄色，漏斗状，果椭圆形。生性粗放，适应性强，花明黄色，早春盛开，是受人们喜爱的观赏植物。

24日 2月

星期___

7月 8月 9月 10月 11月 12月

花事记

今日花事

喜温暖湿润和充足阳光，怕严寒和积水，稍耐阴。用排水良好、肥沃的酸性沙质壤土栽培最好。

春夏花事 野迎春的管理比较粗放。春、夏、秋三季生长期要经常浇水，以保持土壤湿润，空气干燥时应向植株喷水。每月施一次腐熟的肥料，薄肥勤施。成型的野迎春用盆栽培时，最好选用透气性好的紫砂盆。因其萌发力强，在生长期间要经常摘心，剪除或剪短某些枝条，才能保持树形。

秋冬花事 冬季减少浇水，维持 3 ～ 5℃的温度，初春即可开花。

25

Cuphea hookeriana

萼距花

千屈菜科萼距花属灌木或亚灌木。茎直立，粗糙，被粗毛及短小硬毛，分枝细，密被短柔毛。叶薄革质，披针形或卵状披针形，稀矩圆形；顶部的线状披针形，顶端长渐尖；基部的圆形至阔楔形，下延至叶柄；幼时两面被贴伏短粗毛，后渐脱落而粗糙，矩圆形。花深紫色，波状，具爪，其余4枚极小，锥形，有时消失；突出萼筒之外，花丝被绒毛；子房矩圆形。花色纯正高雅。花期全年不断，是少有的开花期很长的露地花卉。植株低矮，分枝多，覆盖能力强，且开花时犹如繁星点点，有极佳的美化效果。

25日 | 2月 星期____

7月 8月 9月 10月 11月 12月

花事记

今日花事

耐热，喜高温，不耐寒。喜光，也能耐半阴，在全日照、半日照条件下均能正常生长。生长快，萌芽力强，耐修剪。喜排水良好的沙质壤土。

春夏花事 生长季水量可以增加但是不得积水。夏天需要进行适当的遮阳，并向空气喷水保持空气湿度。每隔半个月就要追加一次复合肥。8 月需水量最大，注意遮阴灌水，叶片枯死后，适时补水又会重新发芽。

秋冬花事 秋天停止施氮肥，只施磷、钾肥。温度最好在5℃以上，不然会容易受到冻伤；控制浇水量，让盆土干燥较好。

26 蝴蝶兰 *Phalaenopsis aphrodite*

兰科蝴蝶兰属附生性草本植物。叶片稍肉质，常 3～4 枚或更多；上面绿色，背面紫色。花序侧生于茎的基部，不分枝或有时分枝；花序柄绿色，被数枚鳞片状鞘，常具数朵由基部向顶端逐朵开放的花；中萼片近椭圆形，侧萼片歪卵形，基部收狭并贴生在蕊柱足上，具网状脉；花瓣菱状圆形，先端圆形，基部收狭呈短爪；唇瓣 3 裂，侧裂片直立，具红色斑点或细条纹，中裂片似菱形，蕊柱粗壮，具宽的蕊柱足。人工栽植花期常在春节前后，是绝佳的观赏花卉，常见盆栽。新春时节，蝴蝶兰植株从叶腋中抽出长长的花梗，并且开出形如蝴蝶飞舞般的花朵，深受花迷们的青睐，素有“洋兰王后”之称。

26 日 | 2月 | 星期____

7月 8月 9月 10月 11月 12月

花事记

今日花事

生于热带雨林地区，本性喜暖畏寒。生长适温为 15 ～ 20℃，冬季 10℃以下就会停止生长，低于 5℃容易死亡。保证空气湿度，放置在室内阴凉处可开花数月，花期可适当施薄肥。

春夏花事 在早春时节要注意防寒，温度不得低于 15℃，保证土壤湿润。夏季注意防水涝，以免烂根死亡。保证空气湿度，不宜强光直射。5 ～ 7 天施用水肥一次，做到薄肥勤施。

秋冬花事 保证环境温度 15℃以上，减少浇水，加强光照，隔 10 天转动一次，如果休眠不可施肥。保证根部不得积水以免烂根死亡。可向空气中喷水以利于生长和花芽分化。

27 *Calathea loeseneri*

白竹芋

竹芋科肖竹芋属的多年生草本植物，高可达 1.2 米。因其多枚苞片组成的花序，形似荷花，又名荷花肖竹芋。叶通常大，叶中脉黄色，叶脉两侧依次为深绿和浅绿色条纹，具柄，柄的顶部增厚，称叶枕，有叶鞘。在北方地区，可在观赏温室内栽培用于园林造景观赏。

27 日 | 2月 星期＿＿

7月 8月 9月 10月 11月 12月

花事记

今日花事

性喜半阴和高温多湿条件。要求疏松肥沃、通透性好的栽培基质。适宜生长适温 15 ～ 30℃。

春夏花事 4—9 月为生长期，生长期间应保持盆土湿润，不宜过干或过湿，切忌盆内积水。应注意常往叶面及植株周围喷水，以保持较高的空气湿度。生长季每隔 1 ～ 2 周浇施一次饼肥液。酷暑时节防烈日暴晒，平时宜给予充足柔和的光照。应保持空气清新湿润，不可过于荫蔽。

秋冬花事 越冬温度 10 ～ 15℃。秋季入室前半个月左右，浇施一次以磷、钾肥为主的液肥，并每隔一周左右往叶面喷施浓度 0.2% ～ 0.3% 磷酸二氢钾溶液，连续喷 2 ～ 3 次，以增强植株抗寒能力。

28

Ranunculus asiaticus

花毛茛

毛茛科毛茛属多年生草本植物。块根纺锤形，常数个聚生于根颈部；茎单生，或少数分枝，有毛；基生叶阔卵形，具长柄，茎生叶无柄，为2回3出羽状复叶。花色丰富，多为重瓣或半重瓣；花型似牡丹花，但较小，叶似芹菜的叶，故常被称为“芹菜花”。可作为切花、盆栽和春季花卉展览用花。花期4—5月，果期6—7月。

28日 2月

星期＿＿

花事记

今日花事

喜凉爽及半阴环境，忌炎热。适宜的生长温度：白天20℃左右，夜间7～10℃。既怕湿又怕旱，宜种植于排水良好、肥沃疏松的中性或偏碱性土壤中。

春夏花事 春季温度稳定在5℃以上时，可将盆栽移到阳台外养护，保证阳光充足。现蕾之后，追液肥及磷酸二氢钾各1次，有利于花大而茂盛。开花时将花毛茛放置于阴凉处，使土壤稍干，有利于延长花期。开花之后，追肥1～2次，促进地下根茎的生长。6月后即进入休眠期。休眠后将地下块茎挖出，晾干后用纱袋吊置于干燥通风处贮藏。

秋冬花事 9—10月可以重新上盆栽种。上盆时盖土宜浅，以刚刚覆盖住块茎为宜。水分不宜过多，以保持土壤湿润为宜。保持充足的光照，不需要施肥。

01

Cornus officinalis

山茱萸

山茱萸科山茱萸属落叶乔木或灌木。树皮灰褐色；小枝细圆柱形，无毛。叶对生，纸质；上面绿色，无毛；下面浅绿色。伞形花序生于枝侧，总苞片卵形，带紫色；花小，两性，先叶开放。核果长椭圆形，红色至紫红色；核骨质，狭椭圆形，有几条不整齐的肋纹。花期3—4月，果期8—10月。秋季红果累累，艳丽悦目，为秋冬季观果佳品，可在庭园、花坛内单植或片植，景观效果良好。盆栽观果可达3个月之久，在花卉市场十分畅销。

01日 | 3月 星期___

7月 8月 9月 10月 11月 12月

花事记

今日花事

较耐阴但又喜充足的光照，通常生长于山坡中下部地段，阴坡、阳坡、谷地以及河两岸等地均生长良好。宜栽于排水良好，富含有机质、肥沃的沙质壤土中。生长适温为 20 ～ 30℃，超过 35℃则生长不良。

春夏花事 春播育苗在春分前后进行，扦插繁殖于 5 月中、下旬进行。在优良母株上剪取枝条，扦插后立即灌水，温度要保持在 26 ～ 30℃，相对湿度 60% ～ 80%，上部搭荫棚，透光度 25%。6 月中旬应避免强光照射。越冬前撤荫棚，浇足水。成年树于春、秋两季修剪。

秋冬花事 于 9—10 月采摘完全成熟、粒大饱满、无病虫害、无损伤、色深红的果实。抗寒性强，可耐短暂的 -18℃低温。

02

Daphne genkwa

芫花

瑞香科瑞香属落叶灌木。树皮褐色，无毛；小枝圆柱形，细瘦，干燥后多具皱纹，幼枝黄绿色或紫褐色，密被淡黄色丝状柔毛。叶对生，稀互生，纸质；卵形或卵状披针形至椭圆状长圆形；先端急尖或短渐尖，基部宽楔形或钝圆形；边缘全缘；上面绿色，干燥后黑褐色；下面淡绿色，干燥后黄褐色；老时则仅叶脉基部散生绢状黄色柔毛。花柱短或无，柱头头状，橘红色；果实肉质，白色，椭圆形，包藏于宿存的花萼筒的下部。花期 3—5 月，果期 6—7 月。

02 日 | 3 月

星期___

7月 8月 9月 10月 11月 12月

花事记

今日花事

宜温暖的气候，性耐旱怕涝，以肥沃疏松的沙质壤土栽培为宜。

春夏花事 早春 3 月间，挖取老根分株繁殖；春季追肥要早，春季保证充足的光照，有利于芫花枝叶的生长。在夏季外界光照过强时，需要给其遮阴，避免芫花被烈日灼伤。夏季温度较高，蒸发量较大，需要增加浇水量，避免芫花后期缺水而生长不良。

秋冬花事 播种期 10 月下旬至 11 月上旬。秋季追肥结合壅根，保持全日照。冬季移入室内，浇水见干见湿。

03

Fragaria × ananassa

草莓

蔷薇科草莓属多年生草本植物。高10～40厘米，茎低于叶或近相等，密被黄色柔毛；叶三出，小叶具短柄，质地较厚，倒卵形或菱形，上面深绿色，几无毛，下面淡白绿色，疏生毛，沿脉较密；叶柄密被黄色柔毛；聚伞花序，花序下面具一短柄的小叶；花两性；萼片卵形，比副萼片稍长；花瓣白色，近圆形或倒卵椭圆形。聚合果大，宿存萼片直立，紧贴于果实；瘦果尖卵形，光滑。正常花期4—5月，果期6—7月。

03 日 | 3月 星期___

花事记 ________________

今日花事

喜温凉气候，喜光，对水分要求严格，不同生长期对水分的要求稍有不同。宜生长于肥沃、疏松中性或微酸性土壤中。

春夏花事 早春少量浇水，土壤干燥即可浇水。气温高于30℃并且日照强时，需采取遮阴措施。下雨过多，就要及时采取排水措施。

秋冬花事 易发叶斑病、根腐病或白粉病，可用百菌清、多菌灵、粉锈宁等杀菌剂。盆栽草莓两年后要换盆，换盆的时候要剪掉死根和衰老的根茎，然后再栽到新的盆土中。温度保持10℃以上，充足光照，见干见湿每次浇透水。

04

Armeniaca vulgaris

杏

蔷薇科杏属落叶乔木。地生，植株无毛。叶互生，阔卵形或圆卵形叶子，边缘有钝锯齿；近叶柄顶端有二腺体；淡红色花单生或2～3个同生，白色或微红色。圆、长圆或扁圆形核果，果皮多为白色、黄色至黄红色，向阳部常具红晕和斑点；暗黄色果肉，味甜多汁；核面平滑没有斑孔，核缘厚而有沟纹。种仁多苦味或甜味。花期3—4月，果期6—7月。

04 日 | 3月

星期___

7月 8月 9月 10月 11月 12月

花事记

今日花事

阳性树种，适应性强，深根性，喜光，耐旱，抗寒，抗风，寿命可达百年以上。

春夏花事 早春浇水一次，全树喷洒石硫合剂，3 月末在离地 30 ～ 40 厘米处缠绕药环或胶带，防止越冬蛀干害虫上树。5 月果期前施用磷钾肥以促进结实。

秋冬花事 易发锈病，可用三锉酮防治。发现美国白蛾虫网时立即剪去发病枝条，可施用乐果或菊酯类杀虫剂防治。剪去多余枝条和枯死枝，减少养分消耗，以促进来年结果。11 月末浇封冻水，进行树干涂白，除去枯枝、病虫枝即可。

05

Amygdalus davidiana

山桃

蔷薇科桃属乔木。高可达 10 米，树冠开展，小枝细长。叶片卵状披针形，先端渐尖，两面无毛，叶边锯齿，叶柄无毛。花单生，先于叶开放，花萼无毛；萼筒钟形；萼片卵形至卵状长圆形，紫色；花瓣倒卵形或近圆形，粉红色。果实近球形，淡黄色；果肉薄而干，不可食，成熟时不开裂。花期 3—4 月，果期 7—8 月。园林中宜成片植于山坡并以苍松翠柏为背景，方可充分显示其娇艳之美。在华北地区主要作桃、梅、李等果树的砧木，也可供观赏。山桃的移栽成活率极高，恢复速度快。惊蛰三花信：一候桃花、二候棠棣、三候蔷薇。

花事记

今日花事

抗旱耐寒，又耐盐碱土壤。

春夏花事 早春浇春水一次，全树喷洒石硫合剂。较重的病害是流胶病，可用百菌清等药剂涂抹防治。主要以播种方式繁殖。宜种植在阳光充足、土壤沙质的地方。管理较为粗放。

秋冬花事 整形或修剪，多采用无中心干的开心树形。主要害虫是天幕毛虫。11 月树干用石硫合剂涂白，全株喷洒石硫合剂；清除病虫枝；4—5 月对幼虫网幕集中清除，也可使用 80% 敌敌畏乳油 1300 ～ 1500 倍液全株喷洒。

06 *Alangium platanifolium*

瓜木

山茱萸科八角枫属落叶灌木或小乔木。可高达7米；小枝绿色，有短柔毛。叶互生，近圆形，全缘或3～5（7）浅裂，基部广楔形或近心形，幼时两面有毛。花瓣线形，紫红色，花丝基部及花柱无毛，聚伞花序生叶腋。核果卵形。花期6月，果期7—9月。药用有祛风除湿、舒筋活络、散淤止痛作用。

06日 | 3月 | 星期____

7月 8月 9月 10月 11月 12月

花事记

今日花事

生于海拔 2000 米以下土质比较疏松而肥沃的向阳山坡或疏林中。

春夏花事 春季，挖取老树的分蘖苗栽种。选高 60 ～ 90 厘米的幼苗，连根挖起栽种。注意除草和追肥。喜光，全日照。以侧根、须状根（纤维根）及叶、花入药。根全年可采，挖出后，除去泥沙，斩取侧根和须状根，晒干即可。夏、秋采叶及花，晒干备用或鲜用。

秋冬花事 冬季落叶后，追肥一次。温度不得低于 10℃。不耐寒，室内种植。

07 *Crocosmia × crocosmiflora*

雄黄兰
（火星花）

雄黄兰又称火星花，鸢尾科雄黄兰属多年生草本植物。有球茎和匍匐茎，球茎扁圆形似荸荠，外有褐色纤维质膜；地上茎高约 50 厘米，常有分枝。叶线状剑形，基部有叶鞘抱茎而生。花多数，排列成复圆锥花序，从葱绿的叶丛中抽出，高低错落，疏密有致；花漏斗形，橙红色；园艺品种有红、橙、黄三色；花被筒细而略弯曲，裂片开展。蒴果，内有种子数粒。花期 6—7 月，果期 8—10 月。

07 日 | 3 月 | 星期____

7月 8月 9月 10月 11月 12月

花事记 ______________________________

今日花事

喜充足阳光，耐寒。在长江中下游地区，球茎露地能越冬。

春夏花事 温度不能超过 35℃，夏季的时候需要加大浇水量。夏季强光下需适当遮阴，防止花被晒枯萎。

秋冬花事 在生长旺期可以两周施肥一次，花期每周施肥一次。

冬季温度在 5℃以上就能够越冬，需充足的光照，两周浇一次水。

08 *Yulania liliiflora*

紫玉兰

木兰科玉兰属落叶灌木。可高达3米，常丛生，树皮灰褐色，小枝绿紫色或淡褐紫色。叶椭圆状倒卵形或倒卵形，上面深绿色，幼嫩时疏生短柔毛，下面灰绿色，沿脉有短柔毛。花蕾卵圆形，被淡黄色绢毛；花叶同时开放，瓶形，直立于粗壮、被毛的花梗上；稍有香气，常早落；内两轮肉质，外面紫色或紫红色，内面带白色，花瓣椭圆状倒卵形。花期3—4月，果期8—9月。是名贵的观赏树种。

08日 3月

星期___

7月 8月 9月 10月 11月 12月

花事记

今日花事

喜温暖湿润和阳光充足环境，较耐寒，但不耐旱和盐碱，怕水淹，要求肥沃、排水好的沙质壤土。

春夏花事 紫玉兰喜光，过阴则无花。2—5月10天左右施一次氮、磷、钾复合肥，盆土保持润而不湿。

秋冬花事 落叶后盆土保持微润而不干。常见的虫害有介壳虫和蚜虫。出现蚜虫可以用棉签沾洗衣粉来粘除害虫，最后要用清水清洗枝叶。介壳虫可以用酸醋液进行喷杀。也可用40%氧化乐果1000～1200倍液喷洒。入冬落叶时施一次以磷、钾为主的肥料，增强其抗寒越冬能力；其余时间少施或不施。忌单施氮肥。

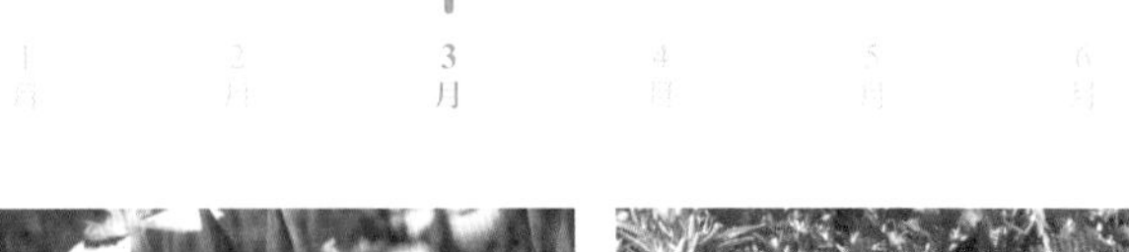

09

Dianthus deltoides

少女石竹
(西洋石竹)

少女石竹又称西洋石竹。石竹科石竹属多年生草本植物。株高可达 20 厘米，呈半球形匍匐在地面，茎叶细，纤维柔软；叶对生，叶片条形，色浓绿。花单生，有粉红、深红、白色等多种颜色。四季常青，夏季鲜花盛开。

09 日

3 月

星期 ___

花事记

今日花事

适应性强，性喜通风向阳的环境。

春夏花事 春季及时清理地上枯死枝；夏季时注意遮阴，避开直射的强光照射。害怕土壤中积水产生水涝。生长期注意薄肥勤施，开花之前增施磷、钾肥。常见锈病，可用25% 粉锈宁乳剂 1500 倍喷雾防治。

秋冬花事 将残花及时剪掉，积攒养分促进后期生长。有红蜘蛛为害时可施用 40% 三氯杀螨醇乳油 1000 ～ 1500 倍液、20% 螨死净可湿性粉剂 2000 倍液、15% 哒螨灵乳油2000 倍液、1.8% 齐螨素乳油6000～8000 倍液等，均可达到理想的防治效果。冬季注意保暖，温度持续走低时，可移到室内养护。保证充足阳光。

10 *Dianthus chinensis*

石竹

石竹科石竹属多年生草本植物。高30～50厘米。全株无毛，带粉绿色；茎由根颈生出，疏丛生，直立，上部分枝；叶片线状披针形，顶端渐尖，基部稍狭，全缘或有细小齿，中脉较显。花单生枝端或数花集成聚伞花序；紫红色、粉红色、鲜红色或白色，顶缘不整齐齿裂，喉部有斑纹，疏生髯毛；雄蕊露出喉部外，花药蓝色；子房长圆形，花柱线形。蒴果圆筒形，包于宿存萼内，种子黑色，扁圆形。花期5—6月，果期7—9月。

10日 | 3月

星期___

花事记

今日花事

性耐寒、耐干旱，不耐酷暑，夏季多生长不良或枯萎。

春夏花事 生长期应保证阳光充足。夏季温度较高时，注意适当遮阴降温。常见锈病，可用 25% 粉锈宁乳剂 1500 倍喷雾防治。

秋冬花事 有红蜘蛛时可施用 40% 三氯杀螨醇乳油 1000 ～ 1500 倍液、20% 螨死净可湿性粉剂 2000 倍液、15% 哒螨灵乳油 2000 倍液、1.8% 齐螨素乳油 6000 ～ 8000 倍液等，均可达到理想的防治效果。

冬季应将其放在温室内，保持温度在 12℃以上。浇水要注意防冻，室内养护，水温要与室温相近。

11 风信子 *Hyacinthus orientalis*

天门冬科风信子属多年草本球根类植物。鳞茎球形或扁球形，有膜质外皮，外被皮膜呈紫蓝色或白色等，皮膜颜色与花色呈正相关。未开花时形如大蒜；叶狭，肉质，基生，肥厚，带状披针形，具浅纵沟，绿色有光。花茎肉质，中空，端着生总状花序；小花 10 ～ 20 朵密生上部，多横向生长，少有下垂；花被筒形，上部四裂，花冠漏斗状，基部花筒较长，裂片 5 枚，向外侧下方反卷。根据其花色，大致分为蓝色、粉红色、白色、鹅黄、紫色、黄色、绯红色、红色等八个品系。原种为浅紫色，具芳香。蒴果。花期早春，自然花期 3—4 月，自然果期 5 月下旬。

7月 8月 9月 10月 11月 12月

花事记

今日花事

性喜阳、耐寒，适合生长在凉爽湿润的环境和疏松、肥沃的沙质土中，忌积水。

春夏花事 生长季节浇水以保持土壤的湿润为度。6 月中下旬风信子地上部分枯死进入休眠状态，将风信子球从土中挖出，风干后干贮于通风干燥的室内。

秋冬花事 秋天 10 月栽种。露地栽种的，在气温达 0℃左右时应浇透水，并覆盖稻草，即可越冬。盆栽的应置于有光照的阳台或窗台上培养，使盆土湿润。春季可开花。

12 *Michelia figo*

含笑花

木兰科含笑属常绿灌木。树皮灰褐色，分枝繁密，芽、嫩枝、叶柄、花梗均密被黄褐色绒毛；叶革质，狭椭圆形或倒卵状椭圆形，先端钝短尖，基部楔形或阔楔形，上面有光泽，无毛，下面中脉上留有褐色平伏毛，余脱落无毛；花直立，淡黄色而边缘有时红色或紫色，具甜浓的芳香；聚合果顶端有短尖的喙。花期3—5月，果期7—8月。

12 日 | 3月 | 星期___

7月 8月 9月 10月 11月 12月

花事记

今日花事

喜肥，性喜半阴，在弱阴下最利生长，忌强烈阳光直射。

春夏花事 萌芽前，适当疏去一些老叶，以触发新枝叶。每隔 15 天左右施一次肥，夏季要注意遮阴。花后将影响树形的徒长枝、病弱枝和过密重叠枝进行修剪，并减去花后果实，减少养分消耗。每天浇水一次，夏季高温天气须往叶面浇水，以保持一定空气湿度。生长季节（4—9 月）每隔 15 天左右施一次肥。

秋冬花事 10 月以后停止施肥，每周浇水一至两次即可。主要害虫有介壳虫、蚜虫及红蜘蛛等，可用 80% 敌敌畏 1000 ～ 1500 倍液喷杀。在 10℃左右温度下越冬，相对湿度为 65% 以上。喷洒水切忌使用冷凉水，一般每周浇水一次即可。

13

Adonis amurensis

侧金盏花

毛茛科侧金盏花属多年生林下植物。根状茎粗短，株高约 30 厘米；叶互生，长 10 厘米，二回羽状复叶，小叶深分裂，裂片更细裂，呈线状披针形；早春新叶和花一并展开，花后长大。一茎一花，萼片白色或暗紫色；花瓣多数，倒披针形，金黄色，长于花萼；花后结短小的绿色瘦果，果上有短毛。分布于东半球温带地区；我国西北、东北均有分布。春秋播种，小苗经移植后即可定植于园地。生长健壮，不择土壤，常见山地自生。有时盆栽，也可作花境或岩石园材料。3—4 月开花。果期 5—6 月。

13 日　3 月

星期＿＿

7月 8月 9月 10月 11月 12月

花事记

今日花事

耐寒，喜温暖湿润，要求疏松、肥沃及排水良好的沙质壤土。

春夏花事 要求光照充足，夏季温度不得高于 34℃。生长季节要多次浇水，浇水时要小流量，不要冲土淤苗。浇水和施肥要结合起来。7 月中旬进行追肥，以三元素复合肥等为好。

秋冬花事 可粗放管理，入冬前覆盖落叶即可越冬。温度低于 4℃时要注意防寒。

14

结香

Edgeworthia chrysantha

别名：打结花。瑞香科结香属落叶灌木。高约0.7～1.5米，小枝粗壮，褐色，常作三叉分枝，幼枝常被短柔毛，韧皮极坚韧；叶痕大，直径约5毫米；叶在花前凋落，长圆形，披针形至倒披针形，先端短尖，基部楔形或渐狭。花期冬末春初，果期春夏间。结香的花语和象征意义是“喜结连枝”，被称作“中国的爱情树”。

14日 3月 星期____

花事记

今日花事

性喜半湿润，喜半阴，夏季需防晒，可栽种或放置在背靠北墙面向南之处，以盛夏可避烈日、冬季可晒太阳为最好。

春夏花事 分株在早春萌芽前，取粗壮的萌蘖小苗，截断与母株相连的根，另植于地里，即可成活。一年内可长到 60 ～ 70 厘米。扦插则在 2—3 月或 6—7 月均可进行。花后施一次以氮肥为主的肥料，促长枝叶。移栽或翻盆换土宜在花谢之后。

秋冬花事 入秋施一次以磷钾肥为主的复合肥，促其花芽分化，其余时间不施肥。能耐 -20℃以内的冷冻，在北京以南可在室外越冬，只是冬季在 -10 ～ -20℃的地方，花期要推迟至 3—4 月。冬季低于 -20℃的地方，只宜盆植。冬季入室置于南向窗台即可。

15

Citrus trifoliata

枳

芸香科柑橘属多年生小乔木。树冠伞形或圆头形；枝绿色，嫩枝扁，有纵棱；枝上有尖刺，长达4厘米，刺尖干枯状，红褐色，基部扁平。花单朵或成对腋生，一般先叶开放，也有先叶后花的；花瓣白色，匙形。花期5—6月，果期10—11月。果近圆球形或梨形，大小差异较大；果顶微凹，有环圈；果皮暗黄色，粗糙。枳性温，味苦，辛，无毒。舒肝止痛，破气散结，消食化滞，除痰镇咳。

15日 | 3月

星期____

7月 8月 9月 10月 11月 12月

花事记

今日花事

性喜光、温暖环境，适生光照充足处。喜湿润环境，怕积水。喜微酸性土壤，中性土壤也可生长良好。

春夏花事 3 月进行移栽，施肥很重要，最好每年 4 个季节各施 1 次，春秋 2 季重施保果肥和保树肥。所施肥料以发酵过的人畜粪尿、塘泥、堆肥、草木灰、过磷酸钙及硫酸铵为主。采用环状沟施肥法和水平沟施肥法。春季进行整形修剪，促使长出发育枝和结果母枝。

秋冬花事 较耐寒，但幼苗需采取防寒措施。冬季应施越冬肥，施后在树的周围堆积 15 ～ 18 厘米腐熟草皮，再铺上塘泥土，以确保安全越冬。

16 *Camellia*

山茶花

“山茶花”是山茶科山茶属多种植物和园艺品种的通称，多为灌木或小乔木。叶革质，椭圆形，先端略尖，或急短尖而有钝尖头，基部阔楔形，上面深绿色，干后发亮，无毛，下面浅绿色，无毛；花顶生，多色，无柄；苞片及萼片约 10 片，组成杯状苞被，半圆形至圆形；蒴果圆球形。花期 1—4 月。人工培育品种茶花的花期较长，一般从 10 月始花，翌年 5 月终花，盛花期 1—3 月。是常见观赏花卉。

16日 | 3月
星期＿＿

花事记

今日花事

惧风喜阳，喜地势高爽、空气流通、温暖湿润的环境，排水良好、疏松肥沃的沙质壤土。

春夏花事 春季萌芽后，每17天施1次薄肥水。花前要注意灰霉病、花枯病防治。夏季施磷、钾肥；花期勿喷水。夏天可进行50%遮光处理。花谢后及时摘去残花。忌积水或浇半截水。虫害方面以防治红蜘蛛、蚜虫、介壳虫、卷叶蛾为主，主要防治药剂用氯氰菊酯15毫升+水胺硫磷20毫升或久效磷25毫升兑15千克水喷雾。

秋冬花事 秋冬季因花芽发育快，应每周浇一次腐熟的淡液肥，并追施1～2次磷、钾肥。冬季应置于室内阳光充足处，温度保持5℃以上，且保持每天12小时的光照环境才能形成花芽。北方室内一般较干燥，应经常向山茶叶面喷水，一般3天左右浇一次。

17

Pittosporum tobira

海桐

海桐科海桐属常绿灌木或小乔木。嫩枝被褐色柔毛，有皮孔；叶聚生于枝顶，二年生，革质；伞形花序或伞房状伞形花序，顶生或近顶生；花白色，有芳香，后变黄色；蒴果圆球形，有棱或呈三角形，直径 12mm。花期 3—5 月，果熟期 9—10 月。

17 日

3 月

星期 ___

7月 8月 9月 10月 11月 12月

花事记

今日花事

对气候的适应性较强，能耐寒冷，亦颇耐暑热。黄河流域以南，可在露地安全越冬。

春夏花事 春季一到两天要浇一次水，大概 15 ～ 20 天就要施一次全效肥；夏季应防治吹绵蚧，若虫孵化期可用 40% 氧化乐果乳油 1000 倍加 10% 吡虫啉可湿性粉剂 1500 倍液喷雾；成虫发生时使用狂杀蚧 800 ～ 1000 倍液或 40% 速扑杀乳油 1500 倍液均匀喷雾。喷药时加入适量柴油可增加其渗透性，同时要求药液一定要喷透、喷匀。夏季要做到薄肥勤施。

秋冬花事 约 15 ～ 20 天就要施一次全效肥，注意防治红蜘蛛，可以使用杀螨剂。北方冬季移入室内，保障光照充足，减少浇水次数。

18 *Pyrostegia venusta*

炮仗花

紫葳科炮仗藤属藤本植物。叶对生，卵形，顶端渐尖，基部近圆形，上下两面无毛，下面具有极细小分散的腺穴，全缘。圆锥花序着生于侧枝的顶端；花萼钟状；花冠筒状，长椭圆形，花蕾时镊合状排列，花开放后反折，边缘被白色短柔毛；子房圆柱形，密被细柔毛；花柱细，柱头舌状扁平，开花时花柱与花丝均伸出花冠筒外。果瓣革质，舟状，内有种子多列；种子具翅，薄膜质。花期长，通常在1—6月。多植于庭园建筑物的四周。

18日 3月

星期___

花事记

今日花事

喜向阳环境和肥沃、湿润、酸性的土壤。华南地区，能保持枝叶常青，可露地越冬。

春夏花事 生长期间每月需追肥 1 次，宜用腐熟稀薄的豆饼水或复合化肥保持土壤湿润，浇水次数应视土壤湿润状况而定，在炎热夏季除需浇水外，每天还要向枝叶喷水 2 ～ 3 次和周围地面洒水，以提高空气湿度。浇水要见干见湿，切忌盆内积水。虫害有粉虱和介壳虫，可用 40% 氧化乐果乳油 1200 倍液喷杀。

秋冬花事 秋季进入花芽分化期，浇水宜减少一些，施肥应以磷肥为主。常见叶斑病和白粉病，用 50% 多菌灵可湿性粉剂 1500 倍液喷洒。冬季需要保持较高的温度。越冬一般需要在 10℃以上，北方地区可以放在室内阳光充足的地方，室内越冬。

19

Magnolia grandiflora

荷花玉兰

木兰科北美木兰属常绿乔木。树皮淡褐色或灰色，薄鳞片状开裂；小枝粗壮。叶厚革质，椭圆形，长圆状椭圆形或倒卵状椭圆形，叶面深绿色，有光泽。花白色，有芳香，花被片 9 ～ 12，厚肉质，倒卵形，聚合果圆柱状长圆形或卵圆形，蓇葖背裂，背面圆，顶端外侧具长喙；种子近卵圆形或卵形，外种皮红色，除去外种皮的种子，顶端延长成短颈。花期 5—6 月，果期 9—10 月。

19 日 | 3 月

星期___

7月 8月 9月 10月 11月 12月

花事记

今日花事

喜弱阳性，喜温暖湿润气候，抗污染，不耐碱土。

春夏花事 夏天避免被烈日暴晒，向植株周围喷水营造湿润环境。

秋冬花事 秋季减少浇水，停止施肥。冬季将它搬入室内，提供给它 0℃以上的环境。正常光照，水量同秋季。北方室外种植要做好防寒措施。

20

Malus × micromalus

西府海棠

蔷薇科苹果属的小乔木。高可达2.5～5米，树枝直立性强；小枝细弱圆柱形，嫩时被短柔毛，老时脱落，紫红色或暗褐色，具稀疏皮孔；冬芽卵形，先端急尖，无毛或仅边缘有绒毛，暗紫色。叶片长椭圆形或椭圆形，伞形总状花序，有花4～7朵，集生于小枝顶端，果实近球形，直径1～1.5厘米，红色，少数宿存。花期4—5月，果期8—9月。西府海棠在北方干燥地带生长良好，是绿化中较受欢迎的植物。古时以西府（今陕西省宝鸡市及其周边部分地区）的海棠品种最佳，故称其为“西府海棠”，2009年04月24日被选为陕西宝鸡的市花。与玉兰、牡丹、桂花相伴，形成“玉棠富贵”的喻义。春分三候：一候海棠、二候梨花、三候木兰。

20日 3月

星期____

花事记

今日花事

喜光，耐寒，忌水涝，忌空气过湿，较耐干旱。可剪除枯枝、病虫枝、细弱枝、交叉枝、重叠枝、过密枝等杂乱枝。

春夏花事 3 月初灌春水，春季萌芽后，可摘除过多过密、位置欠佳的芽头。春、夏季生长期需适当多浇水，炎夏高温时浇水要及时、充足。春季开花后以施氮肥为主，促使枝叶生长。夏季多施磷、钾肥，以利花芽分化，保证花繁色艳。

秋冬花事 秋凉后逐步减少浇水，注意防治金龟子、卷叶虫、蚜虫、袋蛾和红蜘蛛等害虫，以及腐烂病、赤星病等。冬季 11 月初浇封冻水，树干用石硫合剂涂白。

21

鸾枝

Amygdalus triloba var. *petzoldii*

蔷薇科桃属落叶灌木或小乔木。短枝上的叶常簇生，一年生枝上的叶互生；叶片宽椭圆形至倒卵形，先端短渐尖，常 3 裂，基部宽楔形，上面具疏柔毛或无毛，下面被短柔毛，叶边具粗锯齿或重锯齿；被短柔毛。花单生或两朵生于叶腋，先于叶开放，萼筒宽钟形，无毛或幼时微具毛；萼片卵形或卵状披针形，无毛，近先端疏生小锯齿；花瓣近圆形或宽倒卵形，先端圆钝，有时微凹，粉红色；果实近球形，顶端具短小尖头，红色，外被短柔毛；果肉薄，成熟时开裂；核近球形，具厚硬壳，两侧几不压扁，顶端圆钝，表面具不整齐的网纹。花期 4—5 月，果期 6—8 月。

21 日 | 3 月 | 星期 ___

花事记

今日花事

喜光，稍耐阴，耐寒，能在 -35℃下越冬。对土壤要求不严。

春夏花事 3 月中旬灌春水，喷洒石硫合剂。花后可使用腐熟有机肥。夏季高温时防止叶片灼伤。注意防范蚜虫，可用灭蚜威 1000 ～ 1100 倍液全株喷洒。忌水涝。6—9 月应适量施入一些磷、钾肥，按自然开心形修剪。

秋冬花事 秋末，将落叶清理干净可用 80% 代森锌可湿性颗粒 700 倍液预防黑斑病。蓑蛾少量发生时，可人工摘除虫、卵，并集中烧毁。虫害大发生时，可在幼虫发生期喷洒杀灭菊酯 2050 倍液，或 85% 敌敌畏乳油 900 倍液，或 80% 敌百虫晶体 1500 倍液。11 月初浇封冻水一次，除去枯枝落叶即可。

22 *Armeniaca sibirica* var. *pleniflora*

辽梅杏

蔷薇科杏属落叶小乔木。树冠半圆形，树姿开张；多年生枝红褐色，表皮光滑无毛，1 年生枝灰褐色。叶片卵圆形，基部宽楔形，先端渐尖；叶色绿，正反面均多茸毛，无光泽；叶缘不整齐，单锯齿。白粉色重瓣花，每朵花花瓣 30 余枚，花径 3 厘米左右；花蕾期约 7 天，花萼粉红色时为观赏佳期；果实较小，扁圆形，不能食用，仁苦。花期 4 月，果期 6—7 月。

22 日 3 月

星期 ＿＿

7月 8月 9月 10月 11月 12月

花事记

今日花事

抗寒、抗旱、抗病，花多，重瓣。

春夏花事 早春浇水一次，全树喷洒石硫合剂，3 月末在离地 30 ～ 40 厘米处缠绕药环或胶带，防止越冬蛀干害虫上树，进行集中捕杀。按照生长环境浇水，见干见湿即可。

秋冬花事 易发锈病，可用三唑酮防治；发现美国白蛾虫网，立即剪去，可施用乐果或菊酯类杀虫剂防治。剪去多余枝条，减少养分消耗。可粗放管理。11 月末浇封冻水，进行树干涂白，除去枯枝病虫枝即可。

23

紫叶桃

Amygdalus persica 'Zi Ye Tao'

蔷薇科桃属落叶乔木。树冠宽广而平展；树皮暗红褐色，老时粗糙呈鳞片状；小枝细长，无毛，有光泽，绿色，向阳处转变成红色，具大量小皮孔；冬芽圆锥形，顶端钝，外被短柔毛，常2～3个簇生。叶片长圆披针形、椭圆披针形或倒卵状披针形。花单生，先于叶开放，花梗极短或几乎无梗；花瓣长圆状椭圆形至宽倒卵形，粉红色，罕为白色。果实形状和大小均有变异，卵形、宽椭圆形或扁圆形。花期3—4月，果实成熟期因品种而异，通常为8—9月，现有特晚熟品种在11月成熟。

23日 3月

星期___

7月 8月 9月 10月 11月 12月

花事记

今日花事

喜光，喜排水良好的土壤，耐旱怕涝。如淹水 3 ～ 4 天就会落叶，甚至死亡；喜富含腐殖质的沙质壤土。

春夏花事 每年花后，追施少量的氮肥促进营养生长，6 至 7 月施用 1 ～ 2 次速效磷、钾肥，可促进花芽分化。夏季高温天气，如遇连续干旱，加强浇水抗旱，每周对根部浇透水 1 ～ 2 次。夏季易患穿孔病、炭疽病和缩叶病，与植株生长过密、雨水较多、湿度大有关，可以结合修剪增加植株的通风透光，在 5—6 月的发病初期用甲基托布津和百菌清交替喷雾，控制病害流行与传播。

秋冬花事 防治红颈天牛，成虫可人工捕杀，幼虫可采用杀虫剂等防治方法，最好能利用肿腿蜂等天敌进行防控。11 月末浇封冻水，进行树干涂白，除去枯枝、病虫枝，做好防寒。

24 *Amygdalus persica 'Rubro-plena'*

红花碧桃

蔷薇科桃属落叶乔木。树冠宽广而平展；树皮暗红褐色，老时粗糙呈鳞片状。本种为桃的变种，花半重瓣，红色。花期3—4月，果实成熟期因品种而异，通常为8—9月。我国各省区均有栽培，供观赏。

24日 | 3月 | 星期___

花事记

今日花事

阳性，耐寒，不耐水湿。

春夏花事 早春浇水一次，全树喷洒石硫合剂。较重的病害是流胶病，可用百菌清等药剂涂抹防治。

秋冬花事 整形或修剪，多采用无中心干的开心树形。害虫是天幕毛虫。幼虫期喷洒敌杀死800～1000倍液，或乐果加辛硫磷1000～1500倍液。11月初浇封冻水，进行树干涂白，除去枯枝、病虫枝。

25 *Yulania denudata*

玉兰

木兰科玉兰属落叶乔木。树冠阔形；树皮深灰色，粗糙开裂；小枝稍粗壮，灰褐色；冬芽及花梗密被淡灰黄色长绢毛；叶纸质，倒卵形、宽倒卵形或倒卵状椭圆形，基部徒长枝叶椭圆形；花蕾卵圆形，花先叶开放，直立，芳香，直径 10～16 厘米；花梗显著膨大，密被淡黄色长绢毛；花被片 9 片，白色，基部常带粉红色；聚合果圆柱形；蓇葖厚木质，褐色，具白色皮孔；种子心形，侧扁。花期 2—3 月（亦常于 7—9 月再开一次花），果期 8—9 月。

25日 3月

星期＿＿

7 月　8 月　9 月　10 月　11 月　12 月

花事记

今日花事

喜阳光，稍耐阴。有一定耐寒性，在 -20℃条件下能安全越冬，喜肥沃适当润湿而排水良好的弱酸土壤。

春夏花事 春季每 2 ～ 3 天可以浇水一次。夏天早晚浇水一次。夏季光照强烈时需要遮光。每半个月施一次饼肥。虫害有红蜘蛛、介壳虫。介壳虫一经发现，可用竹片刮除。红蜘蛛可用 50% 三硫磷 1000 倍液喷洒。

秋冬花事 秋季每 2 ～ 3 天可以浇水一次。常见黄化病、炭疽病。黄化病，可常施 0.5% 左右的硫酸亚铁水溶液防治。炭疽病可用 50% 多菌灵 500 倍液，每隔 5 ～ 10 天喷洒一次防治。11 月浇封冻水，草绳绕杆防寒并罩布防风。除去病虫枝。

26

Yulania × soulangeana

二乔玉兰

木兰科玉兰属植物。系玉兰和紫玉兰的杂交种。落叶小乔木，高 6 ～ 10 米，小枝无毛。叶片互生，叶纸质，倒卵形，长 6 ～ 15 厘米，宽 4 ～ 7.5 厘米。花蕾卵圆形，花先叶开放，浅红色至深红色。聚合果长约 8 厘米，直径约 3 厘米；蓇葖卵圆形或倒卵圆形，具白色皮孔。种子深褐色，宽倒卵形或倒卵圆形，侧扁。花期 2—3 月，果期 9—10 月。

26日 3月

星期___

7月 8月 9月 10月 11月 12月

花事记

今日花事

耐旱，耐寒。喜光，适合生长于气候温暖地区，不耐积水和干旱。喜中性、微酸性或微碱性的疏松肥沃的土壤，以及富含腐殖质的沙质壤土，可耐 -20℃的短暂低温。

春夏花事 春季萌芽的时候，应将一些明显枯萎的老叶摘除，避免养分流失，给新芽提供生长空间。春季每 2 ～ 3 天可以浇水一次。每天的光照时长不能少于 6 小时。花落的时候也应注意将不再开花、已经枯萎的花蕾摘除。主要病害为炭疽病，防治方法为，及时清除病株病叶，同时向叶片喷施 50% 多菌灵 500 ～ 800 倍的水溶液，或用 70% 甲基托布津 800 ～ 1000 倍的溶液进行防治。5—10 月每 5 ～ 7 天就要施加一次有机肥。

秋冬花事 秋季每 2 ～ 3 天可以浇水一次。11 月浇封冻水，草绳绕杆防寒并罩布防风。除去病虫枝。

27

Chaenomeles speciosa

皱皮木瓜（贴梗海棠）

皱皮木瓜又称贴梗海棠。蔷薇科木瓜海棠属落叶灌木。具枝刺；小枝圆柱形，开展，粗壮，嫩时紫褐色，无毛，老时暗褐色。叶片卵形至椭圆形，边缘具尖锐细锯齿，齿尖开展，表面微光亮，深绿色，无毛，背面淡绿色，无毛；叶卵形或肾形。花在叶前或与叶同时开放；花梗粗短，梨果球形至卵形，黄色或黄绿色，有不明显的稀疏斑点，芳香，果梗短或近于无。花期 4 月，果期 10 月。可以盆栽作为观赏植物

27 日 3 月

星期____

7月 8月 9月 10月 11月 12月

花事记

今日花事

喜光，有一定耐寒能力，对土壤要求不严，但喜排水良好的肥厚壤土，不宜在低洼积水处栽植。

春夏花事 生长期内要给予充足的水分，尤其是夏季气温高时盆土容易干燥，浇水要充足。盛夏高温时，要适当遮阴，防止日灼叶焦。

秋冬花事 剪去枯枝、徒长枝、交叉枝、重叠枝以及其他影响树形的枝条。贴梗海棠常有锈病侵害叶片，可喷洒0.5 波美度石硫合剂进行防治。贴梗海棠冬季较能耐寒，对环境要求不严，可埋盆于土中，也可放在室内窗口处。冬季宜施足基肥。

28

Yulania stellata

星花玉兰

木兰科玉兰属落叶小乔木。枝繁密，灌木状；树皮灰褐色，当年生小枝绿色，密被白色绢状毛，二年生枝褐色；冬芽密被平伏长柔毛。叶倒卵状长圆形，有时倒披针形，顶端钝圆、急尖或短渐尖；基部渐狭窄楔形，上面常绿色，无毛，下面浅绿色；中脉及叶柄被柔毛。花蕾卵圆形，密被淡黄色长毛；花先叶开放，直立，芳香，外软萼状花被片披针形，早落；内数轮瓣状花被片 12 ～ 45，狭长圆状倒卵形，花色多变，白色至紫红色。聚合果长约5cm，仅部分心皮发育而扭转。花期3—4 月。

28日 3月 星期___

7月 8月 9月 10月 11月 12月

花事记

今日花事

性耐风寒及耐碱性土壤。

春夏花事 春季时所需要消耗掉的水分是很大的，每天都要给其浇一次水。夏剪在生长期进行。修剪以中、短截为主，剪去枝条的1/2，促发中长枝。叶丛枝可重截，刺激萌发长壮枝条结蕾。

秋冬花事 要适当减少浇水的次数和频率，要注意防治红蜘蛛。冬剪在落叶后至萌芽前进行，对下垂枝、病虫枝、过密枝、过弱枝、枯死枝进行疏剪。简单防寒。不宜植于风口处。

29 *Amygdalus persica 'Magnifica'*

绯桃

为桃的变种。蔷薇科桃属乔木。树冠宽广而平展；树皮暗红褐色，老时粗糙呈鳞片状；小枝细长，无毛，有光泽，绿色，向阳处转变成红色；叶片长圆披针形、椭圆披针形或倒卵状披针形，上面无毛，下面在脉腋间具少数短柔毛或无毛，叶边具细锯齿或粗锯齿；花单生，先于叶开放，重瓣。花期 3—4 月，果期为 8—9 月。

29日 | 3月 | 星期___

花事记

今日花事

阳性，较耐寒，不耐水湿。

春夏花事 3 月浇春水一次。夏季高温天气，如遇连续干旱，适当的浇水是非常必要的。雨天还应做好排水工作。6—7 月如施用 1 ～ 2 次速效磷、钾肥，可促进花芽分化。

秋冬花事 注意防治美国白蛾及天幕毛虫，可用乐果或菊酯类杀虫剂。天牛可使用辛硫磷颗粒封堵虫孔或早春缠裹药环集中捕杀。

11 月初浇封冻水一次，冬季修剪除“无用枝”（背上直立枝、病虫枝、枯死枝）。

30

Malus 'Pink Spires'

粉芽海棠

蔷薇科苹果属落叶小乔木。树形窄而向上，株高4.5～6米，冠幅4米；新叶红色；花堇粉色，单瓣，直径4.5～5.0厘米；果实紫红色，直径1.2厘米。花期4月中下旬，果熟期7月，果宿存。是良好的观赏树种。

30日 | 3月 | 星期___

7月 8月 9月 10月 11月 12月

花事记

今日花事

喜光，耐寒，耐旱，忌水湿。

春夏花事 3月初灌春水一次，全日照。春季，每3～5天浇水一次；夏季每1～2天浇水一次。夏季温度过高、光照过强时，要注意遮阴。

秋冬花事 秋季可在根际处换培一批塘泥或肥土。需防治锈病，8月初可喷洒粉锈宁进行防治。秋季4～6天浇水一次。11月初浇封冻水一次，树干用石硫合剂涂白。把病枯枝剪除，以保持树冠疏散，通风透光。为促进植株开花旺盛，要把徒长枝短截，使所留的腋芽均可获较多营养物质。冬季每半月浇水一次。

31

Prunus × blireana 'Meiren'

美人梅

蔷薇科李属落叶小乔木或灌木，法国引进。叶片卵圆形，叶缘有细锯齿，叶被生有短柔毛；花色浅紫，重瓣花，先叶开放；萼筒宽钟状，萼片5枚，近圆形至扁圆；花瓣15～17枚，小瓣5～6枚。自3月第一朵花开以后，逐次自上而下陆续开放至4月中旬。花粉红色，繁密，先花后叶。采用扦插、压条的方法繁殖。

31日 | 3月 | 星期___

花事记

今日花事

喜阳光充足、通风良好、开阔的环境。要求土层深厚、排水良好、富含有机质的土壤。

春夏花事 初春浇返青水，生长期若不是过于干旱不用浇水。夏季高温干旱少雨天气，适当浇水。还可于早、晚给予叶面喷水，这样能够有效减少叶面蒸发，利于植株成活。美人梅喜肥，栽植时可用经腐熟发酵的厩肥做基肥，也可用腐熟的鸡鸭粪、鸽粪等有机肥，但必须要与底土充分拌匀。

秋冬花事 抗寒性强。秋季种的苗子，还应采取树体缠草绳、树坑覆地膜等措施。苗子成活一年后即可正常管理，越冬只需在树干涂白即可。初冬浇封冻水。

时光花事

4 月

5 月

6 月

01

Cerasus × yedoensis

东京樱花

蔷薇科樱属乔木。树皮灰色；小枝淡紫褐色，无毛，嫩枝绿色，被疏柔毛；叶片椭圆卵形或倒卵形，上面深绿色，无毛，下面淡绿色，沿脉被稀疏柔毛；伞形总状花序，总梗极短，有花3～4朵，先叶开放；花瓣白色或粉红色，椭圆卵形；核果近球形，黑色。为著名的早春观赏树种，在开花时满树灿烂，远观似一片云霞，绚丽多彩，但花期很短，仅保持1周左右就凋谢。花期4月，果期5月。

01日 4月

星期＿＿

7月 8月 9月 10月 11月 12月

花事记

今日花事

喜光、喜温、喜湿、喜肥，适合在年均气温 10 ～ 12℃ 条件下生长，适宜在土层深厚、土质疏松、透气性好、保水力较强的沙质壤土或砾质壤土上栽培。

春夏花事 花期怕风，萌蘖力强且生长迅速。浇水应见干见湿，浇则浇透。每年施肥两次，以酸性肥料为好。一次是冬肥，在冬季或早春施用豆饼、腐熟鸡粪等有机肥；另一次在落花后，施用硫酸铵、硫酸亚铁、过磷酸钙等速效肥料。春夏季修剪徒长枝、病枝和枯枝。

秋冬花事 冬季最低温度不低于 -20℃。寒冷地区 11 月初浇封冻水，树干用石硫合剂涂白。做好防寒。冬季冠形修剪培养。

02 *Forsythia suspensa*

连翘

木犀科连翘属落叶灌木。早春先叶开花，小枝黄色，开展或下垂，中空；叶对生，单叶或三小叶；花冠黄色，1～3朵生于叶腋。花期长、花量多，盛开时满枝金黄，芬芳四溢，令人赏心悦目，在绿化美化城市方面应用广泛，是观光农业和现代园林难得的优良树种。果实可以入药。花期3—4月，果期7—9月。

02日 | 4月 | 星期___

7月 8月 9月 10月 11月 12月

花事记

今日花事

喜光，有一定程度的耐阴性；喜温暖、湿润气候；耐干旱瘠薄，怕涝；不择土壤。

春夏花事 扦插栽培以春季为好，也可安排在冬季。春播在4月上、中旬。注意保持土壤湿润，旱期及时沟灌或浇水；雨季要开沟排水，以免积水烂根。

秋冬花事 冬播在封冻前进行。10月上旬果实熟透变黄，果壳裂开时采收，晒干，筛去种子及杂质。秋季最好每15～20天施一次腐熟的稀薄液肥或者复合肥。11月初浇封冻水即可露地越冬，耐寒力强，经抗寒锻炼后，可耐受-50℃低温。

03

Gagea nakaiana

顶冰花

百合科顶冰花属多年生草本植物。鳞茎卵形；基部无珠芽，鳞茎皮灰黄色；基生叶条形，花葶上无叶；花2～5朵，呈伞形排列；蒴果卵圆形至倒卵形。花期3—4月。是一种生活在北方的植物，因其在冰天雪地里也可以发芽，直到天气渐暖后，花柄才挺出，开出花朵，故称其为顶冰花，意思是顶着冰霜却依旧能开出美丽的花。

03日 4月

星期___

7月 8月 9月 10月 11月 12月

花事记

今日花事

生于林下、灌丛或草地。

春夏花事 全株有毒，以鳞茎毒性最大。是山中野花，每年开春时常被人误为山韭菜，食数株即可中毒，4 克以上可致死。

秋冬花事 分球繁殖，在秋冬季休眠期剥下鳞茎四周的小球，另行栽植。能耐得住寒冷的，多分布于北方的高寒山区，一般在 -8℃下，生长不会受到影响。

04

Pyrus ussuriensis

秋子梨

蔷薇科梨属落叶乔木。冬芽肥大，叶片卵形至宽卵形，先端短渐尖，基部圆形或近心形；5月开花，花瓣倒卵形或广卵形，白色；8—10月结果，果实近球形，黄色，酸甜可口，肉软多汁。秋子梨株形优美，花洁白素雅、气味芳香，果实色泽艳丽、挂果期长，可用作园景树和庭荫树。

04日 | 4月

星期___

7月 8月 9月 10月 11月 12月

花事记

今日花事

喜光，耐旱，耐寒力强。对土壤要求不严，沙土、壤土、黏土都能栽培。

春夏花事 春季栽植有利于保墒，缩短缓苗期，栽植时要做到踏实、不窝根，同时要认真选择不同产地的秋子梨树，合理搭配授粉树品种，以利于提高坐果率和果实质量。

秋冬花事 结果以后，要及时补充土壤中养分才能实现丰产、优质，施基肥以秋季施入土壤为好，以有机肥为主，采用放射状或环状沟施。追肥时间可选在开花前或幼果膨大前期以及果熟期，这样对减少当年落花、落果和下一年增产有明显作用。有灌溉条件的地方提倡鱼鳞坑栽植，以利保水。抗寒力很强，适于生长在寒冷而干燥的山区，11月初浇封冻水即可露地越冬。

05 *Oyama sieboldii*

天女花

木兰科天女花属落叶小乔木。叶膜质，倒卵形或宽倒卵形。花期 5—6 月，花与叶同时开放，白色，芳香，杯状，盛开时碟状；雄蕊紫红色，雌蕊群椭圆形，绿色。果熟期 9—10 月，聚合果熟时红色，种子心形，外种皮红色，内种皮褐色。属国家三级重点保护，濒危植物。野生环境中的它生长在海拔 1000 米以上的山谷中，－30℃的低温都可以经受得住。是园林绿地中观花、观叶、观果、观形、品香的极佳树种。

05 日 4 月

星期___

7月 8月 9月 10月 11月 12月

花事记

今日花事

喜欢阳光，有一定耐阴的能力，建议使用丰富养分、有一定排水能力和透气能力的沙质壤土。

春夏花事 喜欢凉爽的环境。不耐高温。选 2 ～ 4 年生壮苗栽培，多观察植株，经常浇水，保持一定的湿度。避免出现干旱的情况。初次栽植，24 小时内向土堰中浇水，水量以浇透为宜。以后视天气情况，如天气较旱，则 3 ～ 4 天浇第 2 遍透水；7 ～ 10 天浇第 3 遍水。第 3 遍水浇完，待水渗下后封坑。之后除非久旱，一般不浇水。

秋冬花事 种子采集时间是 9 月下旬。11 月上旬进行冬灌，封土。户外老树不必防寒，只对 1 ～ 2 年生幼苗进行覆土防寒。

06

Viola cornuta

角堇

堇菜科堇菜属多年生草本植物。具根状茎。茎较短而直立，分枝能力强。花两性，两侧对称，花梗腋生，花瓣 5，花径 2.5 ～ 4.0 厘米。花色丰富，花瓣有红、白、黄、紫、蓝等颜色，常有花斑，有时上瓣和下瓣呈不同颜色。果实为蒴果，呈较规则的椭圆形，成熟时 3 瓣裂；果瓣舟状，有厚而硬的龙骨，当薄的部分干燥而收缩时，果瓣向外弯曲将种子弹射出。花期南方 12 月，北方 3—4 月。

06 日　4 月

星期＿＿

7月 8月 9月 10月 11月 12月

花事记

今日花事

5℃即开始生长，生长适温为 10 ～ 15℃。喜光，适度耐阴。开花对日照长度不敏感，但短日照可以促发分枝。

春夏花事 开花期间，对水的需求量会急剧上升。气温开始回升，水分的蒸发量变大了，加强水分才能保证开花需求。忌高温，超过 20℃时枝条易伸长，不易形成紧凑株形，超过 30℃生长受阻。可能被蚜虫、红蜘蛛、蓟马等害虫为害，应注意栽培环境的清洁，不在有害虫的地方种植。常见有叶纹轮病、霜霉病等。控制土壤 pH 值也可以降低角堇生病的概率。

秋冬花事 耐寒性强，可耐轻度霜冻。冬日移入室内，注意通风正常光照，见干见湿。

07

Iris mandshurica

长白鸢尾

鸢尾科鸢尾属多年生草本植物。根状茎短粗、肥厚、肉质、块状；须根近肉质，上粗下细，少分枝，黄白色；叶镰刀状弯曲或中部以上略弯曲；花茎平滑，基部包有披针形的鞘状叶，绿色，倒卵形或披针形；花黄色。花期5月，果期6—8月。花形奇特，花色漂亮，花径大，可用于花坛、花境的绿化。还可盆栽观赏。

07日 4月

星期___

7月 8月 9月 10月 11月 12月

花事记

今日花事

喜光，抗旱，耐寒，耐瘠薄能力强，适宜的土壤 pH 值为 6.5 ~ 7.2，湿度为 20% 左右。全光照生长或稍遮阴生长均可。

春夏花事 春、秋季将苗挖出进行分株繁殖，从新生根蘖处分开，单蘖栽植或多蘖丛植。单蘖栽植生长势弱，当年不能开花。多蘖丛植生长快而健壮，当年能开花。栽植后将土踩实，以免灌水时露根，影响成活。移栽初期应覆以遮阴网。每隔 2 天浇 1 次水，浇水的时间选择傍晚为宜。4 月中旬至 6 月上旬为其生长发育的旺盛期，故土壤应保持湿润，根据天气和实际情况，决定浇水次数。

秋冬花事 冬季地上部分枯萎，根茎可耐 - 30℃低温。

08

Taraxacum mongolicum

蒲公英

别名：黄花地丁、婆婆丁、华花郎等。菊科蒲公英属多年生草本植物。根圆锥状；表面棕褐色，皱缩，叶边缘有时具波状齿或羽状深裂，基部渐狭成叶柄；叶柄及主脉常带红紫色；花葶上部紫红色，密被蛛丝状白色长柔毛；头状花序；总苞钟状；瘦果暗褐色；长冠毛白色；花果期4—10月。种子上有白色冠毛结成的绒球，花开后随风飘到新的地方孕育新生命。

08日 | 4月
星期___

花事记

今日花事

广泛生于中、低海拔地区的山坡草地、路边、田野、河滩。喜欢肥沃、湿润、疏松、有机质含量高的土壤。

春夏花事 春到秋可随时播种。根据市场需求，冬季也可在温室内播种。露地直播采用条播，播种后盖草保温，约6天可以出苗，出苗时揭去盖草。播种后，应经常浇水，保持土壤湿润，以保证全苗。

秋冬花事 秋播者入冬后，在畦面上每亩撒施有机肥2500千克、过磷酸钙20千克，既起到施肥作用，又可以保护根系安全越冬。翌春返青后可结合浇水施用化肥，也可冬季粗放管理。

09

Lupinus polyphyllus

多叶羽扇豆

别名：鲁冰花。豆科羽扇豆属一年生草本植物。茎直立，掌状复叶；小叶披针型至倒披针型，叶质厚。总状花序，花多而稠密，互生，花序轴纤细；花梗甚短，萼二唇形，被硬毛；花冠蓝色，旗瓣和龙骨瓣具白色斑纹。6—8月开花，7—10月结果。叶形优美，花序醒目，小花密集，园艺品种较多，是优良观赏花卉。

09 日 4月 星期___

花事记

今日花事

较耐寒（－5℃以上），喜气候凉爽、阳光充足的地方，忌炎热，略耐阴。需肥沃、排水良好的沙质壤土。主根发达，须根少，不耐移植。

春夏花事 浇水的时候，应遵循“见干见湿”的原则。从3月份开始追肥，每周追施一次20%水溶性肥，直到抽箭停止。夏季酷热也抑制生长。

秋冬花事 播种时间为9月上旬。大约7～10天即可发芽，经过30～40天，等真叶完全展开后移苗分栽。在移栽时要注意保留原土，有利于缓苗。冬季可忍受0℃的气温，但温度低于－4℃时冻死。

10

Aquilegia viridiflora

耧斗菜

别名：猫爪花。毛茛科耧斗菜属多年生草本植物。原产于欧洲和北美。根肥大，圆柱形，粗达 1.5 厘米，简单或有少数分枝，外皮黑褐色；根出叶，叶表面有光泽，背面有茸毛；花通常深蓝、紫色、黄色或白色，花药黄色，供药用。5—7 月开花，7—8 月结果。相传在欧洲普遍分布的欧耧斗菜见证了古希腊战士保卫家园的战争及最后的胜利，故此耧斗菜象征着胜利。

10 日 | 4 月

星期 ___

花事记

今日花事

喜温暖湿润、半阴环境，忌干热及阳光暴晒；喜排水良好的沙质土，积水易烂根。

春夏花事 植株需经低温春化，方可完成花芽分化。花前追肥可提高开花质量并利于结实。北方地区春季较为干旱，每月应浇水 4 ～ 5 次（根据环境察看盆土干湿度，适当增减浇水次数）。夏季高温季节生长缓慢或进入半休眠状态，需适当遮阴，或种植在半遮阴处。雨后应及时排水。严防倒伏，同时需加强修剪，以利通风透光。

秋冬花事 秋季可再次生长，冬季休眠，抗寒能力强，可粗放管理。

11

槭叶草

Mukdenia rossii

虎耳草科槭叶草属多年生草本植物。根状茎较粗壮，具暗褐色鳞片；叶均基生，长柄，叶片阔卵形至近圆形，掌状浅裂至深裂，裂片近卵形，边缘有锯齿，两面均无毛；花葶被黄褐色腺毛；多歧聚伞花序，多花；花瓣白色，披针形，单脉；子房半下位。蒴果果瓣先端外弯，果柄弯垂。早春开花早，是优良的林下地被植物，也可作为花坛或花境材料。

11 日 | 4月 | 星期___

7月 8月 9月 10月 11月 12月

花事记

今日花事

喜阳，在全光照条件下生长良好。春季萌发适宜温度3～6℃，地温5～7℃。

春夏花事 在黑土栽培的效果最好，沙壤土次之，黄土最差。4月下旬萌芽，5月上旬开花，6月上旬果实成熟，待外种皮变成浅褐色，个别荚果开裂，可将整个花序（果穗）剪下，放在干燥、通风处阴干3～4天，反复抖落花序，去除杂物，即得纯净种子。棫叶草种子没有休眠期，采集后可立即播种。

秋冬花事 入冬前进行适当浇水，清理地上枯死部分，冬季可粗放管理。

12

Weigela florida

锦带花

忍冬科锦带花属落叶灌木。枝条开展，树型较圆，呈筒状，有些树枝会弯曲到地面；小枝细弱，幼时具2列柔毛。叶椭圆形或卵状椭圆形，端锐尖，基部圆形至楔形，缘有锯齿，表面脉上有毛，背面尤密。花冠漏斗状钟形，玫瑰红色；蒴果柱形；种子无翅。锦带花的花期5—6月，正值春花凋零、夏花不多之际，花色艳丽而繁多，故为东北、华北地区重要的观花灌木之一。其枝叶茂密，花期可长达两个多月，是华北地区主要的早春花灌木。

12日 | 4月

星期＿＿

花事记

今日花事

喜光，耐阴，耐寒；对土壤要求不严，能耐瘠薄土壤，但以深厚、湿润而腐殖质丰富的土壤生长最好，怕水涝。

春夏花事 适应性强，分蘖旺，容易栽培。春季萌动后，要逐步增加浇水量，经常保持土壤湿润。夏季高温干旱易使叶片发黄干缩和枝枯，要保持充足水分并喷水降温或移至半阴湿润处养护。每月要浇 1 ～ 2 次透水，以满足生长需求。

秋冬花事 可于 9—10 月采收种子。采收后，将蒴果晾干、搓碎、风选去杂，即可得到纯净种子。对于生长 3 年的枝条要从基部剪除，以促进新枝的健壮生长。11 月初浇封冻水，除去枯枝、病虫枝。

13

Cerasus serrulata

山樱花

蔷薇科樱属落叶乔木。树皮灰褐色或灰黑色。小枝灰白色或淡褐色，无毛。冬芽卵圆形，无毛。叶片卵状椭圆形或倒卵椭圆形，上面深绿色，无毛，下面淡绿色，无毛。伞房总状或近伞形花序，有花2～3朵；总苞片褐红色，倒卵长圆形；花瓣白色，稀粉红色，倒卵形，先端下凹；花柱无毛。核果球形或卵球形，紫黑色。花期4—5月，果期6—7月。

13日 | 4月

星期___

7月 8月 9月 10月 11月 12月

花事记 ______________________________

今日花事

喜光。喜肥沃、深厚而排水良好的微酸性土壤，中性土也能适应，不耐盐碱。土壤以土质疏松、土层深厚的沙壤土为佳。耐寒，喜空气湿度大的环境。

春夏花事 早春浇春水一次，及时清除病虫枝伤口涂抹愈伤药。要注意防止倒春寒影响花芽分化，可采用烟雾法，减轻危害。花期要通风透光，提高叶片光合效能。通过摘心、扭梢等技术措施，调节营养生长和生殖生长平衡，为花芽分化提供充足的营养。在落花后，施用硫酸铵、硫酸亚铁、过磷酸钙等速效肥料。

秋冬花事 11 月浇封冻水一次，树干用石硫合剂涂白，修剪病虫枝；喷施 40 ～ 50 倍的机油乳剂消灭介壳虫越冬代雌虫。在冬季或早春施用腐熟的豆饼、鸡粪等有机肥；新栽植的要做好固定措施以防被风吹倒。

14

Syringa reticulata

网脉丁香

木犀科丁香属落叶灌木或小乔木。叶片卵状披针形或卵形，全缘；春末夏初花繁叶茂；圆锥花序大而稀疏，花序大型，长 20～25 厘米，密集压枝；花冠白色或黄白色，筒短；蒴果矩圆形、平滑或有疣状突起。花期在 5—6 月，果期 9 月。开花时，清香入室，沁人肺腑。植株丰满秀丽，枝叶茂密。在中国园林中占有重要地位，广泛丛植于建筑前、茶室凉亭周围。全株可入药。

14 日 | 4 月 | 星期＿＿

7月 8月 9月 10月 11月 12月

花事记

今日花事

喜光，喜温暖、湿润及阳光充足。稍耐阴，阴处或半阴处生长衰弱，开花稀少。

春夏花事 春季枝叶的修剪，首先是摘心，不仅可让分支更多，而且可使之后开花的数量更多。浇水应遵循“见干见湿”的原则。可全日照养护。

秋冬花事 果实成熟期 9 月下旬，采种时间一般为 9 月 22 日—10 月 1 日。果实采集后放室内晾干，供第 2 ～ 3 年播种使用。北方 11 月初浇封冻水，树干用石硫合剂涂白。防治病虫害，可粗放管理。

15

Malus pumila

苹果

蔷薇科苹果属落叶乔木。高可达 15 米，树干灰褐色，老皮有不规则纵裂或片状剥落；小枝幼时密生绒毛，后变光滑，紫褐色；花白色带红晕，大多数品种自花不育，需种植授粉树；果为略扁之球形，两端均凹陷，端部常有棱脊。花期 5 月。唐代孙思邈曾说苹果有“益心气”功效；元代忽思慧认为能“生津止渴”；清代名医王士雄称有“润肺悦心，生津开胃，醒酒”等功效。

15日 | 4月 | 星期___

7月 8月 9月 10月 11月 12月

花事记

今日花事

喜光，喜微酸性到中性土壤。最适于土层深厚、富含有机质、心土通气排水良好的沙质壤土。适宜的温度范围是年平均气温 9～14℃。

春夏花事 春季萌芽时施加以氮肥为主的促芽肥，开花时喷洒硼砂液，花后追加磷、钾肥。中心花先开，边花后开，以中心花的质量最好，坐果稳，结果大。疏花疏果时应留中心花和中心果，多疏边花和边花果。要遵循“见干见湿，不干不浇”的原则，保持充足光照。

秋冬花事 苹果自然休眠期较长。平均气温在 -10～10℃之间时，才能满足苹果对低温的要求。否则春季发芽不齐。10 月末浇封冻水后进入休眠期。重点是冬剪，并结合冬剪剪除病枝、虫枝，刮除粗、老树皮，以减少或消灭越冬的病虫。

16 *Crataegus pinnatifida*

山楂

别名：山里果、山里红。蔷薇科山楂属落叶乔木。树皮粗糙，暗灰色或灰褐色；刺长约1～2厘米，有时无刺；叶片宽卵形或三角状卵形，稀菱状卵形，伞房花序具多花，萼筒钟状；花瓣倒卵形或近圆形，白色。花期5—6月，果期9—10月。是中国特有的药果兼用树种。

16日 4月

星期___

花事记

今日花事

适应性强，喜凉爽、湿润的环境，即耐寒又耐高温，喜光也能耐阴。

春夏花事 花朵盛开前要及时追加一定量的肥料。防治红蜘蛛和桃蛀螟，在5月上旬至6月上旬，喷布2500倍灭扫利。5月上中旬，当树冠内心膛枝长到30～40厘米时，留20～30厘米摘心，促进花芽形成，培养紧凑的结果枝组。

秋冬花事 秋末、冬初栽植时期较长，此时苗木贮存营养多，伤根容易愈和，立春解冻后，就能吸收水分和营养供苗木生长之需，栽植成活率高。晚秋果实采收后尽快补充肥料，11月初浇封冻水，树干用石硫合剂涂白。清除枯枝、病虫枝。修剪要防止内膛光秃。

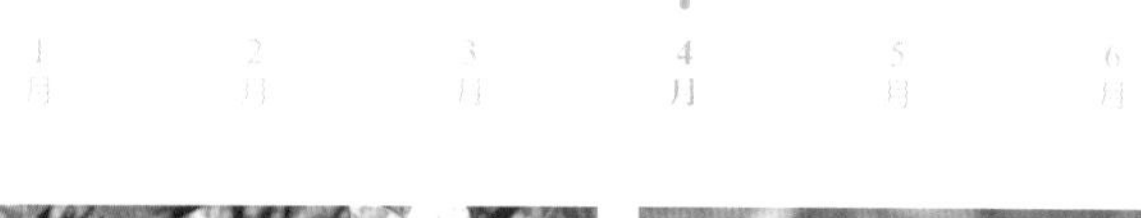

17

Cornus kousa subsp. Chinensis

四照花

山茱萸科山茱萸属落叶小乔木，高5～9米。单叶对生，厚纸质，卵形或卵状椭圆形，叶柄长5～10毫米，脉腋具黄褐色毛或白色毛；头状花序近球形，生于小枝顶端，具20～30朵花；花萼筒状；花盘垫状。果球形，紫红色；总果柄纤细，长5.5～6.5厘米，果实直径1.5～2.5厘米。花期4—5月。果实成熟时紫红色，味甜可食，又可作为酿酒原料。叶片光亮，入秋变红，红叶可观赏近1个月。

17 日 | 4月 | 星期___

7月 8月 9月 10月 11月 12月

花事记

今日花事

喜温暖气候和阴湿环境，喜光，生于半阴半阳的地方。适应性强，耐热，能耐一定程度的寒、旱、瘠薄。

春夏花事 地播于4月进行，多行播种繁殖，覆土厚为种子直径的3～5倍，约6～8毫米。覆土后可在其上覆盖草帘、松针等加以保墒遮阴。栽植2～3年，修枝整形。3龄即可用于定植，约6～7龄可开花结实。可耐40℃的极端高温。

秋冬花事 9—10月果实成熟采摘或收集地上落果，存放，待果肉变软将种子洗净。能忍受－28℃的低温。

18

Prunus cerasifera f. atropurpurea

紫叶李

蔷薇科李属落叶小乔木。多分枝，枝条细长，开展，暗灰色，有时有棘刺；小枝暗红色，无毛；叶片椭圆形、卵形或倒卵形；花1朵，稀2朵；无毛或微被短柔毛；核果近球形或椭圆形，长宽几相等。花期4月，果期8月。整个生长季节都为紫红色，宜于建筑物前及路旁或草坪角隅处栽植。

18日

4月

星期____

7月 8月 9月 10月 11月 12月

花事记

今日花事

喜温暖湿润的气候，不耐寒，喜阳光，应种植于阳光充足处，切忌种植于背阴处和大树下。根系较浅，萌生力较强。

春夏花事 有一定的抗旱能力，7—8 月由于降水量大，可以不浇水，并且还要做好排水工作。

秋冬花事 秋季一定要控制浇水，防止水大而使枝条徒长，进而在冬季很容易出现冻害。冬季植株进入休眠或半休眠期，在每年 11 月初浇封冻水前，可以施入一些农家肥，可以促使植株生长茂盛。树干用石硫合剂涂白越冬。

19

Spiraea thunbergii

珍珠绣线菊（珍珠花）

珍珠绣线菊又称珍珠花。蔷薇科绣线菊属落叶灌木。枝条细长开张，呈弧形弯曲，小枝有棱角；叶片线状披针形，先端长渐尖，两面无毛，具羽状脉；叶柄极短或近无柄；伞形花序无总梗，具花 3 ～ 7 朵，基部簇生数枚小形叶片；花瓣倒卵形或近圆形；花盘圆环形，由10 个裂片组成。3—4 月开细白花，皆缀于枝上，繁密如孛娄状。花色洁白淡雅，花势盛大，植株高矮适宜，秋季叶色变红，可夏季观花、秋季赏叶。

19日 4月

星期____

7月 8月 9月 10月 11月 12月

花事记

今日花事

喜光，不耐荫蔽，耐寒。喜生于湿润、排水良好的土壤中。

春夏花事 3 月初浇解冻水，早春萌芽前对植株进行适当疏剪，疏去衰老枝、细弱枝、过密枝和干枯枝。降水丰沛期，可不浇水或者少浇水。5 月后，可以施用一次尿素，8 月初施用一次磷钾复合肥。

秋冬花事 10 月上旬进行种子采收，用木棍敲打果实，筛净后将种子装入干净布袋中保存。翌年 3 月中下旬播种。要防止秋发，关键是要控制浇水量。病害以白粉病为主。严格剔除染病株，杜绝病源。增施磷、钾肥，少施氮肥，使植株生长健壮；多施充分腐熟的有机肥，以增强植株的抗病性。11 月初浇封冻水。

20 *Amygdalus persica 'Juhuatao'*

菊花桃

蔷薇科桃属落叶灌木或小乔木。树干灰褐色，小枝细长，无毛，有光泽，绿色，向阳处转变成红色；冬芽圆锥形，多个簇生，中间为叶芽，两侧为花芽；叶片椭圆状披针形。花生于叶腋，粉红色或红色，重瓣，盛开时犹如菊花；萼筒钟形，花药绯红色。3—4 月开花，花先于叶开放或花叶同放；花后一般不结果。植株不大，株型紧凑，开花繁茂，花型奇特，色彩鲜艳，观赏价值高，可用于庭院及行道树栽植。可盆栽观赏或制作盆景，还可剪下花枝瓶插观赏。

20日 4月

星期___

7月 8月 9月 10月 11月 12月

花事记

今日花事

喜阳光充足、通风良好的环境，耐干旱、高温和严寒，不耐阴，忌水涝。

春夏花事 盆栽时每年春季换盆一次。栽种时放些腐熟的饼肥末、骨粉等作基肥。浇水见干浇透，避免土壤积水造成烂根。6—7 月可施 1 ~ 2 次磷、钾肥，适当浇水。对于生长过旺的枝条在夏季可摘心，以控制长势，有利于发更多的花芽。

秋冬花事 入秋就停止施肥，控制浇水，避免秋季抽芽造成当年新生枝条木质化。冬季盆栽放室外避风向阳处或搬进室内越冬。

21

Bergenia purpurascens

岩白菜

虎耳草科岩白菜属多年生草本植物。根状茎粗壮，叶均基生；叶片革质，先端钝圆，边缘具波状齿至近全缘，基部楔形，两面具小腺窝，托叶鞘边缘无毛；聚伞花序圆锥状，花葶疏生腺毛；萼片革质，近狭卵形；花瓣紫红色，阔卵形。花果期 5—10 月。根状茎入药；无毒；花期长，花色鲜艳，叶色常绿可布置于岩石园或林下，极富自然野趣。也可盆栽置于室内作观叶观花植物。

21 日 | 4 月

星期___

7月 8月 9月 10月 11月 12月

花事记

今日花事

生长在阴坡灌丛下或岩缝中。在阴坡、腐殖质层深的土壤中生长最为旺盛。

春夏花事 种子播种，出苗率春季最高。扦插繁殖是将岩白菜根状茎经处理后，扦插苗床种植。岩白菜根状茎扦插易成活，春、夏、秋 3 季皆可扦插。施堆肥、施腐殖质土的植株，须根系较多较发达，根活力较强。浇水适量，防止太阳暴晒。

秋冬花事 花谢后及时剪掉残花序，保持株形整洁。北方冬季可室外越冬。

22

Primula japonica

日本报春

报春花科报春花属多年生草本植物。叶簇生，叶片卵形至椭圆形或矩圆形，裂片具不整齐的小牙齿；叶柄被多细胞柔毛；花葶高可达40厘米，伞形花序，花冠粉红色、淡蓝紫色或近白色；蒴果球形。2—5月开花，3—6月结果。

22日 4月

星期___

7月 8月 9月 10月 11月 12月

花事记

今日花事

喜气候温凉、湿润的环境和排水良好、富含腐殖质的土壤，不耐高温和强烈的直射阳光，多数亦不耐严寒。

春夏花事 不可浇水过多，要防止盆土过湿导致的烂根现象。夏季幼苗期应当把植株放置于阴凉通风、散射光照充足的地方。

秋冬花事 9月开始，阳光不那么强烈，可使盆株多接受散射光的照射；从10月份开始，可以将植株全部摆放于光照下。秋季逐渐减少浇水，冬季室内气温应当保持在10℃左右。入冬后随着孕蕾的开花也应适宜浇水，不可多浇。

23

Tulipa gesneriana

郁金香

百合科郁金香属多年生草本植物。鳞茎偏圆锥形，外被淡黄至棕褐色皮膜，内有肉质鳞片2～5片。茎叶光滑，被白粉；叶3～5枚，带状披针形至卵状披针形，全缘并成波形；花单生茎顶，大型，直立杯状，洋红色、鲜黄、紫红色、白色、拼色等，基部具有墨紫斑；种子扁平。花期3—5月。是世界著名的球根花卉，还是优良的切花品种，花卉刚劲挺拔，叶色素雅秀丽，在欧美被视为胜利和美好的象征，荷兰、伊朗、土耳其等许多国家珍为国花。

23日 4月 星期___

花事记

今日花事

性喜向阳、避风，冬季温暖湿润，夏季凉爽干燥的气候。8℃以上即可正常生长，一般可耐 -14℃低温。耐寒性很强，可在露地越冬，但怕酷暑。

春夏花事 早春使用有机肥一次，浇水见干见湿。气温炎热时要注意遮阴，可向空气中喷水。7 月末将成熟种球启出沙藏。虫害主要有蚜虫，一般采用 40% 乐果乳剂 1000 倍液喷杀。

秋冬花事 10 月末可以栽植，栽植前做好种球和土壤消毒。11 月浇水一次，可露地越冬。需经低温春化作用，以促进开花。

24

平贝母

Fritillaria ussuriensis

百合科贝母属多年生草本植物。鳞茎深埋土中，外有鳞茎皮，茎直立，不分枝，一部分位于地下；基生叶有长柄；茎生叶对生、轮生或散生，先端卷曲或不卷曲，基部半抱茎；花较大或略小，通常钟形，俯垂；蒴果具6棱，棱上常有翅，室背开裂；种子多数，扁平，边缘有狭翅。花期5—6月。因其形似贝壳而得名。一般作为药材种植。

24日 4月 星期___

7月 8月 9月 10月 11月 12月

花事记

今日花事

以排水良好、土层深厚、疏松、富含腐殖质的沙壤土种植为好。

春夏花事 不喜高温，13～16℃生长比较旺盛。夏季，应置于比较阴凉的环境中。成长期间要及时浇水。不过它的根系并不太发达，所以浇水不可过量，不能太涝。可用鳞茎繁殖，在5月末至6月初进行。一般来说挖取地上的鳞茎，按照它们的体积将它们分开。

秋冬花事 在冬季时，考虑到可能会结冰，因而最好控水。

25

Iris tectorum

鸢尾（蓝蝴蝶）

鸢尾又称蓝蝴蝶。鸢尾科鸢尾属多年生宿根草本植物。根状茎匍匐多节，节间短；叶剑形，质薄，淡绿色，交互排列成两行；花茎几与叶等长；总状花序；花 1 ～ 3 朵，蝶形，蓝紫色，外列花被的中央面有一行鸡冠状白色带紫纹突起。是优美的盆花、切花和花坛用花。其花苦、平、有毒；根茎可药用。花期 4—5 月，果期 6—8 月。鸢尾花因花瓣形如鸢鸟尾巴而称之，其属名 Iris 为希腊语“彩虹”之意，喻指花色丰富。

25日 4月

星期___

7月 8月 9月 10月 11月 12月

花事记 ____________________

今日花事

喜湿润肥沃的地方。喜欢高温天气，适宜的生长温度约为 23 ～ 32℃。

春夏花事 对土质要求不严，可分株、播种繁殖。播种繁殖时将种子播于阳光充足、排水良好的沙质壤土，覆土厚度为种粒径的 2 倍，播后保湿。出苗早晚不一致，陆续出土。苗期注意施肥，以氮肥为主。

秋冬花事 冬季低温情况下，落叶休眠。需将植株放置在温暖避风的地方，以安全越冬。冬末春初施一次长效性肥料，开花后再补充一次即可。

26 *Iris lactea*

马蔺

别名：马莲、马兰花等。鸢尾科鸢尾属多年生宿根草本植物，是白花马蔺的变种。根茎叶粗壮，须根稠密发达，长度可达1米以上，呈伞状分布。叶基生，宽线形，灰绿色；花为浅蓝色、蓝色或蓝紫色，花被上有较深色的条纹；蒴果长椭圆状柱形，有6条明显的肋，顶端有短喙。色泽青绿，花淡雅美丽，花蜜清香，花期5—6月。长达50天以上。

26日 | 4月 星期___

7月 8月 9月 10月 11月 12月

花事记

今日花事

根系发达，抗性和适应性极强，耐盐碱，非常适用于中国北方气候干燥、土壤沙化地区的水土保持和盐碱地的绿化改造。有极强的抗病虫害能力。

春夏花事 马蔺繁殖简单迅速，生命力强。既可用种子繁殖，也可进行无性繁殖。直播种子出芽率达 80% 以上。用成熟的马蔺进行分株移栽繁殖成活率也很高。生命力强，基本不需要日常养护，节约了水肥和管理投入。

秋冬花事 低于 10℃或高于 35℃时种子不发芽。耐寒能力强。

27

Chloranthus japonicus

银线草

金粟兰科金粟兰属多年生草本植物。根状茎多节，横走，分枝，有香气；茎直立，单生或数个丛生，不分枝；叶对生，纸质，叶片宽椭圆形或倒卵形，边缘有齿牙状锐锯齿，齿尖有一腺体，两面无毛，侧脉网脉明显；穗状花序单一，顶生，苞片三角形或近半圆形；花白色；核果近球形或倒卵形，绿色。4—5 月开花，5—7 月结果。全株供药用，能祛湿散寒、活血止痛、散瘀解毒。

27 日 | 4 月 | 星期__

7月 8月 9月 10月 11月 12月

花事记

今日花事

生于山坡杂木林下或沟边草丛中阴湿处。宜生长在湿润、肥沃、松软的壤土中。

春夏花事 可分离繁殖。春分以后将丛生的小株连根挖出，连宿根剪断，多带须根，开穴栽下。成活后注意浇水，保持土壤湿润，并适时中耕除草。也可种子繁殖。在春季土壤解冻后做畦。在畦面上按行距 15 厘米开浅沟，将种子与细沙混合一起拨入沟内，覆土 2 厘米，播后稍镇压，盖草帘或塑料保湿，20 天左右出苗。出苗达 50% 时撤去覆盖物。

秋冬花事 苗高 20 厘米左右即可采食。北方冬季地上部分枯萎，无须养护即可越冬。

28

Muscari botryoides

葡萄风信子

天门冬科蓝壶花属多年生草本植物。叶基生，线形，稍肉质，暗绿色，边缘常内卷；地下为鳞茎，外被白色皮膜；花茎自叶丛中抽出，圆筒形，长约 15 厘米，小花多数密生而下垂，花冠小坛状顶端紧缩，花蓝色或顶端白色，并有白色、肉色、淡蓝色和重瓣品种。花期 3—5 月。是从欧洲引进的优良观花地被植物。

28 日

4 月

星期 ＿＿

7月 8月 9月 10月 11月 12月

花事记

今日花事

性喜温暖、凉爽气候，喜光亦耐阴，适生温度15～30℃，宜于在疏松、肥沃、排水良好的沙质壤土上生长。

春夏花事 春季全日照，大概每隔1～2天浇水，可在花期的时候适当追肥，以满足开花的需要，肥料主要以磷、钾肥为主。夏季强光下需要放在树荫处养护，休眠期要控制浇水。

秋冬花事 浇水遵循“见干见湿”的原则，秋季可分株。室外11月初浇封冻水。室内管理：平时摆放在采光良好处，要注意减少浇水次数，积水易导致烂根。

29

Cerasus avium

欧洲甜樱桃

蔷薇科樱属落叶乔木或灌木。树皮灰白色或黑褐色；小枝灰褐色或灰棕色，嫩枝绿色，无毛或被疏柔毛。叶片卵形、椭圆形或长圆状卵形；花序伞形，有花3～4朵，花叶同开；花瓣白色或粉红色，倒卵形。核果近球形或卵球形，呈红色至紫黑色。樱桃成熟时颜色鲜红，玲珑剔透，味美形娇，营养丰富，医疗保健价值颇高，又有“含桃”的别称。花期3—5月，果期5—9月。

29日 | 4月 星期___

花事记

今日花事

喜温、喜光，怕涝、怕旱，忌风、忌冻。土壤以土质疏松、土层深厚的沙壤土为佳。

春夏花事 灌水在芽萌发至开花期；落花后至果实成熟前（5月至6月初）；结果后，天气干旱，或结合施肥进行灌水。雨季积水多时要及时排水。修剪集中进行，可在春季萌发之前，尽量减少伤口。夏末秋初要注意防治蛀干害虫，少量时可人工捕杀。配合喷洒乐果或根部埋施呋喃丹防治。在盛果期的时候，还需将直立的、太密的枝再修理一下。

秋冬花事 冬季要在10月末至11月初浇封冻水，树干用石硫合剂涂白防寒，清除枯枝落叶。

30

Epimedium koreanum

朝鲜淫羊藿

小檗科淫羊藿属多年生草本植物。根状茎褐色，质硬，花茎基部被有鳞片；小叶纸质，卵形，侧生小叶基部裂片不等大，叶缘具细刺齿；总状花序顶生，花无毛或被疏柔毛；花大，颜色多样，白色、淡黄色、深红色或紫蓝色；外萼片长圆形，带红色，内萼片狭卵形至披针形；花瓣通常远较内萼片长，蒴果狭纺锤形。花期4—5月，果期5—6月。全草地上部分入药，味辛，具有温肾壮阳、祛寒除湿的功效。

30日 | 4月 | 星期___

花事记

今日花事

喜阴，自然生长在阴坡或半阴、半阳坡，土壤较松软、坡度较缓、排水良好的地方。

春夏花事 5 月开花结实，6 月中下旬种子成熟，时间短，种子易脱落，因此要及时采收种子。随采随洗，剔除成熟不好的种子。干种子很难发芽，必须采取湿种子播种。随采随洗随混沙播种，第 2 年春季出苗整齐。8 月，朝鲜淫羊藿生长发育良好，是营养物质积累最高、药用价值最大的时期，将地上茎叶部分采收。

秋冬花事 根部在当年秋季就已形成明显的芽，翌春土壤化冻时就开始萌动膨大，因此在移栽时最好在秋季霜后采挖种根进行移栽。

01 牡丹 *Paeonia suffruticosa*

芍药科芍药属多年生落叶灌木。原产中国，有数千年的自然生长历史和 2000 多年的人工栽培历史。叶通常为二回三出复叶，表面绿色，背面淡绿色，有时具白粉；花单生枝顶，苞片 5，长椭圆形；萼片 5，绿色，宽卵形；花瓣 5 或为重瓣，玫瑰色、红紫色、粉红色至白色，通常变异很大。花期 5 月，因其色泽艳丽，富丽堂皇，素有“花中之王”的美誉。在栽培类型中，根据花的颜色，可分成上百个品种，以黄、绿、肉红、深红、银红为上品，尤其黄、绿为贵。牡丹花大而香，故又有“国色天香”之称。由于牡丹系深根性花木，对土壤深度及肥力均有较严要求，因此小盆栽植一般都不易开花。寿命较长，可达百年乃至数百年以上。

7月 8月 9月 10月 11月 12月

花事记

今日花事

喜光，但不耐夏季烈日暴晒，温度在25℃以上则会使植株呈休眠状态。开花适温为17～20℃，但花前必须经过1～10℃的低温处理2～3个月打破花芽分化，才可开花。

春夏花事 春季天旱时要注意适时浇水，夏季天气炎热，蒸发量大，浇水量需增多。一般情况下，一年需要施3次肥。第一次为花前肥，土壤解冻，叶子舒展的时候施入；第二次花后肥，在花谢后半月之内施入，对植株的恢复和花芽的分化起促进作用；第三次为入冬肥，就是在入冬之前施入，促进春季生长。

秋冬花事 花谢之后及时剪除残花，进行修剪整形，最低能耐－30℃的低温，但北方寒冷地带冬季需采取适当的防寒措施。

02

Digitalis purpurea

毛地黄

别名：自由钟。车前科毛地黄属二年生或多年生草本植物。除花冠外，全株被白色短柔毛和腺毛，高60～120厘米。其有布满绒毛的茎叶以及酷似地黄的叶片，因而名毛地黄；又因为它来自遥远的欧洲，因此又称为洋地黄。蒴果卵形，种子极小。花期5—6月，果熟期8—10月。人工栽培品种有白、粉和深红色等，一般分为白花、大花、重瓣三种。常用于花境、花坛及岩石园中，还可作自然式花卉布置。

02日 | 5月 | 星期___

7月 8月 9月 10月 11月 12月

花事记

今日花事

喜欢阳光，也耐半阴。适宜生长温度 12 ～ 19℃。

春夏花事 北方于 4 月中上旬土壤解冻后，或 11 月土壤冻结前播种。可用种子直接播种，也可用 20℃温水催芽播种。使用疏松、排水性好的土壤。浇水要适量，在生长期要及时浇水，不能产生积水，浇水时要浇透。夏季温度较高时候要采取降温措施，夜间温度也要控制在 12 ～ 16℃。在开花期间要保证充足的光照，不能长期放置在阴暗的地方。性喜肥，第 1 次追肥是在 6 月末到 7 月初，第 2 次追肥是在 8 月中旬。

秋冬花事 冬季少浇水，土壤可以处于微干燥的状态，浇水时要浇透。

03

Petunia × hybrida

碧冬茄（矮牵牛）

碧冬茄又称矮牵牛。茄科矮牵牛属一年生草本植物。全株生腺毛。花单生于叶腋，花梗长3～5厘米。花果期4—10月。花期长，开花多，花色艳丽，观赏效果极佳。在世界各国花园中普遍栽培。中国南北城市公园中普遍栽培观赏。

03 日 5月

星期___

花事记

今日花事

喜阳，生长、开花均需要阳光充足。栽培管理比较容易，对水肥和土壤的要求不高。

春夏花事 常作1年生栽培。播种时间视上市时间而定，如5月需花，可在1月温室播种；室内扦插全年均可进行。花后剪取萌发的顶端嫩枝，长10厘米左右，插入沙床，插壤温度20～25℃。插后15～20天生根，30天可移栽上盆。生长适温为13～18℃，夏季能耐35℃以上的高温。高温季节，应在早、晚浇水，保持盆土湿润。

秋冬花事 冬季环境温度应控制在4～10℃。如低于4℃，植株生长停止。

04 *Syringa vulgaris*

欧丁香

别名：洋丁香。木犀科丁香属灌木或小乔木。高3～7米；树皮灰褐色。花期4—5月。丁香因其独特的芳香、繁茂的花朵、优雅而和谐的色调、丰满而秀丽的姿态，深得人们青睐，历代文人墨客多有赞咏。唐代诗人陆龟蒙《丁香》诗曰："江上悠悠人不问，十年云外醉中身。殷勤解却丁香结，纵放繁枝散诞春。"丁香不仅是生活中常见的调味品，还具有药用价值。丁香茶是暖胃养胃的好手，是古代用来去除口臭的良药。

花事记

今日花事

喜光，稍耐阴，耐干旱，耐寒。露地栽培的丁香花，在生长季节不需特殊管理，只要把握住适当灌溉、施肥、修剪等几个环节，就可促使栽培的丁香花生长发育良好，花序繁盛，花色鲜艳，表现出良好的观赏特性。

春夏花事 栽植丁香花的适宜时期是在早春植株萌动前，或处于休眠状态时进行裸根移栽。在北京及华北地区，4—6 月是气候干旱和高温时期，同时也是丁香花盛花和新枝生长旺盛季节，此时每月需对植株浇灌 2 ～ 3 次透水。7 月以后进入雨季，这时要停止人工灌溉，并注意排水防涝。

秋冬花事 从 10 月到入冬前要灌 3 次透水，灌水后要松土，使植株及土壤中水分充足。进入冬季可粗放管理。

05

Rhododendron mucronulatum

迎红杜鹃

杜鹃花科杜鹃花属落叶灌木。幼枝细长，疏生鳞片；叶片质薄，椭圆形或椭圆状披针形；花序腋生枝顶或假顶生，1～3花，先叶开放，伞形着生；花芽鳞宿存；花梗长5～10毫米，疏生鳞片；花冠宽漏斗状，淡红紫色，外面被短柔毛，无鳞片；雄蕊10，不等长，稍短于花冠，花丝下部被短柔毛；子房5室，密被鳞片，花柱光滑，长于花冠。蒴果长圆形，先端5瓣开裂。花期4—6月，果期5—7月。迎红杜鹃枝繁叶茂，萌发力强，耐修剪，根桩奇特，是优良的盆景材料。

05日 | 5月

星期＿＿

7月 8月 9月 10月 11月 12月

花事记

今日花事

喜湿润和凉爽的环境。北方气候干燥，应及时浇水并喷雾，以保持较高空气湿度。

春夏花事 迎红杜鹃的根系为须状细根，对肥料浓度及水质的要求严格，施肥时要遵循适时适量、薄肥勤施的原则。春季开花前为促使枝叶及花蕾生长，可每月追施一次磷肥。花后施 1 ～ 2 次氮磷为主的混合肥料。在生长期、开花期肥水要求较多，夏季生长缓慢时要控制肥水，以防烂根。在春季花谢后及秋季进行修剪，剪去枯枝、斜枝、徒长枝、病虫枝及部分交叉枝，避免养分消耗，使整个植株开花丰满。

秋冬花事 9—10 月孕蕾期施 1 ～ 2 次磷肥。冬季休眠。要使迎红杜鹃延迟开花，可使形成花蕾植株的环境温度保持在 2 ～ 4℃，让其一直处于低温状态，盆干时浇水。

06

Houpoea officinalis

厚朴

木兰科厚朴属落叶乔木。高可达20米；树皮厚，褐色；小枝粗壮，花白色，径10～15厘米，芳香。花期5—6月。树皮、根皮、花、种子及芽皆可入药，以树皮为主。种子可榨油，可制肥皂。木材供建筑、板料、家具、雕刻、乐器、细木工等用。叶大荫浓，花大美丽，可作绿化观赏树种。国家重点保护野生植物Ⅱ级。

06日 | 5月 | 星期___

7月 8月 9月 10月 11月 12月

花事记

今日花事

喜光，幼龄期需荫蔽，喜凉爽、湿润、多云雾、相对湿度大的气候环境，在土层深厚、肥沃、疏松、腐殖质丰富、排水良好的微酸性或中性土壤上生长较好，根系发达，生长快，萌生力强。

春夏花事 厚朴萌蘖力强，常在根基部或树干基部出现萌芽或多干现象，应及时剪除萌叶，以保证主干挺直，生长快。为促使厚朴的加粗生长，增厚干皮，在其定植 10 年后，当树高长到 10 米左右时，应将主干顶端截除，并修剪密生枝、纤弱枝，使养分集中供应主干和主枝生长。2 月选径粗 1 厘米左右的 1 ～ 2 年生枝条，剪成长约 20 厘米的插条，进行扦插。

秋冬花事 9—11 月果实成熟时，采收种子，趁鲜播种，或用湿砂贮藏至翌春播种。厚朴在冬季需控水，可自然越冬。

07 *Iris pseudacorus*

黄菖蒲

鸢尾科鸢尾属多年生湿生或挺水宿根草本植物。植株高大，根茎短粗；叶子茂密，基生，长剑形，中肋明显，并具横向网状脉。花茎稍高出于叶，垂瓣上部长椭圆形，基部近等宽，旗瓣淡黄色，花径8厘米。蒴果长形，内有种子多数，种子褐色，有棱角。花期5—6月。黄菖蒲适应范围广泛，可在水边或露地栽培，又可在水中挺水栽培，是少有的水生和陆生兼备的花卉，观赏价值较高。可入药，干燥的根茎可缓解牙痛，还可调经，治腹泻。也可以作染料。

07日 5月

星期___

7月 8月 9月 10月 11月 12月

花事记

今日花事

喜温暖水湿环境、肥沃泥土，耐寒性强。喜生于河湖沿岸的湿地或沼泽地上。

春夏花事 北方分株繁殖多在春季“五一”前进行；如果是秋季分株，最好在 8 月上旬进行。翌年春末，种子开始萌芽，要浇水保持湿润。苗期根系浅，耐旱力差，干旱时更要及时浇水。

秋冬花事 8 月种子成熟，采集种子后即可播种，成苗率较高。播后虽然当年不出苗，也要注意保墒。霜降后浇灌封冻水，冬季以雪覆盖，翌年春季雪化后，去除地上部枯叶，萌动后及时浇返青水。稍干后，及时松土保墒。

08 *Plagiorhegma dubium*

鲜黄连

小檗科鲜黄连属多年生草本植物。根状茎细瘦；密生细而有分枝的须根，横切面鲜黄色；地上茎缺如；单叶，膜质，叶片轮廓近圆形，先端凹陷，具1针刺状突尖，基部深心形，边缘微波状或全缘，背面灰绿色；叶柄无毛；花单生，淡紫色；花瓣6，倒卵形，基部渐狭；蒴果纺锤形，黄褐色，自顶部往下纵斜开裂；种子多数，黑色。花期5—6月，果期9—10月。全株可入药。

08日 5月 星期___

7月 8月 9月 10月 11月 12月

花事记

今日花事

广泛生于中、低海拔地区的山坡林下。喜肥沃、湿润、疏松、有机质含量高的土壤。

春夏花事 春到秋可随时播种。露地直播采用条播，播种后盖草保温，出苗时揭去盖草，约 6 天可以出苗。播种后，应经常浇水，保持土壤湿润，以保证全苗。北方于 5 月开花，夏季须遮阴。

秋冬花事 秋季地上部分枯死，用落叶覆盖就可越冬。

09

Dianthus caryophyllus

香石竹
（康乃馨）

香石竹又称康乃馨。石竹科石竹属多年生草本植物。世界四大切花之一。株高 70 ～ 100 厘米，基部半木质化；整个植株被有白粉，呈灰绿色；茎干硬而脆，节膨大；叶线状披针形，全缘，叶质较厚，上半部向外弯曲，对生，基部抱茎；花通常单生，聚伞状排列；花冠半球形，花萼长筒状，花蕾橡子状，花瓣扇形，花朵内瓣多呈皱缩状；花色有大红、粉红、鹅黄、白、深红等，还有玛瑙等复色及镶边等，有香气。花期 5—8 月。人们常以粉红色香石竹作为献给母亲的花。

09 日 | 5月 | 星期＿＿

7月	8月	9月	10月	11月	12月

花事记

今日花事

喜冷凉，生长发育的最适温度是 19 ～ 21℃，昼夜温差应保持在 10℃以内。追肥以薄肥勤施为原则。盆栽可每隔 7 ～ 10 天追施稀薄的腐熟液肥 1 次。

春夏花事 可进行扦插繁殖，扦插时间一般应避开炎热夏季（7—8 月）。要求插穗质量好，采用颗粒较大的珍珠岩作为扦插母质，水质良好，扦插床为台式。温度高于 35℃时生长缓慢或停止。栽植深度不宜超过 2 厘米，栽后浇 1 次透水，以后盆土见干时再浇透水。

秋冬花事 冬季入室，置阳光充足、通风良好的处所培养。如温度适宜，花期可延至翌年 3 月。温度低于 9℃时，生长缓慢或表现异常甚至停止。

10

Nemesia strumosa

龙面花

玄参科龙面花属二年生草本植物。株高可达60厘米，光滑直立，叶对生，叶片条状披针形；总状花序；花色白、各种黄、红以及蓝色，喉部黄色常具斑点。于原产地4—6月开花。花形或花色均美丽，是良好的花坛和花境材料，也可盆栽观赏。

10日 | 5月 | 星期＿＿

花事记

今日花事

喜温暖、向阳环境，适生温度 15 ～ 30℃，宜生长在疏松、肥沃的沙壤土中。在 10 ～ 20℃的环境中生长得较好。在生长期需要的水分比较多，浇水的时候可以适当多浇一点。

春夏花事 春夏两季，需要每天为它浇水 2 次。生长期要进行摘心，基本上是随长随摘。

秋冬花事 秋天每天浇一次水。8 月下旬至 9 月上旬播种。春节上市的 8 月上中旬播种。发芽适温 20 ～ 25℃。花盆在播种前要浇水，保证种子有足够的湿度发芽，发芽之前遮阴，发芽之后全日照管理。龙面花耐寒，苗期可耐 -5℃低温。商品盆花栽培：中国南方地区可露地或单层大棚栽培，中国北方 -10℃以下地区需在加温大棚内栽培。

11

Viola philippica

紫花地丁

、堇菜科堇菜属多年生宿根草本植物。无地上茎，高 5 ~ 10 厘米，果期高可达 20 厘米；叶片下部呈三角状卵形或狭卵形，上部较长，呈长圆形、狭卵状披针形或长圆状卵形；花紫色或淡紫色，稀呈白色，喉部色较淡并带有紫色条纹；蒴果长圆形，种子卵球形，淡黄色。花果期 4 月中下旬至 9 月，全草供药用，能清热解毒，凉血消肿。嫩叶可作野菜。可作早春观赏花卉。

11 日 | 5 月

星期___

7月 8月 9月 10月 11月 12月

花事记

今日花事

性喜光，喜湿润的环境，耐阴也耐寒，不择土壤，适应性极强，繁殖容易，能直播。

春夏花事 一般 3 月上旬萌动，花期 4 月中旬至 5 月中旬，盛花期 25 天左右，单花开花持续 6 天，开花至种子成熟 30 天。4 月至 5 月中旬有大量的闭锁花可形成大量的种子。播种温度控制在 15～25℃为好。其抵抗能力强，生长期无需特殊管理，每隔 7～10 天追施一次有机肥，会增加其景观效果。

秋冬花事 9 月下旬又有少量的花出现。12 月上旬播种在 2～8℃的低温温室内，翌年 2 月出苗，3 月下地定植。亦可在 5 月采下种子，直接地播，很快就可以发芽出苗。

12

荷包牡丹

Lamprocapnos spectabilis

罂粟科荷包牡丹属多年生草本植物。株高30～60厘米；地上茎直立，圆柱形紫红色，根状茎肉质，小裂片通常全缘，表面绿色，背面具白粉，两面叶脉明显；花色有粉红、白色等，花形似荷包。花期4—6月。全草入药，庭园栽培可供观赏。

12日

5月

星期___

花事记

今日花事

性耐寒而不耐高温，喜半阴的生境。不耐干旱，喜湿润、排水良好的肥沃沙壤土。

春夏花事 移栽要求非常高，每年春天芽体刚刚萌发时是最佳移栽时间。超过这个时间或者温度增加，移栽死亡率将会迅速增高。每日或隔日浇 1 次水。夏季高温，茎叶枯黄进入休眠期，可将枯枝剪去。

秋冬花事 秋末冬初，可将盆栽荷包牡丹埋入土中，枝条露出土外，上边用草或壅土加以覆盖保护越冬。也有的将花盆直接放入地窖中越冬。第二年开春去掉覆盖物，搬出窖外，放置通风向阳处，加强肥水管理，令其自然开花。也有的放在温室或塑料大棚内，根据节日需要促使其提前开花。

13

三色堇

Viola tricolor

堇菜科堇菜属二年或多年生草本植物。基生叶叶片长卵形或披针形，具长柄，茎生叶叶片卵形、长圆形或长圆披针形，先端圆或钝，边缘具稀疏的圆齿或钝锯齿；花朵通常每花有紫、白、黄三色，故名三色堇。花期 4—7 月。是欧洲常见的野花物种，也常栽培于公园中，是冰岛、波兰的国花。

13 日 5 月

星期___

7月 8月 9月 10月 11月 12月

花事记

今日花事

较耐寒，喜凉爽，开花受光照影响较大。在昼温15～25℃、夜温3～5℃的条件下发育良好。

春夏花事 扦插繁殖可在5—6月进行，剪取植株基部萌发的枝条，插入泥炭中，保持空气湿润，插后15～20天生根，成活率高。亦可播种繁殖，播种后保持基质温度18～22℃，避光遮阴，5～7天陆续出苗。

秋冬花事 早春花卉，冬季少见，露天栽种为宜。无论花坛、庭园、盆栽皆适合，但不适合室内养植。北方一般于1月进行温室内播种育苗，来年4月中旬可以露地定植。

14

Primula farinosa

粉报春

报春花科报春花属多年生草本植物。具极短的根状茎和多数须根。叶多数，下面被青白色或黄色粉；花葶稍纤细，近顶端通常被青白色粉；伞形花序顶生，通常多花；花冠淡紫红色，冠筒口周围黄色，蒴果筒状，自然花期5—6月。花色丰富，花期长，具有很高的观赏价值，常用来美化家居环境。

14日 | 5月

星期___

7月	8月	9月	10月	11月	12月

花事记

今日花事

不耐高温和强烈的直射阳光，多数亦不耐严寒。一般用作冷温室盆花的报春花宜用中性土壤栽培。不耐霜冻，花期早。

春夏花事 6月中下旬至7月上旬播种最好，一般7～10天后开始萌发，人工培育的品种在元旦至春节期间处于盛花期，白天20℃，夜间5～10℃。在12～22℃均能生长良好。温度过高植株生长缓慢，在较低温度下则花色浓艳。生长期要注意浇水，使盆土保持湿润偏干状态，不可过湿。花凋谢后应及时剪去花梗残花，摘除枯叶，加强管理，可延长花期。

秋冬花事 分根时间以8月中下旬效果最好，不影响第二年开花，而且植株生长健壮。冬季入低温温室，温度保持在5℃以上。

15 *Campanula medium*

风铃草

桔梗科风铃草属二年生宿根草本植物。株高 50 ～ 120 厘米；茎粗壮直立，基生。叶簇生，卵形至倒卵形；小花 1 ～ 2 朵聚生成总状花序，花冠钟形，长约 6 厘米，有白、蓝或紫等色；蒴果，带有宿存的花萼裂片；种子多数，椭圆状，平滑。花期 5—6 月。是园林中常见的冬、春季草花，也适合庭院栽培或作大中型盆栽，布置于客厅、阳台等处。

15日 | 5月 星期__

7月 8月 9月 10月 11月 12月

花事记

今日花事

喜光照充足环境，可耐半阴。对温度比较敏感，生长适温为 13 ～ 18℃，发芽适温为 20 ～ 22℃。

春夏花事 夏季喜凉爽；28℃以上的高温对植株生长不利；30 ～ 35℃以上的高温，植株叶片会变黄脱落，甚至全株枯萎。浇水时要做到适时适量，根据基质干湿度情况和天气变化进行。生长旺盛期每 15 ～ 20 天施一次稀薄腐熟饼液肥或腐熟人粪液肥。花前增施含磷、钾的复合肥，可防止花期倒伏。冬季和盛夏则应停止施肥。每天 14 小时光照可以自然开花。

秋冬花事 冬季室外栽培需覆盖，温度低于 2℃则停止生长，茎叶开始枯黄。播种一般在 8 月下旬至 9 月初进行，播种后 155 ～ 185 天开花，颜色有蓝色、白色。到春节即可开花。也可根据开花时间确定播种时间。

16 *Phlox subulata*

针叶天蓝绣球（丛生福禄考）

针叶天蓝绣球又称丛生福禄考。花荵科福禄考属多年生矮小草本植物。茎丛生，铺散，多分枝，被柔毛；叶对生或簇生于节上，钻状线形或线状披针形；花数朵生枝顶，成简单的聚伞花序，有香味；蒴果长圆形。各地花期不同，整体在4—9月。因其花期长，且美丽芳香，故具有较好的观赏价值。可以被大量种植到花坛中，或者与其他低矮灌木组合种植到坡地中，体现出良好的花海绿化效果。

16日 5月 星期___

7月 8月 9月 10月 11月 12月

花事记

今日花事

喜温暖湿润的环境，不耐热，耐寒、耐瘠、耐旱、耐盐碱，生长适温为 15 ～ 26℃，不择土壤，但以疏松、排水良好的壤土为佳。

春夏花事 最为合适的扦插时间是花期之后。通常选择当年生的旺盛枝条，以及花期结束之后修剪的枝条来大量繁殖。分株繁殖在每年的初春时节或是秋天，其根部会有分蘖，此时将其和根一起挖起，去掉根系周围的泥质，使用专门的工具分割成很多单株，分开种植，就能够长成很多新的植被。

秋冬花事 每年的 10 月，做好虫害防治工作。冬季生长暂停，一直到第二年返青的这个阶段要着重管理好水分，避免冻害问题出现。11 月要浇好封冻水。如果冬季降雪没有异常，就不用防寒。

17 *Corydalis pallida*

黄堇

罂粟科紫堇属灰绿色丛生草本植物。高可达 60 厘米，基生叶多数，莲座状，花期枯萎。茎生叶稍密集，上面绿色，下面苍白色，二回羽状全裂，总状花顶生和腋生，花黄色至淡黄色，萼片近圆形，中央着生；蒴果线形，念珠状，种子黑亮，表面密具圆锥状突起，种阜帽状。花期 4 月。可林缘观赏。

17 日　5月

星期＿＿

7月 8月 9月 10月 11月 12月

花事记

今日花事

喜光，喜疏松、排水良好的土壤。生长在林间空地、火烧迹地、林缘、河岸或多石坡地。

春夏花事 野生品种，一般进行自播。人工播种方法：选择管理、排灌方便或水源近处，土质较为疏松，肥力较好，较为湿润的地块作苗床，将种子撒播于苗床上。一般播后 20 ～ 25 天出苗，当苗长至 3 ～ 4 叶时结合人工除草进行 1 次间苗。间苗后如遇肥力不济的可用 5% 的腐熟人粪尿或 10% 的沼液水浇施 1 次。当苗长至 8 ～ 9 叶时用水浇湿苗床，露干后便可起苗移栽。

秋冬花事 秋季地上部分基本枯萎，自播能力较强，于 10 月份有部分苗出土，在水分充足的环境下，可以露地越冬。

18 *Paeonia rockii*

紫斑牡丹

芍药科芍药属落叶灌木。茎高可达 2 米，分枝短而粗；叶为二至三回羽状复叶，小叶不分裂；花单生枝顶，直径 10 ～ 17 厘米；花瓣内面基部具深紫色斑块，倒卵形，顶端呈不规则的波状；蓇葖果长圆形，密生黄褐色硬毛。花期 5 月。是野生牡丹中分布范围较广的一个种，甘肃中部及其相邻地区的栽培牡丹主要由该种演化而来，故称之为紫斑牡丹品种群。花有浓香，根皮供药用，称“丹皮”。因根皮入药，长期遭受过度采挖，资源不断被破坏，又因天然繁殖力弱，分布区及种群数逐渐缩小，属国家三级保护植物。常采用播种、分株、嫁接等方式进行繁殖。

18日 | 5月 | 星期____

7月 8月 9月 10月 11月 12月

花事记

今日花事

喜光，亦耐半阴，耐寒、耐旱，适应性强。

春夏花事 属于长日照植物。但在炎热的季节（7—8月）要做好遮阳通风工作，不然很容易发生枯叶现象。注意在开花期，过强的光照也会缩短花期。一般每年施肥2～3次。忌水涝，排水不良或阴湿多雨时必须注意及时排水。春季10厘米土层地温上升到10℃时，幼虫（蛴螬）即集中到20厘米深以上根部取食，常造成大量伤口，导致根腐病严重发生。用能杀死蛴螬的农药与堆肥混合施用等方法防治。

秋冬花事 部分品种可在年平均气温2～3℃，绝对最低温度-44.1℃的地方正常越冬。不需做防寒保护措施。

19

Lagerstroemia indica

紫薇

千屈菜科紫薇属落叶灌木或小乔木。高可达 7 米；树皮平滑，灰色或灰褐色；树姿优美，树干光滑洁净，花色艳丽。花期 6—9 月。开花时正当夏秋少花季节，花期长，故有“百日红”之称，又有“盛夏绿遮眼，此花红满堂”的赞语，是观花、观干、观根的盆景良材。根、皮、叶、花皆可入药。还具有较强的抗污染能力，对二氧化硫、氟化氢及氯气的抗性较强。常用繁殖方法为播种和扦插两种方法。

19 日 | 5 月

星期＿＿

花事记

今日花事

喜暖湿气候，喜光喜肥，半阴生，喜生于肥沃湿润的土壤上，也能耐旱，不论钙质土或酸性土都生长良好。忌涝，忌种在地下水位高的低湿地方，性喜温暖，而能抗寒，萌蘖性强。

春夏花事 生长季节必须置室外阳光处；夏秋季节每天早晚要浇水一次，干旱高温时每天可适当增加浇水次数。要定期施肥。花后要将残花剪去，可延长花期。对徒长枝、重叠枝、交叉枝、辐射枝以及病枝随时剪除，以免消耗养分。

秋冬花事 可在 9—11 月间，当蒴果由青转褐，个别开始微开裂时采下果序，去掉果皮，将种子晾晒后放入容器贮藏，存放位置要保证通风干燥，贮藏至次年 3—4 月播种。冬季进入休眠期可不施肥。冬季结合修剪清除病虫枝、瘦弱枝以及过密枝，可以起到消灭部分越冬卵的作用。家庭盆栽时还要尽可能做到枝干光洁，注意清除枝丫处翘裂的皮层，并集中烧毁，以减少越冬蚜卵。

20

Hyperícum 'Excellent Flair'

红果金丝桃

金丝桃科金丝桃属常绿灌木。园艺栽培品种，高约 1.2 米。单叶对生，无柄，椭圆形，长 10 ～ 12 厘米，亮绿色。花金黄色，聚伞花序，花期 5—8 月。蒴果卵形，熟时红色，7—11 月成熟。可丛植、密植排水良好处，作花带或花篱。可植于疏林下形成复层景观结构。也是切花的良好素材。

20 日 | 5 月 | 星期___

花事记

今日花事

此品种从欧洲引进，对环境条件要求不高，栽培养护容易，喜湿润半阴之地，宜种植在中等肥沃、潮湿且排水良好处。在微酸性至微碱性土壤中均可生长，一般不感染病虫害。

春夏花事 早春适当修剪，可保持良好树形及开花繁茂。如果大量繁殖，可采用扦插繁殖，一般进行软材扦插。剪取健壮、无病虫害的枝条，剪成 10 ～ 15 厘米的枝段作插穗，以泥炭和沙或珍珠岩作扦插基质，保持湿润，15 ～ 20 天即可生根，生根率很高。

秋冬花事 冬季亦可修剪。粗放管理。北方于室内越冬。

21 *Xanthoceras sorbifolium*

文冠果

无患子科文冠果属落叶灌木或小乔木。高可达5米；小枝褐红色粗壮，叶连柄长可达30厘米；小叶对生，两侧稍不对称，顶端渐尖，基部楔形，边缘有锐利锯齿。两性花的花序顶生，雄花序腋生；花瓣白色，基部紫红色或黄色，花盘的角状附属体橙黄色；蒴果长达6厘米；种子黑色而有光泽。春季开花，秋初结果。中国特有的一种食用油料树种。文冠果在食用、药用、能源、生态、人文等领域有着广阔的发展前景，被誉为21世纪最具开发潜力的经济树种。

21日 5月 星期___

花事记

今日花事

喜阳，耐半阴，对土壤适应性很强，耐瘠薄、耐盐碱，抗寒能力强，-41.4℃安全越冬；抗旱能力极强，不耐涝、怕风。

春夏花事 早春开花前结合浇水可进行施肥。生长季节每年中耕除草 3 ～ 5 次、施肥 2 ～ 3 次，花前追施氮肥，果实膨大期追施钾肥。落花后浇水可减少落果。

秋冬花事 一般在秋季果熟后采收，取出种子即播，也可用湿砂层积贮藏越冬，翌年早春播种。封冻前浇 1 次水利于早春保墒。

22

Pulsatilla chinensis

白头翁

毛茛科白头翁属多年生草本植物。根状茎粗；基生叶全裂，中裂片有柄或近无柄，宽卵形，三深裂，花萼蓝紫色，长圆状卵形，背面有密柔毛。4—5月开花。有清热解毒、凉血止痢、燥湿杀虫的功效，具有很高的药用价值。是理想的地被植物品种。

22日 5月

星期＿＿

7月 8月 9月 10月 11月 12月

花事记

今日花事

喜凉爽干燥气候。耐寒，耐旱，不耐高温。以土层深厚、排水良好的沙质壤土生长最好，冲积土和黏壤土次之，而排水不良的低洼地不宜栽种。

春夏花事 早春播种多在 3—4 月进行，条播，行距 3.0 ～ 4.5 厘米，播后覆土，以盖住种子为度。4—5 月开花。种子的采收东北一般在 6 月上旬，当有 60% 的种子黄化成熟时即可采收。

秋冬花事 秋季都可以进行移栽，可以用当年的 1 年生苗，也可以用 2 年生苗进行移栽。

23 *Hylomecon japonica*

荷青花

罂粟科荷青花属多年生草本。高15～40厘米，具黄色液汁，疏生柔毛，老时无毛；根茎斜生，长2～5厘米，白色；果实橙黄色，肉质，盖以褐色、膜质的鳞片；茎直立，不分枝，具条纹，无毛，草质，绿色转红色至紫色。花期4—7月。根茎药用，具祛风湿、止血、止痛、舒筋活络、散瘀消肿等功效。种子全年可采。

23日 5月 星期____

7月 8月 9月 10月 11月 12月

花事记

今日花事

生长于海拔 300 ～ 1800 米的林下、林缘或沟边。

春夏花事 播种繁殖，生长期每月施肥 1 次，用复合肥即可，加施适量硼作叶面肥施用。大棚栽培一般 3 天左右浇一次水。在花序抽生及生长发育期，水肥要充足。保持适宜的生长温度，以白天 18 ～ 20℃，夜间 10 ～ 15℃为宜。注意通风，以防病害发生。同时，需拉网或立支柱，以防倒伏。第一茬花切取后，清除老枝枯叶，以促进新芽萌发。

秋冬花事 冬季地上部分枯萎，植株留床越冬应在入冬前浇防寒水。

24

Lonicera tellmanniana

台尔曼忍冬

忍冬科忍冬属落叶藤本植物，为盘叶忍冬和贯月忍冬的杂交种。叶椭圆形，先端钝或微尖，基部圆形，表面深绿色，叶脉微凹，主脉基部橘红色；花序下面1～2对叶合生成近圆形或卵圆形的盘；雌蕊长于雄蕊，柱头椭圆形。花期5月初至10月上旬。生长蔓延快、抗寒性极强、花色艳丽、花期长、枝繁叶茂，覆盖面积大，综合观感效果好，是珍贵观赏树种。

24 日 | 5月 | 星期___

花事记 ________________________________

今日花事

喜阳光，喜温暖，也能耐半阴，能在 pH5.5 ～ 7.5 的各类土壤中生长。

春夏花事 台尔曼忍冬以扦插繁殖为主。6 月中下旬，剪取当年生枝条，剪成 10 ～ 12 厘米，带 2 对芽的插穗。对插穗蘸 ABT 生根速，按正常扦插方法扦插及管理。4—6 月，气温从 10℃迅速上升到 25℃左右，此时长到 230 ～ 280 毫米，只要对植株适当浇水，就能保持花叶繁茂，生长健壮。

秋冬花事 在冬季日最低气温不低于 -18℃的情况下，不加任何防寒保护措施能安全越冬。

25

Iris ensata

玉蝉花
（紫花鸢尾）

玉蝉花又称紫花鸢尾。鸢尾科鸢尾属宿根花卉。基生叶条形，黄绿色，先端长、渐尖、粗糙，两面具2或3条突出叶脉；花单生，蓝紫色，外轮3花被片狭披针形，有紫色条纹及斑点；内轮3片较小，花柱顶端2裂；蒴果球形，直径约1厘米，种子球形。花期6—7月。

25 日 5月 星期___

7月 8月 9月 10月 11月 12月

花事记

今日花事

喜湿润寒冷气候，是山地草甸的主要组成草种之一。

春夏花事 4 月初萌发，5 月下旬至 6 月上旬开花，6 月中、下旬种子成熟。

秋冬花事 8 月以后生长十分缓慢，几乎没有新的叶片形成。多为野生，冬季地上部枯萎，第二年重新发芽。

26 *Iris sanguinea*

溪荪

鸢尾科鸢尾属多年生草本植物。茎、叶可用作造纸原料。花期 5—6 月。花大色浓、端庄秀雅，抗寒能力强，观赏价值高。同时又是一种名贵中草药，根茎入药，清热解毒，捣烂外敷治疗疔疮肿毒。是一种集观赏、药用为一体且具较高经济价值的野生花卉。

26日 5月 星期___

7月 8月 9月 10月 11月 12月

花事记

今日花事

溪荪是鸢尾属植物中喜水湿的种类，根状茎可在零下30℃的冻土中越冬，有较强的抗病、抗寒及耐湿能力。

春夏花事 可以进行分株繁殖，通常每 2 ～ 3 年进行一次，可以在每年的 4—5 月或者 10—11 月进行，分割根茎时，每株应有 2 ～ 3 个芽，并将老残根茎剪去，以利于新根发根萌发，然后按株行距 20 厘米 ×20 厘米，深度 20 厘米栽植。夏季地表的高温高热会灼伤苗，可每周浇水 2 次，早晚进行适量喷水。

秋冬花事 生长后期从 10 月上旬至 11 月初，苗生长速度快速下降。期间适当少灌，每周浇水 1 次。做好植株安全越冬的工作，初冬浇 1 次封冻水。

27 *Meehania fargesii*

华西龙头草（美汉草）

华西龙头草又称美汉草。唇形科龙头草属多年生草本。高 10 ~ 20 厘米，罕达 40 厘米；具匍匐茎；茎细弱，嫩枝常被短柔毛；花冠淡红或紫红色，外面被疏短柔毛，上唇先端微凹，下唇 3 裂，中裂片较大，边缘波状；花盘杯状，前方呈指状膨大。小坚果。花期 4—6 月，果期 6—9 月。味辛、苦，性微寒。具有发表清热，利湿解毒等功效。

27 日 | 5月 | 星期___

7月 8月 9月 10月 11月 12月

花事记

今日花事

喜生长在半阴潮湿的环境，喜土壤肥厚，排水良好的针叶阔叶混交林或针叶林下荫蔽处。

春夏花事 多为野生品种，生长期匍匐性好，在雨水充足的条件下生长快。

秋冬花事 7—8 月采收全草，切段，晒干。冬季地上部分基本枯死，及时清理。

28

Caragana rosea

红花锦鸡儿

豆科锦鸡儿属灌木。树皮绿褐色或灰褐色，小枝细长，叶片假掌状；花萼管状，常紫红色，萼齿三角形，花冠黄色，旗瓣长圆状倒卵形，翼瓣长圆状线形，龙骨瓣的瓣柄与瓣片近等长；荚果圆筒形。4—6月开花，6—7月结果。红花锦鸡儿枝繁叶茂，花冠蝶形，黄色带红，形似金雀，花、叶、枝可供观赏，园林中可丛植于草地或配植于坡地、山石旁，或作地被植物。

28日 | 5月 | 星期___

7月 8月 9月 10月 11月 12月

花事记

今日花事

对土壤要求不严，适应性强。

春夏花事 每年4—5月可进行扦插，春季浇返青水时可追施复合肥，生长期间幼株宜进行摘心，促其分枝，使开花繁多。在冬季和初春，清除病枝、枯枝、内膛枝、细弱枝、徒长枝，减少养分和水分的消耗，使枝叶量合理。

秋冬花事 秋天落叶后，红花锦鸡儿进入休眠期，营养生长基本停止，此时芽苞分化饱满，为移栽最佳时期。秋植的红花锦鸡儿，翌年春天土壤地温回升时便开始萌发须根和侧根。气温升高后，芽苞开始萌动，植株就可利用新根吸收水分和养分，满足其生长的需要，能大大提高苗木的成活率。秋天果实成熟后，及时采收，暴晒几天，种壳开裂后取出种子。秋天就可以播种，但也可将种子贮藏起来，待翌年春季再播种。

29 *Penstemon campanulatus*

钓钟柳

车前科钓钟柳属多年生常绿草本植物。常作一年生栽培。圆锥形花序，钟状花，混色；茎光滑，稍被白粉；全株被绒毛，叶对生，基生叶卵形，茎生叶披针形；花呈不规则总状花序，花冠筒长约 2.5 厘米，组成顶生长圆锥形花序，花紫、玫瑰红、紫红或白色等，具有白色条纹。花期 5—6 月，果期 7—10 月。花期长，适宜花境种植，与其他蓝色宿根花卉配置，可组成极鲜明的色彩景观。也可盆栽观赏。

29日 5月 星期____

7月 8月 9月 10月 11月 12月

花事记

今日花事

喜温暖、光线良好、通风的环境。忌夏季高温、干旱。

春夏花事 生长需要充足的水分，土壤需要一直保持湿润的状态，每次浇水的时候需要浇透。夏季一般生长温度在18～21℃，温度过高时要注意遮阴降温，夏季开花期间需要多施肥。

秋冬花事 秋季或2—3月播种，适温13～18℃，5月初定植。秋季扦插，在低温温室中1个月左右可生根。分株也在秋季进行。秋末修剪地上部分，浇防冻水进行保护越冬。冬季施肥可增强它的耐寒性，能够很好地过冬。

30 *Ixiolirion tataricum*

鸢尾蒜

鸢尾蒜科鸢尾蒜属多年生草本植物。蒴果；种子小，黑色。花期 5—6 月。生于山谷岩或荒草地。鸢尾蒜的花大而美，稀少的蓝紫色花显得十分可爱，适宜观赏。鸢尾蒜性强健，适作园林地被植物，切花也甚宜。

30日 5月

星期___

7月 8月 9月 10月 11月 12月

花事记

今日花事

喜阳光充足，稍耐寒；喜温暖的环境和排水良好的壤土。

春夏花事 春季分球繁殖。早春萌芽早，易受冻害，注意保护。夏季可采收，洗净，鲜用或晒干。

秋冬花事 管理极粗放。秋季挖球后，将母球与子球分离，分别埋于微潮的沙中，保持15℃左右，使其安全越冬。

31 *Rosa xanthina*

黄刺玫

蔷薇科蔷薇属落叶灌木。小枝褐色或褐红色，具刺。奇数羽状复叶，小叶常 7 ～ 13 枚，近圆形或椭圆形，边缘有锯齿；托叶小，下部与叶柄连生，先端分裂成披针形裂片，边缘有腺体，近全缘。花黄色，单瓣或重瓣，无苞片。花期 5—6 月。果球形，红黄色。果期 7—8 月。辽宁省阜新市市花。晋南俗称“马茹子”。东北、华北各地庭园习见栽培。

31 日 5月 星期___

7月 8月 9月 10月 11月 12月

花事记

今日花事

喜光，稍耐阴，耐寒力强。对土壤要求不严，耐干旱和瘠薄，在盐碱土中也能生长，以疏松、肥沃土地为佳。

春夏花事 栽植黄刺玫一般在 3 月下旬至 4 月初。栽后重剪，浇透水，隔 3 天左右再浇 1 次，便可成活。成活后一般不需再施肥，但为了使其枝繁叶茂，可隔年在花后施 1 次追肥。日常管理中应视干旱情况及时浇水，以免因过分干旱缺水引起萎蔫，甚至死亡。雨季要注意排水防涝。

秋冬花事 霜冻前灌 1 次防冻水。花后要进行修剪，去掉残花及枯枝，以减少养分消耗。落叶后或萌芽前结合分株进行修剪，剪除老枝、枯枝及过密细弱枝，使其生长旺盛。对 1 ～ 2 年生枝应尽量少短剪，以免减少花数。黄刺玫栽培容易，管理粗放，病虫害少。

01

Lampranthus spectabilis

美丽日中花

别名：太阳花。番杏科松叶菊属多年生常绿草本植物。通常在晴朗的白天开放，傍晚闭合；单朵花可开5～7天。茎丛生，斜升，基部木质，多分枝；叶对生，肉质，三棱形，具凸尖头，基部抱茎，粉绿色，有多数小点。花单生枝端，苞片叶状，对生；花紫红色至白色，基部稍连合。蒴果肉质，种子多数。花期春季或夏秋。生长迅速，花大艳丽，枝叶翠绿，是一种十分优良的观花多肉植物。适合室内外点缀装饰及绿化带应用。

01日 6月

星期___

花事记

今日花事

喜温暖干燥和阳光充足的环境，不耐寒，怕水涝，耐干旱，不耐高温暴晒。生长适温为 15 ～ 20℃。

春夏花事 播种在春季 4—5 月进行，采用室内盆播，发芽适温为 18 ～ 21℃，播种后 10 天左右发芽。春秋季为该种生长旺盛期，要充分接受阳光照射。夏季炎热时会进入半休眠状态，生长速度较为缓慢，需进行遮阴或放树下阴凉处，在半阴环境下培植。生长旺盛期要充分浇水，保持盆土湿润偏干。天气炎热潮湿时易发叶斑病和锈病为害，用 65% 代森锌可湿性粉剂 600 倍液喷洒。

秋冬花事 7—9 月有粉虱和介壳虫为害，可用 40% 氧化乐果乳油 1500 倍稀释液喷杀。冬季养护温度不低于 10℃。温度过低时要移入室内，放在阳光充足的地方，保持冷凉的环境。

02

Rosa hybrida

丰花月季

蔷薇科蔷薇属半常绿灌木。小枝具钩刺或无刺；花瓣有深红、银粉、淡粉、黑红、橙黄等颜色，重瓣。多分枝，呈较矮的灌丛状。蔷薇果卵球形，红色。花期 5 月底至 11 月初，果期 9—11 月。具有梗长、花美、耐寒、耐热、花团锦簇等优点，且新叶和秋叶红艳，非常适宜装饰街心、道旁，作沿墙的花篱，独立的画屏或花圃的镶边。又可按几何图案布置成规则式的花坛、花带，还可与其他品种共同构成内容丰富的月季园以供欣赏。

02 日 | 6 月 | 星期___

花事记

今日花事

对环境适应性强，对土壤要求不严；喜光照充足，空气流通。喜温暖，抗寒。气温 22 ～ 25℃最为适宜，夏季的高温对开花不利，且生长不良。

春夏花事 虽然在整个生长季开花不断，但以春、秋两季花开最多最好。在春、夏、秋三个季节均可扦插，但以春季和秋季为佳。花蕾期、开花期，应适当减少浇水作业。在高温、高湿或阴雨季节定期喷施杀菌药物。

秋冬花事 当丰花月季进入休花期，则应少浇水或者不浇水。喷施石硫合剂进行全面杀菌，保证苗木健壮生长。

03

Impatiens hawkeri

新几内亚凤仙花

凤仙花科凤仙花属多年生常绿草本植物。茎肉质；分枝多。叶互生，有时上部轮生状；叶片卵状披针形；叶脉红色。花单生或数朵成伞房花序；花柄长；花瓣桃红色、粉红色、橙红色、紫红色等。花期6—8月。花色丰富，色泽艳丽欢快，四季开花，花期长，叶色、叶形独具特色。至少有90多个品种，分布在世界各地。

03日 | 6月 星期＿＿

花事记

今日花事

喜炎热，要求充足阳光及深厚、肥沃、排水良好的土壤。不耐寒，怕霜冻。

春夏花事 夏季要求凉爽，忌烈日暴晒，并需稍加遮阴，不耐旱，怕水渍。一般来说，在 13 厘米盆和 17 厘米盆中只种一棵即可。不需要人为摘心，前两周用清水浇（勿加肥料）。浇水应掌握干透湿透的原则。

秋冬花事 冬季室温要求不低于 12℃；冬季和早春需要全光照，不要遮阴。对于易徒长的品种，可以用叶面喷施多效唑 5x10-6 ～ 30x10-6 的方法来调控。新几内亚凤仙对于昼夜温差比较敏感，可以用夜间温度高于白天的方法来调控株高。

04 *Iris germanica*

德国鸢尾

鸢尾科鸢尾属多年生草本植物。根状茎粗壮而肥厚，常分枝，扁圆形，斜伸，具环纹，黄褐色；须根肉质，黄白色。叶直立或略弯曲，淡绿色、灰绿色或深绿色，常具白粉，剑形。花茎光滑，黄绿色。花大，鲜艳，直径可达 12 厘米；花色因栽培品种而异，多为淡紫色、蓝紫色、深紫色或白色，有香味。花期 4—5 月。中国各地庭园常见栽培。

04 日 6月 星期___

7月 8月 9月 10月 11月 12月

花事记

今日花事

对土壤要求不严，抗旱、抗寒能力强。喜温暖、稍湿润和阳光充足的环境。耐寒，耐干燥和半阴，怕积水。

春夏花事 分株时间最好选在春季花后1～2周内或初秋进行。夏季温度较高，德国鸢尾生长受阻，生长速度较慢，进入半休眠状态。除干旱季节需要适时补水外，其他季节不需额外浇水。生长期间，应适当进行除草，花后从地面处剪除花葶，及时清除老叶和病叶。一般不需要施肥。

秋冬花事 冬季由于温度低，德国鸢尾也同样生长缓慢。如庭园栽植，冬季来临时，修剪叶片呈倒“V”形，叶片保留5～10厘米高。当年新栽的德国鸢尾可用草帘覆盖，第二年2—3月初在德国鸢尾生长前及时清除覆盖物。

05 Paeonia lactiflora

芍药

芍药科芍药属的多年生草本植物。根粗壮；分枝黑褐色；下部茎生叶为二回三出复叶，上部茎生叶为三出复叶；小叶狭卵形，椭圆形或披针形。花数朵，生茎顶和叶腋，有时仅顶端一朵开放；苞片 4 ～ 5，披针形，大小不等；萼片4，宽卵形或近圆形；花瓣9～13，倒卵形；花瓣各色，有时基部具深紫色斑块；蓇葖果。花期 5—6 月；果期 8 月。芍药被列为“六大名花”之一，又被称为“五月花神”。在中国文化中一直是绘画艺术中的常见花卉，象征友谊、爱情。

7月 8月 9月 10月 11月 12月

花事记

今日花事

芍药喜光，耐寒，夏季喜冷凉气候；喜土层深厚、湿润而排水良好的壤土。在中国北方各地可以露地越冬。

春夏花事 4 月、5 月各施 1 次腐熟的人、畜粪肥。盆栽时须根据季节和植株生长对水分的需要，及时浇水。

秋冬花事 种子繁殖：应在 8 月初果实成熟时即行收获，将种子混入湿沙放予阴凉通风处，保持湿润，以免降低发芽率。9 月中、下旬下种。冬季地上部分枯死后全面松土除草，畦面仍盖上栏肥，并清沟培土。

06 *Glandularia × hybrida*

美女樱

马鞭草科美女樱属多年生草本植物。开花部分呈伞房状，花色有白、红、蓝、雪青、粉红等。花期为5—11月，性甚强健，可用作花坛、花境材料，也可作大面积栽植，适合盆栽观赏或布置花台、花园、林隙地、树坛中。全草可入药，有清热凉血的功效。

06日 6月

星期___

花事记

今日花事

适宜生长温度 5～25℃。

春夏花事 扦插可在 5—6 月进行。气温在 15℃左右时，生长期内适宜每半月施一次稀肥，以使发育良好。因其根系较浅，夏季应注意浇水，防止干旱。养护期水分过多或者过少都不利于生长，水分过多，茎细弱徒长，开花量减少；缺水，植株生长发育不良，会有提早结实的现象。

秋冬花事 耐寒性差，冬季要移到室内，最好控温在 15～25℃之间，最低也要保证在 5℃以上。平时要放在有光照的地方，晴天时多通通风。此时浇水不需太勤，见干即浇，可喷水保湿。另外，注意入冬前要修剪一次，减少养分消耗。

07 *Phlox paniculata*

天蓝绣球
（锥花福禄考）

天蓝绣球又称锥花福禄考。花荵科福禄考属多年生草本植物。茎直立，粗壮；叶对生，无叶柄或有短柄；伞房状圆锥花序；多花密集成顶生；筒状花萼；碟状花冠，淡红、红、白、紫等色；蒴果卵形；种子多数黑色或褐色。花期6—10月。可作花坛、花境材料，也可盆栽观赏，或作切花用。是夏季的主要观花植物。

07 日 6月

星期___

花事记

今日花事

性喜温暖、湿润、阳光充足或半阴的环境。不耐热，耐寒，忌烈日暴晒，不耐旱，忌积水。

春夏花事 生长期要求阳光充足，但在半阴环境也能生长。夏季生长不良，应遮阴，避免强阳光直射。每年 4 月上中旬可进行根部扦插，挖取粗壮的根剪成 4 厘米左右的小段。春季新梢萌发后，可进行春剪。每隔 2 周施 1 次稀薄有机肥水，施肥后要及时浇水，适时松土，保持土壤良好的孔隙度。这样就能使其从夏季连续不断地开到秋季。

秋冬花事 秋季花谢后，应剪去开花枝，以减少养分的消耗，有利于第二年的生长开花。较耐寒，可露地越冬。

08

Phedimus aizoon

费菜

(三七景天)

费菜又称三七景天。景天科费菜属多年生草本植物。根状茎短；直立；叶互生，坚实，近革质；聚伞花序有多花；萼片肉质；花瓣黄色；花柱长钻形；种子椭圆形。花期6—8月，果期8—9月。可盆栽或吊栽，调节空气湿度、点缀平台庭院等。亦是一种保健蔬菜，是21世纪家庭餐桌上的一道美味佳肴，常食可增强人体免疫力，有很好的食疗保健作用。

08日 6月

星期＿＿

花事记

今日花事

喜光照，喜温暖湿润气候，耐旱，耐严寒，不耐水涝。对土壤要求不严格，一般土壤即可生长。生长适温15～20℃。

春夏花事 分株繁殖。早春挖出根部，按根芽多少，将其分切成若干株，每株带 2 个以上根芽。然后按行株距 30 厘米 ×15 厘米挖穴坐水栽植，覆土后踩实。

秋冬花事 在辽宁北部地区的冬季，可移到暖气楼房的南阳台上继续生长，或放在楼道或室外背风向阳处。露地越冬的，先浇 1 次透水，再在上面覆盖稻草，下雪后盖一些雪，让其休眠越冬，第 2 年春季发出的新芽比周年生的更加健壮。

09 *Rosa multiflora* var. *Alboplena*

白玉堂

别名：多花蔷薇。蔷薇科蔷薇属攀缘灌木。小枝圆柱形；通常无毛，有短、粗稍弯曲皮束；小叶5～9片；花多朵；排成圆锥状花序，无毛或有腺毛；有时基部有篦齿状小苞片；萼片披针形，外面无毛，内面有柔毛；花瓣白色，重瓣。花期6—7月。可用于庭院观赏、丛植、花篱。

09 日 | 6月 | 星期＿＿

7月 8月 9月 10月 11月 12月

花事记

今日花事

耐寒，耐干旱，适应性强。

春夏花事 扦插繁殖与月季相同。春季栽植后，连灌 2 次透水，以后适时灌水、松土、除草、防治病虫害。

秋冬花事 叶落后修剪枝条。北方地区 11 月灌冻水。叶片、叶柄和嫩梢，容易发生黑斑病。叶片初发病时，正面出现紫褐色至褐色小点，扩大后多为圆形或不定形的黑褐色病斑。可喷施多菌灵、甲基托布津、达可宁等药物。

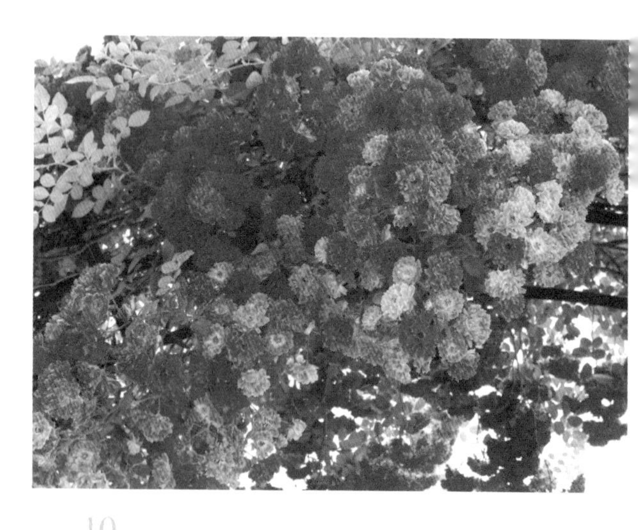

10

藤蔓月季

是蔷薇科蔷薇属多个原生种的杂交品种，英文名为 climbing roses。呈藤状或蔓状；有疏密不同的尖刺，形态有直刺、斜刺、弯刺、钩形刺，依品种而异。花单生、聚生或簇生；花色有红、粉、黄、白、橙、紫、镶边色、原色、表背双色等，十分丰富；花型有杯状、球状、盘状、高芯等。抗性强，花形、花色丰富，花香浓郁，花开四季不断，具有很强的观赏性，是现代城市多层次、多方位园林环保绿化的好材料。具有很强的抗病害能力。

10日 6月 星期___

花事记

今日花事

耐粗放管理、耐修剪。应提供充足的明亮光线，同时注意遮蔽强光。因为枝叶比较茂盛，所以需水量较多，可根据不同季节浇水。

春夏花事 开花量很大，需要充足的养分，花期前后增施磷、钾肥。春秋处在生长期，可以隔一天浇一次水。到了夏季气温较高，蒸发量比较大，可以一天浇两次水，早晚各一次。夏秋交际的时候天气炎热潮湿要注意防治白粉病叶枯病。

秋冬花事 冬季生长速度减慢，少量施肥，控制浇水。北方冬季稍作防寒处理。

11 *Torenia fournieri*

蓝猪耳
（夏堇）

蓝猪耳又称夏堇。母草科蝴蝶草属多年生直立草本植物。茎几无毛，具4窄棱，简单或自中、上部分枝；叶片长卵形或卵形；苞片条形；花冠筒淡青紫色，背黄色；蒴果长椭圆形。花果期6—12月。常做绿化或花境材料；也可盆栽于室内供观赏。

11日 6月

星期___

7月 8月 9月 10月 11月 12月

花事记

今日花事

阳性植物，不耐寒，耐高温高湿，生长期种植于阳光充足环境。

春夏花事 种子极细小，播种时可掺些细土，播后不覆土。种子发芽需要一定光照，同时保持土壤湿润，用薄膜覆盖。1～2周出苗，出苗后去掉薄膜，放在光线充足通风良好的地方。夏季要定期修剪以促进植物生长发育；高温潮湿天气要保持植株间距，确保通风，减少病虫害发生。

秋冬花事 为防病虫害发生，可加大株间距离，控制浇水，加强排水，降低湿度。种子成熟时采摘种子。种子细小，注意保存。

12 紫藤 *Wisteria sinensis*

别名：朱藤、黄环。豆科紫藤属落叶攀缘缠绕性大型藤本植物。茎右旋；枝较粗壮；嫩枝被白色柔毛，后秃净；冬芽卵形；奇数羽状复叶；托叶线形，早落；小叶 3～6 对，纸质；小托叶刺毛状，宿存；总状花序发自种植一年短枝的腋芽或顶芽；花序轴被白色柔毛；苞片披针形，早落；花芳香；花梗细；花萼杯状，密被细绢毛，上方 2 齿甚钝，下方 3 齿卵状三角形；花冠被细绢毛；荚果倒披针形；种子褐色，具光泽，圆形，扁平。花期 4 月中旬至 5 月上旬，果期 5—8 月。民间常将紫色花朵水焯凉拌，或者裹面油炸，制作“紫萝饼”“紫萝糕”等风味面食。对二氧化硫和氧化氢等有害气体有较强的抗性，对空气中的灰尘有吸附能力，在绿化中已得到广泛应用。生长较快，寿命很长。缠绕能力强，对其他植物有绞杀作用。

12 日 | 6 月

星期 ___

7月 8月 9月 10月 11月 12月

花事记

今日花事

对气候和土壤的适应性强，较耐寒，能耐水湿及瘠薄土壤，喜光，较耐阴。

春夏花事 主根很深，所以有较强的耐旱能力，但是喜欢湿润的土壤，一年中施 2 ～ 3 次复合肥就基本可以满足需要。萌芽前可施氮肥、过磷酸钙等。生长期间追肥 2 ～ 3 次，用腐熟人粪尿即可。

秋冬花事 修剪宜在休眠期进行。修剪时可通过去密留稀和人工牵引使枝条分布均匀。

13 *Lilium cernuum*

垂花百合

百合科百合属多年生草本植物。鳞茎矩圆形或卵圆形；鳞片披针形或卵形，白色。茎无毛；叶细条形。总状花序，有花 1～6 朵；苞片叶状，条形，顶端不加厚。是园林绿化佳品，可用于花坛、花境绿化，亦可用于草坪中一穴多株栽培。可以营造清雅脱俗的观赏意境。其味甘，性平，具有润肺止咳，清心安神之功效，可用于肺劳久咳、心悸失眠、浮肿的治疗。花期 6 月。

13 日 | 6 月 | 星期____

7月 8月 9月 10月 11月 12月

花事记

今日花事

喜较高地势，生长于有斜坡的疏松肥沃、排水良好的森林含腐殖质土壤，喜空气湿润。

春夏花事 垂花百合有性繁殖获取的种苗量大，但是生长期长，当年不开花。如果为了培养种球，即使第 2 年现蕾也应摘掉花蕾，生长到第 3 年方能体现出品种特点。

秋冬花事 种子可在 8 月下旬采收。2 年生以上苗最好立支架，以避免风雨将苗刮倒。方法是畦四角立 50 厘米高的支柱，于距地面 40 厘米处四周用铁丝围绕，用绳按栽培的株行距交叉连接编成网状，待垂花百合生长越过网点后，用细绳固定于网上，可避免倒伏。

14 *Hemerocallis fulva 'Golden Doll'*

金娃娃萱草

阿福花科萱草属多年生宿根花卉。地下具根状茎和肉质肥大的纺锤状块根；叶基生，条形，排成两列；花葶粗壮；螺旋状聚伞花序，花 7 ～ 10 朵；花冠漏斗形，花径约 7 ～ 8 厘米，金黄色。花期 5—11 月，单花开放 5 ～ 7 天。既耐热又抗寒，适应性强，栽培管理简单，适宜在城市公园、广场等绿地丛植点缀。

14 日 | 6 月 | 星期___

7月 8月 9月 10月 11月 12月

花事记

今日花事

喜光，耐干旱、湿润与半阴，对土壤适应性强，性耐寒，地下根茎能耐－20℃的低温。

春夏花事 分株繁殖在每年春季2—3月。将2年生以上的植株挖起，一芽分成一株，每株须带有完整的芽头。培育期间，春夏松土除草1～2次。3—6月，每月施3～5倍水的有机肥，花前施1次磷肥，可提高花的质量。萱草喜湿润，要适时浇水。早春清理越冬枯死叶片，以促进萌发新叶。

秋冬花事 冬季耐寒力强，户外栽培品种可较粗放管理。及时清理杂草、老叶及干枯花葶。

15

Lilium distichum

东北百合
（轮叶百合）

东北百合又称轮叶百合。百合科百合属多年生球根花卉。鳞茎卵圆形；鳞片披针形，白色，有节；茎有小乳头状突起；叶1轮，共7～9（多可达20）枚，生于茎中部，还有少数散生叶，倒卵状披针形至矩圆状披针形。花2～12朵，排列成总状花序；苞片叶状；花淡橙红色，具紫红色斑点；蒴果倒卵形。花期7—8月，果期9月。具有重要的观赏应用价值。

15日 | 6月
星期___

7月 8月 9月 10月 11月 12月

花事记

今日花事

喜地势较高、疏松肥沃、排水良好的林下腐殖性土壤，忌强光、喜散射光，喜空气干燥，土壤微润。生长前期易管理，中后期连雨季节易发病。

春夏花事 怕涝，夏季高温季节及雨后要及时遮阴和疏沟排水，否则病害严重。不必常浇水，重旱时用水管在行距中间开小沟浇水，特别注意不要把水溅至叶片。喜散射光，在整个生长期内，有条件的上 50% 遮阴网，无条件的可以将种植点选于半阴处。

秋冬花事 立秋后（7 月中旬），结合除草施一次复合肥。冬季来临时将盆栽植株移到温室。

16 红王子锦带花 *Weigela florida 'Red Prince'*

忍冬科锦带花属落叶丛生灌木。枝条开展成拱形；嫩枝淡红色；老枝灰褐色；单叶，对生，叶椭圆形或卵状椭圆形，端锐尖，基部圆形至楔形，缘有锯齿；花 1 ～ 4 朵成聚伞花序，生于叶腋或枝顶，花瓣披针形，下半部连合，花冠漏斗状钟形，鲜红色；蒴果柱形；种子无翅。花期 5—9 月，10 月果熟，11 月下旬落叶。在园林中，既可孤植于庭院、居民小区、广场、公园、草坪中，也可丛植于路旁，或可用来做色块，易与其他树种组合搭配。对氟化氢有一定的抗性，因此也可作为工矿区的绿化美化植物。

16日 6月

星期___

7月 8月 9月 10月 11月 12月

花事记

今日花事

性喜光，也稍耐阴；耐寒，耐旱。忌水涝，抗盐碱，抗病虫；萌芽力、萌蘖力均强，生长迅速；耐修剪。

春夏花事 4 月上中旬进行温室营养钵插种。插种前用冷水浸种 2 ～ 3 小时，然后混入 2 ～ 3 倍的沙，平铺于背风向阳处催芽。6 ～ 7 天种子发芽露白后即可播种。种子和沙子同撒于钵内，覆土 0.5 厘米左右。播后经常喷水，保持基质湿润。整形修剪一般多在夏季生长旺盛时期进行，既可修剪成球形、丛形，也可培养成独干型。

秋冬花事 在入冬前，要浇一次肥水，以提高其抗寒能力，促进来年鲜花盛开。10 月果实成熟后及时采种，脱粒风干后净种收藏。

17

Lobularia maritima

香雪球

十字花科香雪球属多年生草本植物。基部木质化；全株银灰色“丁”字毛；茎自基部向上分枝；叶片条形或披针形，两端渐窄，全缘。花序伞房状；花梗丝状；萼片长圆卵形，内轮的窄椭圆形或窄卵状长圆形；花瓣淡紫色或白色，长圆形，顶端钝圆。短角果椭圆形，果瓣扁压而稍膨胀，果梗末端上翘；种子每室 1 粒，悬垂于子房室顶，长圆形，淡红褐色，遇水有胶黏性。花期温室栽培的 3—4 月，露地栽培的 6—7 月。香雪球匍匐生长，幽香宜人，亦宜于岩石园墙缘栽种，也可盆栽和做地被等。

17 日 6月

星期___

花事记

今日花事

喜欢冷凉气候，忌酷热，耐霜寒。喜欢较干燥的空气环境，阴雨天过长时，易受病菌侵染。

春夏花事 一般是3月在温室播种育苗。发芽适温为20℃，约5天出苗，3～4片真叶时定植上盆，6月开花。开花之前一般进行两次摘心，以促使萌发更多的开花枝条。到夏季炎热时则生长不良，开花很少，此时要剪除已开过的花枝。对肥水要求较多，要求遵循“淡肥勤施、量少次多、营养齐全”和“见干见湿，干要干透，不干不浇，浇就浇透”的两个肥水原则，并且在施肥过后，晚上要保持叶片和花朵干燥。

秋冬花事 秋冬季浇水间隔周期大约为2～4天，晴天或高温期间隔周期短些，阴雨天或低温期间隔周期长些或者不浇。

18

Argyranthemum frutescens

木茼蒿

菊科木茼蒿属常绿灌木。枝条大部木质化；叶宽卵形、椭圆形或长椭圆形；二回羽状分裂；两面无毛；叶柄有狭翼；头状花序多数，在枝端排成不规则的伞房花序；全部苞片边缘白色宽膜质；内层总苞片顶端膜质扩大几成附片状；舌状花，舌状花瘦果有 3 条具白色膜质宽翅形的肋；两性花瘦果具狭翅的肋，冠状冠毛。花果期 2—10 月。

18 日 6 月 星期 ___

7月 8月 9月 10月 11月 12月

花事记 ________________________________

今日花事

喜凉爽、湿润环境，忌高温。耐寒力不强。

春夏花事 6月扦插。选枝条做插穗，插穗长6～8厘米，插入装有沙土的浅盆中，入土深3厘米，覆盖塑料薄膜，保持温湿度，10天左右即可生根。喜光，生长期全日照，但在夏季阳光强烈期间需要遮光。不耐高温，在夏季需要给其周围喷水进行降温。可适量施加含有氮、磷、钾的复合肥料，有利于木茼蒿的生长。

秋冬花事 9月扦插苗，可在11月定植盆栽，放在室内养护。上盆浇2次透水后要控制浇水，每周浇1次透水即可。平日可控水，即干时浇水，不干不浇水。

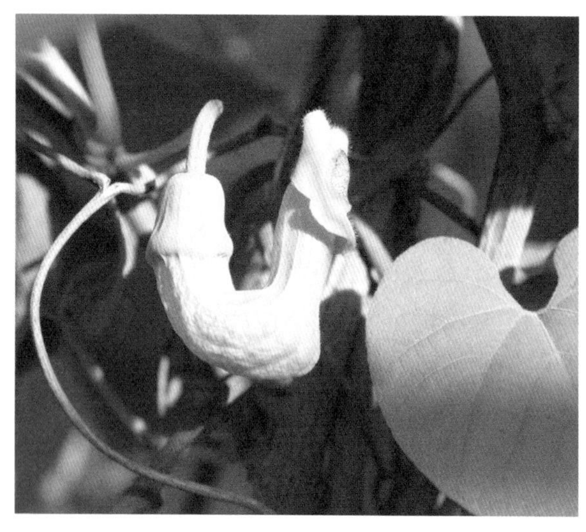

19

Aristolochia manshuriensis

木通马兜铃

马兜铃科马兜铃属木质藤本植物。长可达10米；嫩枝深紫色，密生白色长柔毛；茎皮灰色；叶革质，心形或卵状心；花单朵，稀2朵聚生于叶腋；蒴果长圆柱形，暗褐色，有6棱；种子三角状心形，具小疣点。花期6—7月，果期8—9月。

19日 6月 星期＿＿

7月 8月 9月 10月 11月 12月

花事记 ______________________________

今日花事

喜凉爽气候，耐严寒。喜疏荫、微潮偏干的土壤环境。

春夏花事 每年春季 4 月进行播种。在播种前，应将种子进行 2 ～ 3 个月的砂藏处理。对土壤适应性较强。如果有条件，宜选用排水良好、疏松肥沃的壤土。在瘠薄的土壤中亦能较好生长。生长旺盛阶段应保证水分的供应。施肥除在定植时施用基肥外，生长旺盛阶段可以每隔 2 ～ 3 周追肥一次。

秋冬花事 木通马兜铃每天接受日光照射不宜少于 4 小时。该种植物为多年生，自繁殖至成形需 2 ～ 3 年，观赏时间较长。如有持续的长势减弱、叶片渐小等现象发生时，则应考虑更新植株。

20

石斛

Dendrobium nobile

兰科石斛属草本植物。植株由肉茎构成，粗如中指，棒状丛生；叶如竹叶，对生于茎节两旁；花葶从叶腋抽出，每葶有花七八朵，多的达 20 多朵；呈总状花序，每花 6 瓣，四面散开，中间的唇瓣略圆；许多品种瓣边为紫色，瓣心为白色，也有少数品种为黄色、橙色。花期 4—6 月。

20 日 | 6 月 | 星期___

花事记

今日花事

喜温暖、湿润和半阴环境，不耐寒。

春夏花事 野生于林中，但栽培上还是比较喜光，夏天以遮光 50% 为宜，春季以遮光 30% 为宜。光照过强茎部会膨大、呈黄色，叶片黄绿色。栽培土宜用排水好、透气的碎蕨根、水苔、木炭屑、碎瓦片、珍珠岩等，以碎蕨根和水苔为主。新芽开始萌发至新根形成时需充足水分。但过于潮湿，如遇低温，很容易引起腐烂。

秋冬花事 秋冬要保持日照充足，这样才能开花好，开花数量多。北方室内越冬。

21

六月雪

Serissa japonica

茜草科白马骨属常绿小灌木。高可达 90 厘米，有臭气。叶革质，柄短。花单生或数朵丛生于小枝顶部或腋生；花冠淡红色或白色；花柱长，突出。根、茎、叶均可入药。花期 5—7 月。

21 日 6 月

星期＿＿

花事记

今日花事

喜轻阴，深山叶木之下多见。对温度要求不严，在华南为常绿，西南为半常绿。耐旱力强，对土壤要求不严。盆栽宜用含腐殖质、疏松肥沃、通透性强的微酸性、湿润培养土，生长良好。

春夏花事 春季播种，或梅雨季时扦插，宜浇浅茶。夏季应置于“花阴凉”下养护，暴晒会使叶色泛黄、脱落。全年养护应保持盆土干湿适度，酷暑天旱时节应经常保持盆土湿润，并向叶面喷水，保持枝叶清新。生长季节可追施液肥 3 ～ 4 次。

秋冬花事 入秋后，随着气温下降，应逐渐控制浇水量，2 ～ 3 天浇一次水。冬季移入不低于 0℃的冷室或室内越冬，20 ～ 30 天浇一次水；室温如在 15℃以上，常绿不落叶，7 ～ 10 天浇一次水，要保持湿润的空气并给予阳光照射。严寒期间切忌受冻，否则易死亡。冬季如不继续观赏，可任其落叶，然后移入地窖或全部埋入土中越冬。

22 *Papaver nudicaule*

冰岛虞美人

罂粟科罂粟属多年生草本植物。丛生近无茎；叶根生；具柄，叶片羽裂或半裂；花单生于无叶的花葶上，白色、黄色、橙色、浅红色；全体有硬毛。蒴果狭倒卵形、倒卵形或倒卵状长圆形，密被紧贴的刚毛，有4～8条淡色的宽肋；柱头盘平扁，具疏离、缺刻状的圆齿；种子多数，近肾形，小，褐色，表面具条纹和蜂窝小孔穴。花果期5—9月。被广泛应用于北方地区的园林绿化和园艺栽培中。

22日 6月

星期___

7月　8月　9月　10月　11月　12月

花事记

今日花事

喜温暖、阳光充足、通风良好的气候条件，在疏松、肥沃、排水良好的沙质壤土上生长良好，须根少，不耐移植。忌高湿、炎热。能自播繁衍。

春夏花事 采用播种繁殖，通常做2年生栽培。春、秋季均可播种，一般情况下，春播在3—4月，花期6—7月；秋播在9—11月，花期为次年的5—6月。若为了收集种子，最好采取秋播的方式。土壤整理要细，做畦浇透水，然后撒播或条播。由于虞美人的种子细小，因此播种时，土壤要整平、打细，撒播后不必覆土，也可薄薄地盖上一层细沙土。覆土厚度以看不见种子为宜（0.2～0.3厘米）。幼苗生长期，浇水不能过多，但需保持湿润。养殖环境要保证通风，开花之前要施2～3次液肥。

秋冬花事 越冬时少浇水，开春生长时应多浇水。喜欢阳光，十分耐寒，因此应让它多被阳光照射。过冬之前施2次稀薄的肥料。

23 铃兰 *Convallaria majalis*

别名：君影草、山谷百合、风铃草。天门冬科铃兰属多年生草本植物。气味甜；全株有毒；植株矮小；全株无毛；地下有多分枝而匍匐平展的根状茎具光泽，呈鞘状互相抱着；基部有数枚鞘状的膜质鳞片；叶椭圆形或卵状披针形。花钟状，下垂，总状花序，苞片披针形，膜质，花柱比花被短。入秋结圆球形暗红色浆果，有毒；内有椭圆形种子，扁平。花果期5—7月。“铃兰”又称“君影草”，令人联想起孔子所颂扬的“芝兰生于深谷，不以无人而不芳；君子修道立德，不为困穷而改节”的高尚人格。是一种优良的盆栽观赏植物，通常用于花坛花境，亦可作地被植物，其叶常被利用做插花材料。

23日 | 6月 | 星期____

花事记

今日花事

性喜半阴、湿润环境，好凉爽，忌炎热干燥，耐严寒，要求富含腐殖质壤土及沙质壤土。铃兰和丁香禁止放在一起：放在一起丁香花会迅速萎蔫；如把铃兰移开，丁香就会恢复原状。铃兰不能与水仙花放在一起。由于所有花朵都向下绽开，当切花使用时，应以细铁丝和透明胶带特别处理，让花朵看起来比较明显。

春夏花事 展叶后随即抽葶，展叶前是栽培的最佳时期。秋季叶片枯萎后、封冻前也可栽培，以春季栽培为佳。栽植实生苗重点要铲除杂草。特别是苗根要勤铲、浅铲，防止松动苗木。干旱时浇水，防止杂草丛生；多年生地块由于根茎伸长、潜芽较多、密度增加，应对多密苗进行适当疏苗。

秋冬花事 耐寒性较强，冬季可以露地越冬。如土壤肥力不足，在叶片枯萎后或萌芽时浅施一次农家肥。

24 白鹃梅 *Exochorda racemosa*

别名：茧子花、九活头、金瓜果等。蔷薇科白鹃梅属落叶灌木。枝条细弱开展；小枝圆柱形，微有稜角，无毛；冬芽三角卵形，平滑无毛，暗紫红色；叶片椭圆形、长椭圆形至长圆倒卵形，先端圆钝或急尖，稀有突尖，基部楔形或宽楔形，上下两面均无毛；叶柄短或近于无柄。总状花序无毛；花梗基部较顶部稍长，无毛；苞片小，宽披针形；萼筒浅钟状，无毛；花瓣倒卵形，先端钝，基部有短爪，白色；蒴果有5脊。花期5月，果期6—8月。宜在草地、林缘、路边及假山岩石间配植，其老树古桩，又是制作树桩盆景的优良素材。

24 日 | 6月 | 星期____

7月 8月 9月 10月 11月 12月

花事记

今日花事

喜光，也耐半阴，适应性强，耐干旱瘠薄土壤，有一定耐寒性。

春夏花事 3—4 月可播种繁殖，覆焦泥灰，厚 1 厘米，盖草保湿。一个月后可出苗。及时揭草，苗高 3 ～ 4 厘米时分次间苗。5—6 月间施追肥两三次。盛夏盖草防旱，久旱要经常浇水。在 3 月上旬开花前施一次肥，应以腐熟的饼类肥料为主，适当增加磷、钾肥，促进白鹃梅花芽生长。防治白粉病，发病初期可喷 15% 粉锈宁可湿性粉剂 1000 倍液，或 70% 甲基托布津可湿性粉剂 1000 ～ 1500 倍液。

秋冬花事 秋季的 8—9 月采种。落叶后修剪枝条，待来年开花。11 月初浇封冻水；入冬季以前，结合冬灌开沟，施以磷酸氢二铵，增加土壤温度，保证植株安全越冬。

25 *Hypericum monogynum*

金丝桃

别名：狗胡花、金线蝴蝶、金丝海棠。金丝桃科金丝桃属半常绿小乔木或灌木。地上每生长季末枯萎，地下为多年生。小枝纤细且多分枝，叶纸质、无柄、对生、长椭圆形。集合成聚伞花序着生在枝顶，花色金黄，其呈束状纤细的雄蕊花丝也灿若金丝。花期 6—7 月。

25日 6月

星期 ___

7月 8月 9月 10月 11月 12月

花事记

今日花事

喜温暖、湿润，阳光充足的环境。

春夏花事 春季3月下旬至4月上旬进行播种。因种子细小，覆土宜薄，以不见种子为度。春季要让它多接受阳光，盛夏宜放置在半阴处，并要喷水降温增湿，不然就会出现叶尖焦枯现象。如每月能施2次粪肥或饼肥等液肥，则可生长得花多叶茂，即使在无花时节，观叶也十分具有美趣。

秋冬花事 在花后，对残花及果要剪去。霜冻后剪去地上部分，灌水一次，等待明年萌发。

26

Rhododendron Hong Feng

红枫杜鹃

杜鹃花科杜鹃花属落叶灌木。树冠广卵形或伞形；树干弯曲。花色以红色、橘红、橘黄为主。花朵美丽，花色鲜艳，具有金属光泽；花朵直径可以达到 15 厘米以上。花期 6—7 月。夏季叶色翠绿，株型紧凑，冠行整齐，园艺性状好；秋季清霜后叶片由绿转红，色泽鲜艳，持续时间长，可与红枫媲美。

26日 6月

星期＿＿

7月 8月 9月 10月 11月 12月

花事记

今日花事

喜光；喜温；喜湿；喜酸性土壤；喜凉爽、通风的半阴环境；生长适温为 12 ～ 25℃。

春夏花事 春季开花前为促使枝叶及花蕾生长，可每月追施一次磷肥。花后施 1 ～ 2 次氮、磷为主的混合肥料。在生长期、开花期肥水要求较多。夏季生长缓慢时要控制肥水，以防烂根。修剪在春季花谢后及秋季进行，剪去枯枝、斜枝、徒长枝、病虫枝及部分交叉枝，避免养分消耗，使整个植株开花丰满。

秋冬花事 耐寒能力强，入冬前浇封冻水，冬季室外可越冬。

27 *Linum perenne*

宿根亚麻

亚麻科亚麻属多年生宿根花卉，可作 1 年生栽培。聚伞花序顶生或生于上部叶腋；花梗纤细，花瓣 5 枚，淡蓝色；蒴果近球形，草黄色，开裂；种子椭圆形，褐色。可作药用。花期 6—7 月，果期 8—9 月，有一定的观赏价值。

27 日 | 6 月 | 星期___

7月 8月 9月 10月 11月 12月

花事记

今日花事

喜光照充足、干燥而凉爽的气候，耐寒，耐肥，不耐湿，喜半阴，生长最适空气湿度为 40% ～ 60%，因此要注意其生长地的通风条件。若阴雨天过长，则植株易受病菌侵染。

春夏花事 繁殖以播种为主，春、秋播种均可，北方地区宜春播。宿根亚麻在整个生长期比较怕热，播种最适温度 15 ～ 20℃。想要二次开花，可在 5—6 月花后，留根茎部 15 ～ 20 厘米，将其上部剪掉，促发新枝，即可在 10 月前后再次开花。为了让宿根亚麻株型丰满，可在生长过程中进行摘心处理。一般在苗高 6 ～ 10 厘米时把顶梢摘掉，促使分枝形成。第一次摘心 3 ～ 5 周后，可对侧枝进行第二次摘心。

秋冬花事 气候干旱时注意补水，入冬前做好冬灌，利于越冬和返青。

28 *Trifolium lupinaster*

野火球

豆科车轴草属多年生草本植物。根粗壮；茎直立，单生，基部无叶。掌状复叶，通常小叶 5 枚；托叶膜质，大部分抱茎呈鞘状。头状花序着生顶端和上部叶腋，具花 20 ～ 35 朵；荚果长圆形，膜质，棕灰色；种子阔卵形，橄榄绿色，平滑。花果期 6—10 月。野火球抗寒耐旱，适于北方寒冷干旱地区种植，可供建造人工草地和水土保持用。

28日 | 6月 | 星期___

7月 8月 9月 10月 11月 12月

花事记

今日花事

是喜光的短日照植物，在长光照下生长营养枝，短光照来临时生长生殖枝，并迅速开花结实。

春夏花事 可于4月上旬至5月上旬抢墒播种。草荒地经播前除草，于6月上、中旬播种。播后镇压1～2次。野火球苗期生长缓慢，不耐杂草，出苗后要及时中耕除草1～2次。土壤干旱和缺肥时，要及时追肥和灌水1～2次。追肥以磷、钾肥为主。要少施、勤施，以充分发挥肥效。

秋冬花事 为寒地型牧草，种子发芽的最低温度为10℃左右，最适温度为25℃左右。幼苗和成株均耐寒。在中国北部高寒地区，在冬季 -35℃以上的持续低温中，即使无雪层覆盖，也能安全越冬。

29

Clematis patens

转子莲

（大花铁线莲）

转子莲又称大花铁线莲。毛茛科铁线莲属多年生草质藤本植物。须根密集，红褐色；茎圆柱形，攀缘，表面棕黑色或暗红色，有明显的六条纵纹；羽状复叶；小叶片常3枚，稀5枚，纸质，卵圆形或卵状披针形；单花顶生；花梗直而粗壮，被淡黄色柔毛，无苞片；瘦果卵形，被金黄色长柔毛；花期5—6月，果期6—7月。可做良好的垂直绿化植物，也是较好的育种植物。

29日 | 6月

星期＿＿

7月 8月 9月 10月 11月 12月

花事记

今日花事

性耐寒、耐旱，喜半阴环境，忌暑热，要求深厚、肥沃、排水良好的中性或微碱性土壤。生长旺盛，适应性强。

春夏花事 因是攀缘性藤本植物，栽植前根据需要搭好棚架。每年早春和秋末追施有机肥或复合肥；夏季结合浇水进行叶面施肥。在生长期间适时修整、引导枝条。早春保留 30 厘米高的植株进行修剪。

秋冬花事 耐寒性较强，冬季可以露地越冬。

30

Lychnis fulgens

剪秋罗

石竹科剪秋罗属多年生草本植物。全株被柔毛；根簇生，纺锤形，稍肉质；茎直立；不分枝或上部分枝；蒴果长椭圆状卵形；种子肾形，肥厚、黑褐色，具乳凸。花期6—7月，果期8—9月。具有观赏价值，亦可以全草入药，园林中多做花坛、花境配置；是岩石园中优良的植物材料；一些种类也适于盆栽及切花用。

30 日 | 6月 星期___

7月 8月 9月 10月 11月 12月

花事记

今日花事

性强健而很耐寒，要求日照充足。夏季喜凉爽气候，又稍耐阴。土壤以排水良好的沙质壤土为好，又耐石灰质及石砾土壤。

春夏花事 分株繁殖为主，春秋两季均可进行。播种繁殖春秋两季都可进行，以秋播为好，种子发芽适温为20℃。3—4月春播，4月下旬即可定植露地，若长势好7月便能开花。8月下旬秋播，于次年4月定植露地，至5月下旬即可开花。若于早春及花前施适量追肥，花叶更茂。在生长期间需要保证每个月浇水3～6次。

秋冬花事 耐寒性较强，冬季可以露地越冬。冬季的时候可以减少浇水次数。

时 光 花 事

7 月

8 月

9 月

01

合欢

Albizia julibrissin

别名：绒花树，马缨花。豆科合欢属落叶乔木。树冠开展，小枝有棱角，嫩枝、花序和叶轴被绒毛或短柔毛；托叶线状披针形；头状花序于枝顶排成圆锥花序，花粉红色；荚果条形，扁平，不裂。花期6—7月。合欢花在我国是吉祥之花，有“合欢蠲（音juān，免除）忿（消怨合好）”之说。自古以来人们就有在宅第园池旁栽种合欢树的习俗，寓意夫妻和睦、家人团结，对邻居心平气和、友好相处。

01 日 | 7月 | 星期____

花事记

今日花事

喜温暖湿润和阳光充足的环境，宜在排水良好、肥沃土壤生长。

春夏花事 3—4 月间播种。合欢种皮坚硬，为使种子发芽整齐、出土迅速，用 0.5% 的高锰酸钾冷水溶液浸泡 2 小时，捞出后用清水冲洗干净置于 80℃左右的热水中浸种 30 秒，24 小时后即可进行播种。播后保持畦土湿润，约 10 天发芽。

秋冬花事 9—10 月间采种，秋末冬初时节施入基肥，促使来年生长繁茂，着花更盛。合欢不耐水涝，需挖排水沟，做到能灌能排。常见病害主要有溃疡病和枯萎病。可于发病初期用 50% 退菌特 800 倍液，或 50% 多菌灵 500 ～ 800 倍液，或 70% 甲基托布津 600 ～ 800 倍液进行喷洒，每 7 ～ 10 天喷 1 次，连续用药 2 次。

02

Nymphaea tetragona

睡莲

睡莲科睡莲属多年生浮叶型水生草本植物。根状茎肥厚，直立或匍匐；叶二型，浮水叶浮生于水面，先端钝圆，基部深裂成马蹄形或心脏形，叶缘波状全缘或有齿；沉水叶薄膜质，柔弱。花单生，有大有小，有白、粉、蓝等多种颜色；果实为浆果绵质，在水中成熟，不规律开裂；种子坚硬深绿或黑褐色为胶质包裹，有假种皮。花期6—8月。睡莲花色绚丽多彩，花姿楚楚动人，被人们赞誉为“水中女神”。

02日 7月

星期____

花事记

今日花事

性喜阳光充足、温暖潮湿、通风良好的环境。

春夏花事 耐寒种通常在早春发芽前的3—4月进行分株，不耐寒种对气温和水温的要求高，因此要到5月中旬前后才能进行分株。分株时先将根茎挖出，切成8～10厘米长的根段，每根段至少带1个芽，进行栽植。顶芽朝上埋入表土中，覆土的深度以植株芽眼与土面相平为宜。夏季水位可以适当加深，高温季节要注意保持盆水的清洁。

秋冬花事 秋末天气转凉后，逐渐加深水位，保持不没过大部分叶片为宜，以控制营养生长；水面结冰之前水位一次性加深。

03

Gomphrena globosa

千日红

苋科千日红属一年生直立草本植物。茎粗壮，有分枝，枝略成四棱形；叶片纸质，长椭圆形或矩圆状倒卵形；花多数，密生，成顶生球形或矩圆形头状花序，常紫红色，有时淡紫色或白色。花果期6—9月。干燥后的苞片可以长久不褪色。所以花名叫做千日红。花语也来源于不易褪色这个特点。

03日

7月

星期___

花事记

今日花事

喜阳光，耐干热、耐旱，不耐寒，怕积水。

春夏花事 4—5 月播种，播前可先用温水浸种一天或冷水浸种两天，然后挤出水分，稍干，拌以草木灰或细沙，用量为种子的 2 ～ 3 倍，使其松散便于播种。以土质疏松肥沃的沙壤土地块作为苗床为好。播后略覆土，约 10 ～ 15 天可以出苗。待幼苗出齐后间一次苗，间苗后用 1000 倍的尿素液浇施，施完肥后要及时用水喷洒叶面，以防肥料灼伤幼苗。花朵开放后，保持盆土微潮状态即可，注意不要往花朵上喷水，要停止追施肥料，保持正常光照即可。

秋冬花事 花后应及时修剪，以便重新抽枝开花。冬季温度低于 10℃以下植株生长不良或受冻害。

04

Lilium tigrinum

卷丹

百合科百合属多年生草本植物。鳞片宽卵形，白色；茎高 0.8～1.5 米，带紫色条纹，具白色绵毛；叶散生，矩圆状披针形或披针形，有 5～7 条脉；花 3～6 朵或更多；苞片叶状，卵状披针形；花被片披针形，反卷，橙红色，有紫黑色斑点。花期 7—8 月。花下垂，因其花瓣向外翻卷，故名“卷丹”。

04 日 | 7 月

星期 ___

花事记

今日花事

喜凉爽潮湿环境，日光充足的地方、略荫蔽的环境对其更为适合。生长、开花适宜温度为 16 ～ 24℃，低于 5℃或高于 30℃时生长几乎停止。

春夏花事 将种球放入 0.1% 的克菌丹、百菌清、多菌灵、高锰酸钾等水溶液中浸泡 30 分钟，取出后用清水冲净种球上的残留溶液，然后在阴凉的地方晾干方可定植。

秋冬花事 小批量繁殖，可在 9—10 月收获时进行。可把小鳞茎分离下来，贮藏在室内的沙中越冬。灰霉病发病初期，喷洒 30% 碱式硫酸铜悬浮剂 400 倍液或 36% 甲基硫菌灵悬浮剂 500 倍液，60% 防霉宝 2 号水溶性粉剂 700 ～ 800 倍液防治。

05

Hosta plantaginea

玉簪

天门冬科玉簪属多年生宿根花卉。叶基生，成簇，卵状心形、卵形或卵圆形；花葶高40～80厘米，具几朵至十几朵花；花单生或2～3朵簇生，花有白色、紫色等；蒴果圆柱状，有三棱。花果期8—10月。在现代庭院中多配植于林下草地、岩石园或建筑物背面。也可三两成丛点缀于花境中，还可以盆栽布置于室内及廊下。

05日 | 7月 | 星期___

花事记

今日花事

玉簪属于典型的阴性植物，喜阴湿环境，受强光照射则叶片变黄，生长不良，喜肥沃、湿润的沙壤土。性极耐寒，中国大部分地区均能在露地越冬，地上部分经霜后枯萎，翌春萌发新芽。

春夏花事 中国北方多于春季3—4月萌芽前进行分株，分株时将老株挖出，可以晾晒1～2天，使其失水，用快刀切分，切口涂木炭粉后栽植。根据根状茎生长情况，可分成1株1个芽，也可分成每丛带有3～4个芽和较多的根系为一墩。分根后浇一次透水。

秋冬花事 秋季，可对玉簪的幼苗勤施肥。冬季，玉簪生长较慢，对肥水要求不多，可间隔1～2个月为其施肥一次。地上植株枯萎后，剪去枯叶，等待翌年萌发新芽。

06

Lonicera japonica

忍冬
（金银花）

忍冬又称金银花，别名：银花、双花、二花、二宝花、双宝花等。忍冬科忍冬属多年生半常绿缠绕灌木。幼枝红褐色，叶卵形至矩圆状卵形，幼叶有裂；小枝上部叶通常两面均密被短糙毛；花冠白色，有时基部向阳面呈微红，后变黄色，上唇裂片顶端钝形，下唇带状而反曲；果实圆形，熟时蓝黑色。花期4—6月。性甘寒，有清热解毒、消炎退肿的功效。

06日 7月

星期___

花事记

今日花事

适应性很强，对土壤和气候的选择并不严格。采摘花蕾，晒干药用。

春夏花事 种子繁殖：4 月播种，将种子在 35 ～ 40℃温水中浸泡 24 小时，取出拌 2 ～ 3 倍湿沙催芽，等裂口达 30% 左右时播种。在畦上按行距 21 ～ 22 厘米开沟播种，覆土 1 厘米，每 2 天喷水 1 次，10 余日即可出苗。第二年春进行移栽。

秋冬花事 秋后封冻前，要进行松土、培土工作。每年施肥 1 ～ 2 次，与培土同时进行，可用土杂肥和化肥混合使用。病害有褐斑病，除减少病源、加强管理外，在发病初期可用 3% 井冈霉素 50×10^{-6} 液连续喷治 2 ～ 3 次。

07

Calycanthus chinensis

夏蜡梅

蜡梅科夏蜡梅属落叶灌木，高1～3米；树皮灰白色或灰褐色，皮孔凸起；小枝对生，无毛或幼时被疏微毛；叶宽卵状椭圆形、卵圆形或倒卵形；花白色无香气，边缘淡紫红色；瘦果长圆形。Ⅱ级国家重点保护野生植物。花期5月中下旬。夏蜡梅花形奇特，色彩淡雅，是一种值得在园林绿地中应用的花灌木。可孤植、丛植或配植，也可盆栽观赏，布置阳台、庭院等。

07日 7月

星期___

花事记

今日花事

适宜较阴湿，具腐殖质的土壤。喜温暖、湿润环境，怕烈日暴晒，在充足柔和的阳光下生长良好。

春夏花事 分株繁殖。因夏蜡梅根蘖萌发力强，于春季萌发前，掘起株丛，用利刀或钢锯分开成若干小株，每株需有主根 1 ～ 2 条，然后栽种。易成活，2 ～ 3 年后便能开花。也可播种繁殖。盛花期的干热风会使花瓣干枯，应及时向植株及周围洒水，增加空气湿度，可延长花期。夏季需要遮阴。

秋冬花事 秋季的时候需要施一些肥饼，以便充实花芽。每年 10—11 月间，夏蜡梅瘦果外壳由绿转黄，内部种子呈棕黑色时，即可采收。取出种子，阴干后贮藏。冬季停止浇水。

08

Spiraea japonica

粉花绣线菊

别名：蚂蟥梢、火烧尖、日本绣线菊。蔷薇科绣线菊属落叶灌木。枝条开展细长，圆柱形；冬芽卵形，叶片卵形至卵状椭圆形，上面暗绿色，下面色浅或有白霜；复伞房花序，花朵密集，苞片披针形至线状披针形，花瓣卵形至圆形，粉红色；6—7月开花，8—9月结果。有时有2次开花。生态适应性强，可以丛植于山坡路旁、水岸、石边、草坪角隅等，也可植于建筑物周围作基础栽植，起到点缀或美化作用。

08日 | 7月

星期____

花事记

今日花事

耐瘠薄、不耐湿，在湿润、肥沃富含有机质的土壤中生长茂盛，生长季节需水分较多，但不耐积水。

春夏花事 播前先将盆土洇透水，然后均匀地撒上种子，覆一层过筛细土，以后注意保湿，约 1 个月时间出苗。播种苗行距 50～60 厘米，南北行向为宜，覆土 2～3 厘米。另外，由于播种苗易患立枯病，因此，发病前喷波尔多液进行防治。扦插繁殖。六月中旬，采集当年生嫩枝，插穗长度为 10 ～ 12 厘米，均不带顶芽，剪穗带 4 ～ 5 个芽，穗粗 0.2 厘米以上，保留上端 2 ～ 3 节叶片。在生根粉溶液中泡底部 3 ～ 5 分钟，然后扦插于苗床上。

秋冬花事 秋天种子成熟后，采摘、晒干、脱粒、贮藏。叶落后可对枝条进行修剪。

09

Scutellaria scordifolia

并头黄芩

唇形科黄芩属多年生草本植物。根茎斜行或近直伸，节上生须根；茎直立，高 12 ～ 36 厘米，四棱形，基部粗 1～2 毫米，常带紫色，在棱上疏被上曲的微柔毛，或几无毛，不分枝，或具或多或少或长或短的分枝。花冠蓝紫色，长 2 ～ 2.2 厘米，外面被短柔毛，内面无毛。花期 6—8 月，果期 8—9 月。根可入药，微苦，凉。入肺、膀胱二经，有清热解毒、泻热利尿作用。

09 日 | 7 月 | 星期____

花事记

今日花事

耐旱怕涝，雨季需注意排水，田间不可积水，否则易烂根。遇严重干旱时或追肥后，可适当浇水。

春夏花事 直播多于春季进行，一般在地下 5 厘米地温稳定在 12 ～ 15℃时播种，北方地区多在 4 月上中旬前后。苗高 10 ～ 15 厘米时，追肥 1 次，施用量为每亩用腐熟人畜粪水 1500 ～ 2000 千克。6 月底至 7 月初，每亩追施过磷酸钙 20 千克、尿素 5 千克，行间开沟施下，覆土后浇水。

秋冬花事 耐寒，冬季地上部分枯死。

10

Gaura lindheimeri

山桃草

柳叶菜科山桃草属多年生宿根草本植物。叶无柄，椭圆状披针形或倒披针形；多花型，花蕾白色略带粉红，初花白色，谢花时浅粉红，成密生的穗状花序，花序较长；蒴果坚果状，狭纺锤形，熟时褐色，具明显的棱。花期5—8月。极具观赏性，适合群栽，供花坛、花境、地被、盆栽、草坪点缀，适用于园林绿地，多成片群植，也可用作庭院绿化。也可作插花。

10日 | 7月 星期___

花事记

今日花事

较耐寒，喜凉爽及半湿润气候，要求阳光充足、肥沃、疏松及排水良好的沙质壤土。

春夏花事 播种或分枝法繁殖，春播、秋播均可。发芽适温 15 ～ 20℃，生长强健。春季保持土壤湿润，夏季需遮光，注意排水。

秋冬花事 秋季播种，小苗需低温春化。发芽温度 8 ～ 20℃，发芽天数 12 ～ 20 天。生长温度 15 ～ 25℃。一般秋天播种，翌年春夏开花。北方需温室内培育。

11

Hyperium ascyron

黄海棠

金丝桃科金丝桃属多年生草本植物。茎直立或在基部上升；叶无柄，叶片披针形或椭圆形；花顶生；蒴果为或宽或狭的卵珠形；花期7—8月，果期8—9月；种子棕色或黄褐色。全草药用，民间亦有用叶作茶叶代用品冲泡饮用。花朵较大，花色鲜艳，花期较长，可供观赏，为优良的宿根花卉。

11 日 | 7月 | 星期__

花事记

今日花事

喜温暖和阳光照射的气候环境，最适宜生长温度为 18 ～ 25℃。

春夏花事 在播种前，用 30 ～ 35℃的温水浸泡种子。种子刚放入温水中时要不断地搅动，水凉了以后，继续浸泡 24 ～ 48 小时，再把种子捞起来用湿毛巾包裹，放在 19 ～ 20℃的恒温条件下催芽。把膨大的种子点播在苗床内，用细孔喷壶喷透水，种子上面覆盖一层细沙土。注意不能盖土过厚，过厚对种子萌发不利。播种后，苗床上要用玻璃覆盖，把苗床置于温暖的地方养护。苗床温度控制在 18 ～ 20℃，一般 15 ～ 20 天，种子开始萌发。

秋冬花事 如果在开花期缺肥，可用 0.2% 的磷酸二氢钾进行叶面喷施。这样施肥的结果，植株不但生长繁茂，而且所有新芽都能孕蕾开花。冬季地上部分枯死，可以剪除留宿根于花盆中，土壤保持湿润即可。

12

蝟实

Kolkwitzia amabilis

忍冬科蝟实属多分枝直立灌木。叶椭圆形至卵状椭圆形，叶片上面深绿色，两面散生短毛。苞片披针形；花冠淡红色，花药宽椭圆形；花柱有软毛。5—6月开花，8—9月结果。果实密被黄色刺刚毛。为中西部特色花木。引入美国栽培，被誉为“美丽的灌木”。蝟实花密色艳，花期正值初夏百花凋谢之时，故更感可贵。宜露地丛植，亦可盆栽或作切花。

12日 7月

星期＿＿

花事记

今日花事

具有耐寒、耐旱的特性，在相对湿度过大、雨量多的地方，常生长不良，易患病虫害。

春夏花事 春季 4 月左右可播种，亦可扦插繁殖。春季 3—4 月选取蜡实 1 年生木质化、半木质化枝条，剪成 10 厘米左右长的插条，下端剪成斜面，用生根剂处理后扦插于苗床。浇适量水，每天喷水 4 ～ 5 次，保持土壤湿润，经过 40 天左右即可生根成活。

秋冬花事 9—10 月采摘果实。秋天施 1 次腐熟的有机肥，以保证花芽生长发育的需要，促使其花繁叶茂。冬季采摘种子进行沙藏。可在最低温度 -20℃地区露地越冬。

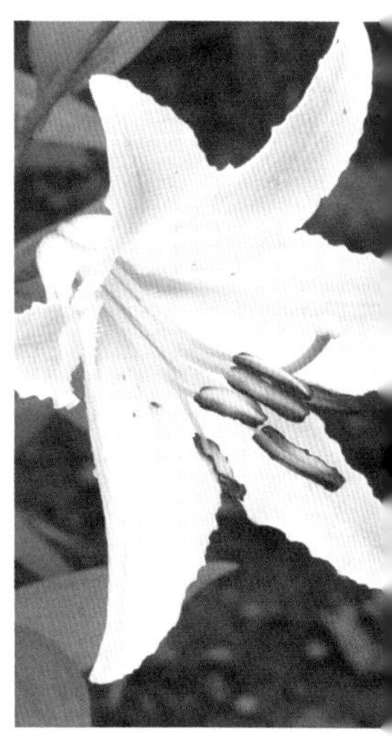

13

东方百合

是百合科百合属各原生种的杂交品种，多年生球根花卉。鳞茎卵球形；叶宽短，有光泽；花形较大，具有特殊香味，有白、粉、浅粉和浅黄等色。花期5—8月，其花朵大型、色彩丰富、气味芳香而为人们所青睐，成为国际花卉市场的主流产品。

13日 7月

星期___

花事记

今日花事

喜冷凉、湿润、半阴环境，适宜肥沃、疏松土壤。

春夏花事 栽植之前先给土壤浇 1 次水或采取遮光等降温措施，以保证土壤有一定含水量和较低的温度，一般小球的种植深度稍浅些，大球稍深些。最佳生长温度是 15 ～ 25℃，白天温度可升至 20 ～ 25℃，如果低于 10℃则生长缓慢。在高温（>25℃）强光的夏季，可用遮阴网、风机湿帘等设施降温，保证良好的生长环境，防止造成花茎短，花朵品质下降。

秋冬花事 霜降后割去地上部分，挖出鳞茎，晾晒两天，在室内贮存越冬。茎腐病、根腐病发病后植株茎部或根部变褐腐烂，严重的导致植株死亡。栽培中注意降低温、湿度，加强空气流通，增加土壤透气性、排水性。发病初期喷施 25% 甲霜灵可湿性粉剂 800 倍液或 25% 地菌灵可湿性粉剂 600 倍液灌根防治。

14

凌霄

Campsis grandiflora

紫葳科凌霄属攀缘藤本植物。老干扭曲盘旋、苍劲古朴。其花色鲜艳，芳香味浓，且花期很长，一般5—8月均可开花，故而可作室内的盆栽藤本植物，且可根据种花人的爱好，装扮成各种图形，是一种受人喜爱的地栽和盆栽花卉。

14日 7月

星期____

花事记

今日花事

生性强健，性喜温暖；有一定的耐寒能力；生长喜阳光充足，但也较耐阴。

春夏花事 移栽一般在 3 月进行，中国南方地区也可在秋季进行移栽。栽后浇一次透水。自 5 月起，减少氮肥施用，改施以磷、钾肥为主的肥料，促其花芽分化、孕蕾。6 月起每隔 7 ～ 10 天，叶面喷施一次 0.2% 磷酸二氢钾肥液，以利越冬。

秋冬花事 冬季不施肥。可在冬季进行一次修剪，剪去枯枝、过密枝、病虫枝，以增加其内部的通风透光，并保持优美的树形。

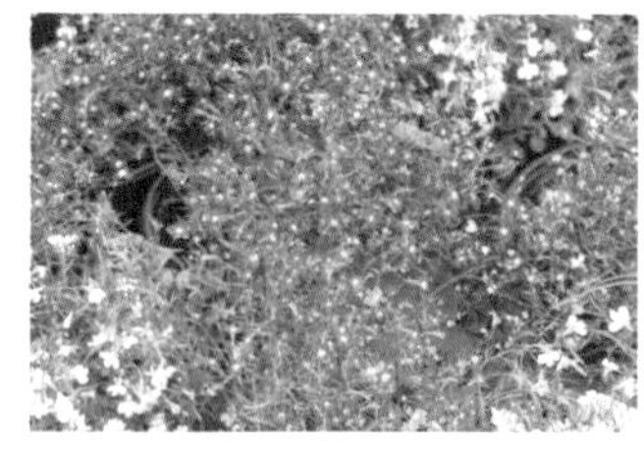

15

Lobelia erinus

六倍利

别名：山梗菜。桔梗科半边莲属草本植物。一年生栽培，半蔓性，铺散于地面上；叶对生，多叶，下部叶匙形，上部叶倒披针形，近顶部叶宽线形而尖；总状花序顶生，小花有长柄，花冠先端五裂，下3裂片较大，形似蝴蝶展翅，花色有红、桃红、紫、紫蓝、白等色。花期7—9月。特有的蓝色花品种是春季花坛花的一个重要品种。

15日 | 7月

星期____

花事记

今日花事

需要在长日照、低温环境下才会开花。耐寒力不强，忌酷热，喜富含腐殖质的疏松壤土。

春夏花事 室内盆播，需要选择疏松、排水性良好、富含腐殖质的沙质壤土。种子细小，不需要覆土。1—3 月播种，种子在 22℃下播种后 20 天可以发芽。7 月以后开花。生长期间，可以每 7 ～ 10 天浇水一次，浇就要浇透，基本上是遵循干透湿透的原则来浇水。施肥的时候，需要根据六倍利的生长需求来进行。

秋冬花事 摘心修剪是控制株型的一种简单的方法，在生长期间进行摘心，促进侧芽的生长，分枝多，花芽也就多。冬季天气寒冷的时候，可以不放在室内过冬，但要注意，其不耐霜寒，应避免其受冻。

16 *Agapanthus africanus*

百子莲

石蒜科百子莲属多年生草本。株高50～70厘米。具短缩根状茎；叶二列基生，舌状带形，光滑，浓绿色；花葶自叶丛中抽出，高40～80厘米；自然花期7—9月；果熟期8—10月。蒴果，含多数带翅种子。可做切花，也可以作为插花、瓶花用材。

16日 7月

星期＿＿

花事记 ________________________________

今日花事

喜温暖、湿润和阳光充足的环境。

春夏花事 春季新叶萌动前，施一次氮、磷、钾比例为1 ：1 ：2 的液体肥料。夏季高温阶段，每天要喷水 1 ～ 2 次。在气温超过 30℃的情况下，要为百子莲遮阴。

秋冬花事 秋季花后分株，可以骨粉作为基肥。基质宜选用富含腐殖质的沙质壤土，在使用前最好先用甲醛熏蒸灭菌杀虫。冬季低温阶段，大约间隔 4 周喷水一次。百子莲不耐低温，越冬温度不宜低于 5℃。北方需温室越冬。

百子莲常见叶斑病、红斑病。叶斑病可用 70% 甲基托布津可湿性粉剂 1000 倍液喷洒防治；红斑病的防治应注意在浇水时防止水珠滴在叶面，发病时喷 1 次 600 倍的百菌清水溶液，效果较好。

17

大丽花

Dahlia pinnata

菊科大丽花属多年生球根草本植物。植株高大，多分枝；头状花序，一个总花梗上可着生数朵花，花色有深红、紫红、粉红、黄、白等多种颜色；花形富于变化，并有单瓣与重瓣之分，在适宜的环境中一年四季都可开花。可布置花坛、花境等处，还可盆栽观赏或做切花使用。

17日 7月 星期＿＿

花事记

今日花事

喜阳光，宜温和气候，生长适温为 10 ～ 25℃。既怕炎热，又不耐寒。

春夏花事 早春 3—4 月土壤解冻后，把母株取出，抖掉多余的土，把盘结在一起的根系尽可能地分开，用锋利的小刀剖开成两株或两株以上，分出来的每一株都要带有相当的根系，并对其叶片进行适当修剪，以利于成活。

扦插繁殖。大丽花的顶芽、腋芽及脚芽萌发后都可以扦插发根，以脚芽苗长势旺，抗病虫力强。一般在 3 月上旬把块茎栽入素砂盆中，保持湿润，放在室温 15℃以上处催芽。待脚芽长出 2 片真叶时，从块根上掰下，插入素沙中催根，每天喷水 2 ～ 3 次，20 多天即可生根。

秋冬花事 在晚秋、冬季要放在室内养护观赏，最好放在东南向的门窗附近，以尽可能地延长花期和增加开花数量。

18

Hemerocallis hybridus

大花萱草

阿福花科萱草属多年生宿根草本植物。根状茎粗壮，肉质根；叶基生，背面有龙骨突起，嫩绿色。聚伞花序或圆锥花序，有花枝；花大，漏斗形、钟形、星形等；花药黄色、红色、橙色或紫色等多种颜色；子房上位，纺锤形。果实呈嫩绿色，蒴果背裂。5—10月开花。适应性强，品种繁多，花期长，花型多样，花色丰富，可谓色形兼备，是园林绿化中的好材料，亦可用作切花、盆花来美化家居。

18日 | 7月

星期＿＿

花事记

今日花事

耐旱、耐寒、耐积水、耐半阴，对土壤要求不严，适应能力强。适宜温度为 13 ～ 17℃。

春夏花事 分株分割其丛块是最常用的繁殖方法。该方法操作简单，可将母株丛全部挖出，重新分栽；或者是由母株丛一侧挖出一部分植株做种苗，留下的继续生长。移植适宜在早春 3 月初萌芽前进行。大花萱草分蘖能力较强，株行距均须保持 25 ～ 30 厘米。花期较长，对氮、磷、钾的需求量较大，施足基肥外，应根据不同生长阶段的不同需求进行根外追肥。一般施肥每年分 3 ～ 4 次进行。

秋冬花事 冬季地上部分枯萎，栽培品种在东北地区可安全越冬。

19

南非万寿菊（蓝目菊）

Osteospermum ecklonis

南非万寿菊又称蓝目菊，别名：非洲雏菊。菊科骨子菊属一年生草本植物。基生叶丛生，茎生叶互生，长圆形至倒卵形，通常羽裂，全缘或少量锯齿，叶面幼嫩时有白色绒毛；舌状花白色，先端尖，背面淡紫色，盘心蓝紫色，有单瓣、重瓣之分。花期夏秋季。

19 日 | 7月 | 星期＿＿

花事记

今日花事

不耐寒，忌炎热，适宜温度 18 ～ 26℃，喜向阳环境。宜栽于排水良好的土壤中。

春夏花事 盆栽以壤土和腐叶土各半，并加入适量河沙。适当浸种可以促进发芽，提高发芽率。种皮软薄的可用冷水浸种，种皮较厚的可用温水或热水浸种，很细小的种子可以不浸种。播种后用细喷头浇透底水，水滴的大小以不冲击土表、保持土表平整为好。浇水后再用杀真菌的药剂浇灌一遍，常用的药剂是百菌清。

秋冬花事 种子成熟后适时采收。种子细小，晾晒时要注意遮风。

20

Belamcanda chinensis

射干

鸢尾科射干属多年生草本植物。叶互生，嵌迭状排列，剑形，基部鞘状抱茎；花序顶生，叉状分枝，花梗及花序的分枝处均包有膜质的苞片，苞片披针形或卵圆形；花橙红色，散生紫褐色的斑点；蒴果倒卵形或长椭圆形，黄绿色，顶端无喙，常残存有凋萎的花被，成熟时室背开裂，果瓣外翻，中央有直立的果轴；种子圆球形，黑紫色，有光泽。花期6—8月，果期7—9月。根状茎药用，味苦、性寒、微毒，能清热解毒、散结消炎、消肿止痛、止咳化痰。

20日 | 7月

星期___

花事记

今日花事

喜温暖和阳光，耐干旱和寒冷。

春夏花事 用塑料小拱棚育苗可于 1 月上、中旬按常规操作方法进行。将混沙贮藏的裂口种子播入苗床，覆上一层薄土，每天早晚各喷洒 1 次温水，1 星期左右便可出苗。出苗后加强肥水管理，到 3 月中、下旬就可定植于大田。

秋冬花事 秋季当土壤含水量下降到 20%，植株叶片呈萎蔫状态时浇水一次。秋季锈病多发，叶片呈褐色隆起。初期喷 95% 敌锈钠 400 倍液，每 7 ～ 10 天喷 1 次，连续 2 ～ 3 次即可。

21 *Trollius chinensis*

金莲花

毛茛科金莲花属一年生或多年生草本植物。叶圆形似荷叶；花形近似喇叭；萼筒细长，常见黄、橙、红色。花期6—7月。有变种矮金莲，株形紧密低矮，枝叶密生，株高仅达30厘米，极适宜盆栽观赏。花具药用功能，可清热解毒。

21 日 | 7月 | 星期___

花事记

今日花事

喜冷凉湿润环境。

春夏花事 一般于 3 月播种，将其点播在装有素沙的浅盆中，上覆细沙，厚约 1 厘米，播后放在向阳处保持湿润，10 天左右出苗。幼苗 2 片真叶时分栽上盆。每隔 3 ～ 4 周施一次 10% ～ 15% 饼肥水。夏天每天浇一次水。花后把老枝剪去，待发出新枝开花。对已经衰老的植株，当气温达 10℃以上时，可从基部剪去上部枝叶，施入 20% 腐熟的人粪肥，放入 7℃左右的温室内，促使重新发枝，形成新株丛。

秋冬花事 北方 10 月中旬入室，南方 11 月上旬入室，放在向阳处养护，室温保持 10 ～ 15℃。

22 *Nelumbo nucifera*

莲
（荷花）

莲又称荷花，莲科莲属挺水植物。地下茎长而肥厚，有长节，叶盾圆形较大；花单生于花梗顶端，花瓣多数，嵌生在花托穴内，粉红、白等色，或有彩纹、镶边；坚果椭圆形，嵌入莲蓬中，种子卵形。花期6—8月。荷花被称为“活化石”，是被子植物中起源最早的植物之一。被赋予“中通外直，不蔓不枝，出淤泥而不染，濯清涟而不妖”的高尚品格，历来为诗人墨客歌咏绘画的题材之一。

22日 | 7月
星期____

花事记

今日花事

荷花是水生植物，生长期内时刻都离不开水。

春夏花事 生长前期，水层要控制在 3 厘米左右，水太深不利于提高土温。如用自来水，最好另缸盛放，晒 1 ～ 2 天再用。夏天是荷花的生长高峰期，盆内切不可缺水。荷花的肥料以磷、钾肥为主，辅以氮肥。

秋冬花事 入冬以后，将盆放入室内或埋入冻土层下即可，黄河以北地区除埋入冻土层以下还要覆盖农膜，整个冬季要保持盆土湿润。

23 *Stellera chamaejasme*

狼毒

别名：续毒，川狼毒。瑞香科狼毒属多年生草本植物。叶子长圆形，轮生；花单性，粉色、黄色等；结蒴果，扁圆形。花期 4—6 月。多见于我国青藏高原、黄土高原，其根、茎、叶均含大毒，可制成药剂外敷，能消积清血。亦可做农药，用以防治螟虫、蚜虫。但人畜绝不能食之。其根系越发达，毒性越大。华北地区的百姓俗称其黄色品种“闷头黄花”。

23日 7月

星期___

花事记

今日花事

生于海拔 100 ～ 600 米的草原、干燥丘陵坡地、多石砾干山坡及阳坡稀疏的松林下。

春夏花事 根系大，吸水能力极强，周围的草本植物很难与之抗争。在高原上狼毒泛滥，最重要的原因则是人们放牧过度，其他物种少了，狼毒乘虚而入。

秋冬花事 能适应干旱寒冷气候。

24

Diascia barberae

双距花

玄参科双距花属多年生草本植物。植株高25～40厘米，茎细长。单叶对生，叶片三角状卵形；花序总状，小花有两个距；花色丰富，有红、粉、白等。花期6—10月。

24日 7月

星期____

花事记

今日花事

适合全日照或半日照环境，夏季需避开强光，移至阴凉处栽培。

春夏花事 4—6月播种。可选10～15厘米口径花盆，放疏松腐殖质土，每容器播种4～6粒，薄薄覆一层蛭石土。保持湿润。每枝花序凋谢后，应剪除以促进分枝生长、延续开花，或在盛开过后全株进行一次强剪，以促进新生。扦插可剪5～7厘米长枝条，先水插促进长根后再植入基质中。不论播种或扦插，应在苗株生长发育阶段进行摘心，可促进株型更加繁茂。梅雨季等高湿季节注意灰霉病发生。

秋冬花事 要注意勿让植株过于拥挤，以避免因通风不良发生病害。霜冻前移入室内，控制水量。

25

Salvia farinacea

蓝花鼠尾草

唇形科鼠尾草属多年生草本植物。丛生，株高 30 ~ 60 厘米；分枝较多，有毛，茎下部叶为二回羽状复叶，茎上部叶为一回羽状复叶，具短柄；轮伞花序组成圆锥花序，花色为蓝色、淡蓝色、淡紫色、淡红色或白色。花期 4—10 月。

25 日 | 7 月

星期___

花事记

今日花事

喜光照充足和湿润环境，耐旱性好，耐寒性较强，怕炎热。

春夏花事 基质用草炭、珍珠岩、蛭石以7：2：1混配。再用50%多菌灵可湿性粉剂600倍溶液浸透基质，覆膜闷2天后晾3天。将种子播入然后覆一层薄薄的蛭石，再覆薄膜。发芽适温为20～23℃，发芽天数5～8天。

秋冬花事 为使植株根系健壮和枝叶茂盛，不断施肥非常重要，花前增施磷、钾肥1次，花后摘除花序，仍能抽枝继续开花。猝倒病在出苗后用50%百菌清可湿性粉剂800倍液，或70%甲基托布津可湿性粉剂1000倍液喷雾防治，每隔7天喷1次，连续3～4次。

26

藿香蓟

Ageratum conyzoides

菊科藿香蓟属一年生草本植物。茎粗壮，基部径 4 毫米，不分枝或自基部或自中部以上分枝。全部茎枝淡红色，或上部绿色，叶对生，有时上部互生，卵形或长圆形。头状花序在茎顶排成紧密的伞房状花序，花冠淡紫色。花果期 4—10 月。

26 日 | 7 月 | 星期___

花事记

今日花事

喜温暖、阳光充足的环境。对土壤要求不严。不耐寒，在酷热下生长不良。分枝力强。

春夏花事 4月初播种，培养土应以农肥、园田土各半，掺入少量的腐叶土，混合均匀后过筛。少量育苗可用花盆。将培养土装入盆内，压实后浇透水，待水渗下后，将种子均匀撒播湿土上。覆土不可过厚，以能盖严种子即可。盆土保持湿润。约10天左右可出苗。

秋冬花事 藿香蓟花期长，要保持株型矮、紧凑，多花美观，必须进行多次摘心，一般要摘心打尖3～4次。要形成圆整的株型，各分枝顶端都能形成花蕾，同期开花，使其枝叶繁茂，花多色艳。霜冻前移入室内，可继续开花。

27

Monochoria korsakowii

雨久花

雨久花科雨久花属水生草本植物。茎直立，全株光滑无毛，基部有时带紫红色。叶基生和茎生；基生叶宽卵状心形，全缘；叶柄有时膨大成囊状；茎生叶叶柄渐短，基部增大成鞘，抱茎。总状花序顶生，花被片椭圆形，蓝色。花期7—8月。

27 日 | 7月 星期____

花事记

今日花事

喜光照充足，稍耐荫蔽。为了保证开花繁茂，每天应保证植株接受 4 小时以上的直射日光。

春夏花事 土壤解冻后进行分株繁殖。把母株从花盆内取出，把盘结在一起的根系尽可能地分开，用锋利的小刀把它剖开成两株或两株以上，分出来的每一株都要带有相当的根系。把分割下来的小株在百菌清 1500 倍液中浸泡消毒 5 分钟后取出晾干，即可上盆。分株装盆后灌根或浇一次透水。

秋冬花事 花期追施钾肥，用可腐性纸袋装好后塞入泥中。冬季要清除枯枝落叶，预防病虫害的发生。

28

Zinnia elegans

百日菊

菊科百日菊属一年生草本植物。叶宽卵圆形或长圆状椭圆形，两面粗糙，下面被密的短糙毛，基出三脉。头状花序单生枝端，总苞宽钟状；总苞片多层，宽卵形或卵状椭圆形。舌状花深红色、玫瑰色、紫堇色、黄色、白色等。花期6—9月，果期7—10月。

28日 | 7月

星期 ___

花事记

今日花事

喜温暖，不耐寒，喜阳光，怕酷暑，性强健，耐干旱，耐瘠薄。

春夏花事 4 月上旬至 6 月下旬，种子消毒用 1% 高锰酸钾液浸种 30 分钟。基质用腐叶土 2 份、河沙 1 份、泥炭 2 份、珍珠岩 2 份混合配制而成，用 0.05% 高锰酸钾或 1000 倍甲醛消毒。基质湿润后点播，播种后须覆盖一层蛭石。在 21 ～ 23℃时，3 ～ 5 天即可发芽。

秋冬花事 开花期间继续施入磷酸二氢钾等磷钾肥，促使花头不断长出。花凋谢后要及时剪除枯花头，以减少养分流失。

易发黑斑病。在发病初期喷施针对性药物 50% 代森锌或代森锰锌 5000 倍液。若 80% 代森锰锌湿粉剂 600 倍液加新高脂膜喷雾，可大大提高农药的有效成分率。喷药时，要特别注意叶背表面喷匀。

29

Salvia splendens

一串红

唇形科鼠尾草属草本植物。茎钝四棱形，具浅槽，无毛。叶卵圆形或三角状卵圆形，上面绿色，下面较淡，轮伞花序2～6花，组成顶生总状花序，花萼钟形，红色，下唇比上唇略长，深2裂。小坚果椭圆形，长约3.5毫米，暗褐色，顶端具不规则极少数的皱褶突起，边缘或棱具狭翅，光滑。花期5—10月。

29日 | 7月 星期＿＿

花事记

今日花事

喜阳，也耐半阴，一串红要求疏松、肥沃和排水良好的沙质壤土。

春夏花事 应在 3 月初将种子播于温室或温床。播种床内施以少量基肥，将床面平整并浇透水，水渗后播种，覆一层薄土。播种后 8 ～ 10 天种子萌发。生长约 100 天开花。为了防止徒长，要少浇水、勤松土，并施追肥。

秋冬花事 种子易自行剥落，需要及时采集。霜冻前可以移到室内，继续开放。一串红易发生红蜘蛛、蚜虫等虫害，可喷氧化乐果乳剂 1500 倍液防治。

30

Platycodon grandiflorus

桔梗

桔梗科桔梗属多年生草本植物。叶全部轮生、部分轮生至全部互生，无柄或有极短的柄，叶片卵形，卵状椭圆形至披针形。花暗蓝色或暗紫白色。花期7—9月。其根可入药，有止咳祛痰、宣肺、排脓等作用。

30日 | 7月 | 星期___

花事记 ______

今日花事

喜凉爽气候，耐寒、喜阳光。

春夏花事 将种子置于温水中，浸泡 8 小时，种子用湿布包裹，每天早晚用温水冲洗一次，约 5 天，待种子萌动时即可播种。种子均匀播于沟内，因种子细小，播时可用细砂和种子拌匀后播种，播后盖土或火灰，干旱地区播后要浇水保湿。当苗高约 2 厘米时进行间苗。

秋冬花事 易患根腐病，为害根部。受害根部出现黑褐斑点，后期腐烂至全株枯死。防治方法是用多菌灵 1000 倍液浇灌病区。9 月果实变色后采摘，晾干打下种子，干燥保存。可保存两年。

31

Celosia cristata

鸡冠花

别名：鸡髻花、芦花鸡冠。苋科青葙属一年生草本植物。夏秋季开花。单叶互生，具柄；叶片先端渐尖，基部渐窄成柄，全缘。粗壮，分枝少，近上部扁平，绿色或带红色，有棱纹凸起。种子肾形，黑色，光泽。花果期 7—9 月。

31 日 | 7 月 | 星期＿＿

花事记

今日花事

喜温暖干燥气候，怕干旱，喜阳光，不耐涝，一般土壤庭院都能种植。

春夏花事 清明后播种。选好地块，施足基肥，耕细耙匀，整平作畦，将种子均匀撒于畦面，略盖严种子，踏实浇透水，一般在气温 15 ～ 20℃时，10 ～ 15 天可出苗。如果天气干旱，要适当浇水，雨季低洼处严防积水。

幼苗期一定要除草松土，不太干旱时，尽量少浇水。苗高尺许，要施追肥一次。

秋冬花事 抽穗后可将下部叶腋间的花芽抹除，以利养分集中于顶部主穗生长。花后期种子成熟，可直接从花序下部搓下种子，不影响花序观赏。

01 *Gazania rigens*

勋章菊

菊科勋章菊属多年生草本植物。叶由根际丛生，叶片披针形或倒卵状披针形，叶背密被白毛，叶形丰富。头状花序单生，舌状花和管状花两种，花色丰富多彩，有白、黄、橙红等色，花瓣有光泽，花心处多有黑色、褐色或白色的眼斑。5—10月开花。因花朵形态酷似勋章，所以名为勋章菊。

01日 | 8月 | 星期___

花事记

今日花事

喜阳光，喜生长于较凉爽的地方，耐旱，耐贫瘠土壤。

春夏花事 4 月春播，量少也可盆播。撒播种子后上面覆盖细土 0.8 厘米左右。发芽适温 16 ～ 18℃，播后 14 ～ 30 天发芽。苗具 1 对真叶时移植到 4 厘米种苗盘。或开沟按 8 厘米的株行距栽下种苗。苗期控制室温 15 ～ 25℃，土壤水分控制适中，要充分见光。

秋冬花事 常见有根腐病为害，可用 50% 根腐灵可湿性粉剂 800 倍液喷洒防治。种子成熟后摘取果实，晒干后置于通风干燥处以备第二年播种。

02

Rosa rugosa

玫瑰

蔷薇科蔷薇属灌木。茎上有密生的刚毛，小叶 5～9 枚，呈椭圆形或椭圆状倒卵形，香味浓郁、多次开花、花色瑰丽、花期长的特点，可夏秋赏花、秋季看果、冬春观枝，是市区园林美化的主要树种之一。

02 日 | 8 月 星期____

花事记

今日花事

喜阳光，耐寒，耐旱，也较耐涝。在肥沃和排水良好的中性质土中生长繁茂。

春夏花事 3月浇水一次，全株喷洒石硫合剂一次进行病虫害预防。繁殖常用扦插繁殖。3月初采集生长健壮、芽饱满，无病虫害及无机械损伤的1年生枝条。剪去插条上部细弱枝，然后自下而上剪成长10～12厘米、至少留有4～5个芽的插穗，插入苗床。插穗下端剪成光滑斜面，有利于生根。注意保持苗床潮湿。4月底揭去棚膜，搭好遮阴网，防止烈日暴晒。天气炎热潮湿时要注意通风防止发生白粉病。如发现患病，可用粉锈宁1500倍液全株喷洒，并做好植株通风。

秋冬花事 在冬季落叶休眠期进行修剪。留三分之一或二分之一的健壮枝，除掉老枝、枯枝、病枝和弱枝，促使基部萌发新枝。其花芽都着生于枝条顶端，因此，只能疏剪，不宜短截。8—10月要防治蚜虫爆发，少量时可人工去除虫枝然后焚毁；大量爆发时可使用灭蚜威50%可湿性粉剂3000倍液全株喷洒。

03

Apocynum venetum

罗布麻

夹竹桃科罗布麻属半常绿直立半灌木。叶对生，叶片椭圆状披针形至卵圆状长圆形。圆锥状聚伞花序顶生；苞片膜质，披针形；花萼深裂，裂片披针形或卵圆状披针形，两面被短柔毛，边缘膜质；花冠圆筒状钟形，紫红色或粉红色。花期4—9月。其茎皮有良好的抗拉、柔软、光滑等特性，根部可入药；也是良好的蜜源植物。

03 日 | 8月

星期___

花事记

今日花事

罗布麻耐热、耐旱、耐盐碱。叶子可泡茶饮用，有去火、去头晕的作用。

春夏花事 将种子装入布袋，用清水浸泡24小时，期间换水1～2次，届时取出摊开，厚度1～2厘米，放在15℃的地方，盖上潮湿的遮盖物，当有50%的种子露白即可播种。

秋冬花事 当果实从绿色变为黄色即将开裂时收割，稍加晾晒。待果实完全裂开时脱粒，再晾晒2～3天，除净杂质，装入布袋，置于阴凉通风干燥处保存。

04 *Gaillardia pulchella*

天人菊

菊科天人菊属一年生草本植物。茎直立；叶互生，或叶全部基生。头状花序；边花辐射状；总苞宽大，总苞片2～3层，覆瓦状，基部革质；花托突起或半球形，托片长刚毛状；舌状花黄色，基部带紫色，舌片宽楔形，顶端2～3裂；管状花裂片三角形，被节毛。瘦果，基部被长柔毛。花果期6—8月。

04日 8月

星期____

花事记

今日花事

性喜高温、干燥和阳光充足的环境。注意防涝。

春夏花事 5—6 月将种子放进温水中浸泡 3 小时以上，直到种子吸水并膨胀起来，把种子铺散在基质上面，上面盖上一层薄土。等到幼苗长出后，可以逐渐接受光照。大部分的幼苗长出了 3 片或 3 片以上的叶子后就可以移栽上盆了。

秋冬花事 对肥水要求较多，但要求遵循“淡肥勤施、量少次多、营养齐全”的施肥（水）原则，并且在施肥过后晚上要保持叶片和花朵干燥。秋季是它的生长旺季。进入开花期后适当控肥，以利种子成熟。种子 8—10 月成熟，剪下花序，晒干，打下种子，干燥保存。

05

Impatiens walleriana

苏丹凤仙花（非洲凤仙花）

苏丹凤仙花又称非洲凤仙花。凤仙花科凤仙花属多年生草本植物。全株肉质；无毛；茎粗，光滑，多分枝，单叶互生；茎上部叶或呈轮生，卵状披针形。花单生或数朵簇生于叶腋；花瓣基部衍生成矩，花色极为丰富。花期6—10月。

05日 8月

星期___

花事记

今日花事

喜温暖湿润的环境，不耐寒，怕霜冻，忌暴晒与雨淋。

春夏花事 5—6 月播种，盆土要选用疏松、肥沃的沙壤土，如用 1/2 的泥炭土或腐叶土配 1/2 的沙壤土加一些腐熟的饼肥粉或市售鸡粪肥更好。这样的基质，土质疏松、肥沃，更适宜植株生长，也有利于幼株根系的生长。幼苗 2 叶期时可先分苗 1 次，4 厘米左右高时定植于花盆。

秋冬花事 如果要使花期推迟，可在 7 月初播种。也可采用摘心的方法，同时摘除早开的花朵及花蕾，使植株不断扩大，每 15～20 天追肥 1 次。9 月以后形成更多的花蕾，使它们在国庆节开花。

06

Lobelia sessilifolia

山梗菜

桔梗科半边莲属多年生草本植物。根状茎直立，生多数须根；茎圆柱状，通常不分枝，无毛；叶螺旋状排列，在茎的中上部，较密集；无柄；叶片厚纸质，宽披针形至条状披针形；总状花序顶生，无毛；苞片叶状，窄披针形，比花短；花萼筒杯状钟形；花冠蓝紫色，近二唇形，外面无毛，内面具长柔毛；蒴果倒卵形。种子近半圆形，棕红色。花果期7—9月。全株入药。

06日 | 8月 星期___

花事记

今日花事

需要在长日照、低温环境下才会开花。耐寒力不强，忌酷热，喜富含腐殖质的疏松壤土。

春夏花事 每 7 ～ 10 天浇水一次，基本上遵循“干透浇透”的原则。根据生长状态适当施肥。夏季防治红蜘蛛，可用克螨特 800 ～ 1000 倍液全株喷洒。

秋冬花事 冬季和早春时节日照时间较短的情况下需要进行人工补光，满足开花的光照条件。冬季天气寒冷的时候可以不放在室内过冬，但是要注意其不耐霜寒，要避免其受冻。

07

Hibiscus syriacus

木槿

锦葵科木槿属落叶灌木。枝密被黄色星状绒毛；叶菱形至三角状卵形；具深浅不同的3裂或不裂，先端钝，基部楔形，边缘具不整齐齿缺，下面沿叶脉微被毛或近无毛，生于枝端叶腋间；花萼钟形，密被星状短绒毛，裂片5，三角形；花朵色彩有纯白、淡粉红、淡紫、紫红等。花期7—10月。木槿是韩国和马来西亚的国花。常做庭院观赏树种。

07日 8月

星期___

花事记

今日花事

耐干燥和贫瘠，尤喜光和温暖潮润的气候。

春夏花事 5—6 月，选择 1 ～ 2 年生健壮未萌芽枝条，截成长 15 ～ 20 厘米的小段。扦插时备好一根小棍，按株行距预插小洞，再将木槿枝条插入，入土深度以 10 ～ 15 厘米为好，即入土深度为插条的 2/3，压实土壤，插后立即灌足水。注意扦插时不必施任何基肥。

秋冬花事 常见叶斑病和锈病为害，用 65% 代森锌可湿性粉剂 600 倍液喷洒。入冬前修剪，北方需做防寒处理。

08 *Verbascum thapsus*

毛蕊花

玄参科毛蕊花属二年生草本植物。基生叶和下部的茎生叶倒披针状长圆形，先端渐尖，基部渐狭成柄状，边缘具浅圆齿；上部茎生叶缩小为长圆形至卵状长圆形，基部下延成狭翅。穗状花序圆柱状，花密集；花梗短；苞片卵状披针形；花萼5裂几达基部，花冠黄色。花期6—8月。

08日 8月

星期___

花事记

今日花事

耐寒，忌炎热多雨。

春夏花事 春天萌发后要及时除草，追施一次有机肥。夏季多雨要及时排水。阳光强烈时要注意遮阳。

秋冬花事 初秋时播种。喜疏松肥沃，排水良好的沙质壤土。一般采用直播法，在整好的地上，开 1 米宽的垄沟，按株距 50 厘米，开穴两行，深约 7 厘米，施入有机肥，然后把种子与草木灰混合，均匀撒在田内。幼苗有 3 ～ 4 片叶时均苗，施一次有机肥。冬季地上植株枯萎，整地，等待明年继续萌发。粗放管理即可。

09 柳兰 *Chamerion angustifolium*

柳叶菜科柳兰属多年粗壮草本植物。直立，丛生；根状茎广泛匍匐于表土层，木质化；自茎基部生出强壮的越冬根出条；枝圆柱状，无毛；下部多少木质化。叶螺旋状互生，稀近基部对生，无柄；叶片披针状长圆形至倒卵形，线状披针形或狭披针形，两面无毛，边缘近全缘或稀疏浅小齿，稍微反卷；侧脉常不明显。总状花序，直立，无毛；苞片下部的叶状，上部的很小，三角状披针形；花蕾倒卵状；子房淡红色或紫红色，花管缺；萼片紫红色，长圆状披针形；蒴果密被贴生的白灰色柔毛；种子狭倒卵状，褐色，表面近光滑但具不规则的细网纹；灰白色，不易脱落。柳兰为火烧后先锋植物与重要蜜源植物；嫩苗焯水后可食用；根状茎可入药，能消炎止痛；全草含鞣质，可制栲胶。花期 6—9 月，果期 8—10 月。

花事记

今日花事

喜光植物，不耐炎热；耐寒性强，稍耐阴；适生于湿润肥沃、腐殖质丰富的土壤中。

春夏花事 在栽培地区一般 4 月上旬开始发芽，4 月中下旬生长，展叶，形成花序；始花期 5 月下旬，盛花期 6 月上旬至 9 月。早春和晚秋浇水可每周进行一次，在初夏和中秋浇水可以一天一次或者隔天浇一次。

秋冬花事 果实成熟期 9 月下旬至 10 月下旬。冬季浇水只要保持种植土湿润就可以了，而且水温要与室温相似，在阴雨天必须防止水在花盆内积聚，进入冬天追加一次稀释的有机花肥。

10

美人蕉

Canna indica

美人蕉科美人蕉属多年生草本植物。全株被蜡质白粉；具块状根茎；地上枝丛生；单叶互生；具鞘状的叶柄；叶片卵状长圆形；总状花序，花单生或对生；花冠大多红色，唇瓣披针形，弯曲；蒴果绿色，长卵形，有软刺。花果期3—12月。常做道边绿化植物或栽植于盆中供人观赏。根茎可入药。

10日 8月

星期____

花事记

今日花事

喜温暖气候和充足的阳光，不耐寒，怕强风和霜冻。对土壤要求不严。

春夏花事 块茎繁殖在3—4月进行。将老根茎挖出，分割成块状，每块根茎上保留2～3个芽，并带有根须，栽入土壤中10厘米深左右，浇足水即可。新芽长到5～6片叶子时，要施一次腐熟肥，当年即可开花。生长旺季每月应追肥3～4次。如在预定开花期前20～30天还未生出花蕾时，可叶面喷施0.2%磷酸二氢钾水溶液催花。在炎热的夏季，若浇的水温度太低也会造成叶边枯焦。如在盛暑时施肥过浓，会出现烧灼根茎使其“烧死”。

秋冬花事 深秋植株枯萎后，要剪去地上部分，将根茎挖出，晾晒2～3天，埋于温室通风良好的沙土中，不要浇水，保持5℃以上即可安全越冬。美人蕉常见病害为花叶病。被害的美人蕉叶片上，产生黄绿相间的条斑，与叶脉平行。病害严重时，叶缘的黄色条纹相互连接。可用40%乐果乳油1000倍液，或40%氧化乐果乳油1000倍液，或80%敌敌畏乳油1000倍液防治。盆栽美人蕉有时会出现叶边枯焦及发黄的病状，主要是因施硫酸亚铁过多或遭受干旱、烈日暴晒所致。

11

美洲矾根

Heuchera americana

虎耳草科矾根属多年生耐寒草本花卉。叶基生，叶片阔心型，深紫色；浅根系；花很小，呈钟状，红色，两边对称。花期 4—10 月。是良好的地被和花境材料。

11 日 | 8 月 星期___

花事记 ________________________________

今日花事

性耐寒，喜阳光，也耐半阴，在肥沃、排水良好、富含腐殖质的土壤中生长良好。

春夏花事 4—5 月间播种，将美国矾根种子撒播在准备好的基质表面，并在种子表面覆盖一层约 2 厘米厚的基质。播种后，浇透水。浇水时要避免基质和种子被水冲出，同时在后期管理中要保持基质表面湿润，大约 15 天后即可发芽。出苗后间苗 1 ～ 2 次。长到 3 ～ 5 片叶时可移入盆中。浇水遵循“见干见湿”的原则。夏天可以适当控制浇水。

秋冬花事 如果发现个别植株生长势减弱，或基质变得腐烂而不透气，可及时换盆。如果光照不足、光照时间短则会影响植株的生长，主要表现为叶色暗淡，不鲜艳。因此，寒冷时应将其栽植在向阳处或温室里。

12

Delphinium grandiflorum

翠雀

毛茛科翠雀属多年生草本植物。基生叶和茎下部叶有长柄；叶片圆五角形，三全裂；总状花序有 3 ~ 15 花；萼片紫蓝色，椭圆形或宽椭圆形；种子倒卵状四面体形，沿棱有翅。5—10 月开花。该种全草有毒，中毒后呼吸困难，血液循环障碍，肌肉、神经麻痹或产生痉挛现象。是珍贵的蓝色花卉资源，具有很高的观赏价值，并广泛用于庭院绿化、盆栽观赏和切花生产。

12 日 | 8 月

星期＿＿

花事记

今日花事

耐旱，喜阳性，耐半阴，耐寒，喜冷凉气候。注意防涝。

春夏花事 春季3—4月播种，先播入露地苗床，苗床应有小的坡度，以利于排水。幼苗发出2～4片真叶时移植，4～7片真叶时定植。

秋冬花事 花期及时补充磷肥和钾肥，可以增加开花数量并延长花期，从而提高翠雀的观赏价值。种子成熟后及时采摘。花芽的萌发需要春化作用。要把种子沙藏处理，准备来年种子萌发繁育。

13

Buddleja alternifolia

互叶醉鱼草

玄参科醉鱼草属灌木。叶枝上互生；在花枝上或短枝上的叶很小，椭圆形或倒卵形。花多朵组成簇生状或圆锥状聚伞花序；花芳香；花萼钟状，花萼裂片三角状披针形；花冠紫蓝色；蒴果椭圆状；种子多颗，狭长圆形，灰褐色，周围边缘有短翅。花期5—7月。花还有白、蓝、黄和粉等色，可布置花坛，宜在花径、山石旁丛植或做稀疏林下的地被植物，也可盆栽室内观赏。

13日 8月 星期___

花事记

今日花事

互叶醉鱼草地上部分无明显主干，丛状生长，分枝能力很强；根系发达，在干旱多风，空气湿度底，土层很薄甚至岩石裸露，生长条件很差的地方也可生长。自我生存能力强。

春夏花事 每年春季进行轻剪，孤植苗可修剪成伞形，其他种植方式可轻剪顶梢，防止春季失水而干枯，使其冠型优美、花枝繁茂。花后及时修剪残花枝，可促进营养生长。春季 4 月中旬进行育苗。干旱缺水时要及时灌溉补足水分。

秋冬花事 可在秋季（8 月初）播种，10 月底幼苗已长出 4 片真叶，苗高约 1 厘米，翌年按留床苗管理，秋季即可出圃。种子 8 月中下旬即可成熟采收，过迟则果实干裂脱落。

14

Lilium Asiatica Hybrida

亚洲百合

百合科百合属多年生宿根草本植物。鳞茎卵状球形；鳞片宽披针形，白色，有节或有的无节；茎有棱；叶散生。花3～5朵顶生，花色有橙红色、红色、黄色等众多颜色。自然花期6—7月，人工花期可全年。

14日 | 8月 | 星期___

花事记

今日花事

百合是高档的鲜切花，把将要开发的百合从基部剪下，插入花瓶中，适宜摆放各种环境。

春夏花事 春季购买的种球应尽快栽植。种植盆栽百合要求基质通透性良好，中等肥力，无杂菌，低盐分。亚洲系要求土壤 pH6 ～ 7。浇水宜在早晨进行。经常检查花盆是否积水，若积水应及时处理。百合生长的相对湿度应保持在 70% ～ 85%，剧烈变化会使叶片变焦。

秋冬花事 花谢后停止浇水。百合种球（鳞茎）一般在切花采收后 4 ～ 6 周从土中挖出，经去泥、消毒后晾干，保存于阴凉处。若拟留待较长时间后播种，应置冷库低温贮藏，以免发芽。

15

Tarenaya hassleriana

醉蝶花

白花菜科醉蝶花属一年生草本植物。掌状复叶互生；总状花序顶生，边开花边伸长；花瓣淡紫色，具长爪；花朵盛开时，总状花序形成一个丰满的花球，朵朵小花犹如翩翩起舞的蝴蝶，非常美观。花期在6—9月，果期夏末秋初。可作装饰或园林观赏植物，也可提取精油。

15日

8月

星期___

花事记

今日花事

适应性强。性喜高温，较耐暑热，忌寒冷。喜阳光充足地，半遮阴地亦能生长良好。

春夏花事 春季 4—5 月播种。先用 25 ～ 30℃温水把种子浸泡 3 ～ 10 个小时，直到种子吸水并膨胀起来。然后种在基质的表面，覆盖基质 1 厘米厚。当大部分的幼苗长出了 3 片或 3 片以上的叶子后就可以移栽上盆了。

秋冬花事 当长长的硕果开始由绿色转成黄色时，便可以采收。采下的种子风干后，保存于阴凉处，留待下年再用。

16 *Alcea rosea*

蜀葵

锦葵科蜀葵属二年生草本植物。茎枝密被刺毛；叶近圆，心形，掌状 5 ～ 7 浅裂或波状棱角，裂片三角形或圆形；花腋生，排列成总状花序式；具叶状苞片；花大，有红、紫、白、粉红、黄和黑紫等色；蒴果，种子扁圆，肾脏形。花期 2—8 月，果期 8—9 月。全株可入药，是良好的花墙材料。

16日 8月 星期____

花事记

今日花事

喜阳光充足，耐半阴，但忌涝。耐盐碱能力强。

春夏花事 蜀葵幼苗易得猝倒病，所以对苗床土应加强管理，选用腐叶土，播种时拌药土。种子播种后约1周发芽，长出2～3片真叶时进行一次移植，加大株行距。移植后应适时浇水。开花前结合中耕除草施追肥1～2次，追肥以磷、钾肥为好。在华北地区一般当年播种，当年开花。蜀葵易杂交，为保持品种的纯度，不同品种应保持一定的距离间隔。

秋冬花事 因蜀葵种子成熟后易散落，应及时采收。栽植3～4年后，植株易衰老，因此应及时更新。蜀葵的分株在秋季进行，适时挖出多年生蜀葵的丛生根，用快刀切割成数小丛，使每小丛都有两三个芽，然后分栽定植即可。

防治红蜘蛛为害，可用1.8%阿维菌素乳油7000～9000倍液均匀喷雾防治；或使用15%哒螨灵乳油2500～3000倍液，均有较好的防治效果。

17

Ricinus communis

蓖麻

大戟科蓖麻属一年生或多年生草本植物。单叶互生；叶片盾状圆形；掌状分裂至叶片的一半以下。圆锥花序与叶对生及顶生，下部生雄花，上部生雌花；无花瓣；雄蕊多数，花丝多分枝；花柱深红色。蒴果球形，有软刺，成熟时开裂。花期5—8月，果期7—10月。全株可入药，种子可榨油。蓖麻子中含蓖麻毒蛋白及蓖麻碱，特别是前者，可引起中毒。

17日 | 8月 星期___

花事记

今日花事

植株高大，需要补施磷、钾肥，促进生长。

春夏花事 蓖麻一般在惊蛰至立夏两节气之间播种。在播种前，用 40 ～ 50℃温水把种子浸泡 24 小时后捞出，埋在湿润的沙子里。种子一般需要 5 ～ 7 天发芽，发芽后就可立即播种。蓖麻怕水渍，若在低洼地种植，事先要把地改成台地，台厢间开好排水沟。在荒地种植蓖麻，把斜坡改成环山带状梯台，以保持水土不流失和便于管理、采收。

秋冬花事 蓖麻黑斑病是蓖麻上常见病害，危害严重，会降低蓖麻产量和品质。主要为害叶片和果穗。必要时可喷洒针对性药剂加新高脂膜进行防治。把结果最多、成熟最早的蒴果采下来，放在阳光下晾晒脱粒，晒干后，装入筐或袋里，放在干燥通风处保存。霜雪较大的地方，在霜降前用稻草将蓖麻主茎包扎起来，到来年开春后除去。对已被冻坏的枝杈或主茎，可在离地面 35 厘米处锯断。

18

Quamoclit pennata

茑萝松

旋花科茑萝属一年生缠绕草本植物。单叶互生，羽状深裂，裂片线形，细长如丝。聚伞花序腋生，着花数朵，花从叶腋下生出，花梗长约寸余，上着数朵五角星状小花，鲜红色。花期 7—10 月。茑萝松清晨开花，太阳落山后，花瓣便向里卷起，成苞状。蒴果卵圆形，果熟期不一致；种子黑色，有棕色细毛。茑萝松极富攀缘性，花叶俱美，是理想的绿篱植物。也可盆栽陈设于室内，盆栽时可用金属丝扎成各种屏风式、塔式。

18日 | 8月

星期____

花事记

今日花事

喜光，喜温暖、湿润环境，不耐寒，能自播（一般由人工引种栽培），要求土壤肥沃。抗逆力强，管理简便。

春夏花事 4月播种，1周后可发芽。育苗45天左右露地定植，不可太长，否则秧苗长出的藤蔓会缠绕在一起。定植后浇一次透水即可。小苗移栽时，先挖好种植穴，在种植穴底部撒上一层有机肥料作为底肥（基肥），厚度约为4～6厘米，再覆上一层土并放入苗木，以把肥料与根系分开，避免烧根。放入苗木后，回填土壤，把根系覆盖住、踩实，浇一次透水。

秋冬花事 冬季植株进入休眠或半休眠期，要把瘦弱枝、病虫枝、枯死枝、过密枝等剪掉。并及时采收种子。

19 *Pentas lanceolata*

五星花

茜草科五星花属常绿灌木。叶卵形、椭圆形或披针状长圆形，顶端短尖，基部渐狭成短柄。聚伞花序密集，顶生；花二型，花冠有淡紫色、粉色、白色等多种颜色。花期夏秋。原产热带和阿拉伯地区；中国南部有栽培。适用于盆栽及布置花台、花坛及景观布置。

19 日 8月

星期___

花事记

今日花事

宜保持夜温在17～18℃以上，日温22～24℃以上。温度低于10℃，会使开花不整齐并延迟，或妨碍花朵的开放。

春夏花事 由于种子细小，故常培育穴盘苗进行栽植。常用富含腐殖质、排水良好、无菌的泥炭土作为基质。生长期间不宜过度浇水，同时应避免栽培基质积水，以免诱发根腐病。

秋冬花事 光线愈强，植株愈紧密、矮壮，因此在弱光、短日照的冬季，应注意补充光照。在蚜虫发生的季节，用200倍左右的万灵或杀灭菊酯进行防治。介壳虫的防治：结合花后修剪时，摘除虫枝或用药物防治。

20

Astilbe chinensi

落新妇

虎耳草科落新妇属多年生草本植物。根状茎暗褐色，粗壮；须根多数；茎无毛；基生羽状复叶；顶生小叶片菱状椭圆形；侧生小叶片卵形至椭圆形。圆锥花序，花序轴密被褐色卷曲长柔毛；苞片卵形；几无花梗，花密集，淡紫色至紫红色。蒴果长约 3 毫米，种子褐色。花果期 6—9 月。适宜种植在疏林下及林缘、墙垣半阴处，也可植于溪边和湖畔。可作切花或盆栽。盆栽和切花具有纯朴、典雅风采。

20日　8月

星期___

花事记

今日花事

性强健，耐寒，不耐暴晒。对土壤适应性较强，喜微酸、中性排水良好的沙质壤土，也耐轻碱土壤。

春夏花事 春季盆播，发芽温度 14～16℃，播后 25～30 天发芽。保持土壤湿润。播种后对种子进行遮阴，避免阳光直射。萌芽 3～4 周后，将幼苗 3～5 株一组分别移栽到大容器中。

秋冬花事 盆栽产品在 10 月初移植，植株根系就可在容器中生长牢固。控制浇水量，不要在刚移植时对植株施肥。冬天相对湿度过高或者植株叶片潮湿易引发灰霉病。

21

Hypericum longistylum

长柱金丝桃

金丝桃科金丝桃属落叶灌木。直立，有极叉开的长枝和羽状排列的短枝；茎红色；叶对生，狭长圆形至椭圆形或近圆形，上面绿色，下面多少密生白霜。花序1花，在短侧枝上顶生；萼片离生或在基部合生，在花蕾及结果时开张或外弯，苞片叶状；花星状；花蕾狭卵珠形，先端锐尖；花瓣金黄色至橙色，开张，倒披针形，螺旋桨状排列。蒴果卵珠形种子圆柱形，淡棕褐色，有明显的龙骨状突起和细蜂窝纹。花期5—7月，果期8—9月。

花事记

今日花事

长柱金丝桃喜光怕涝，注意排水。

春夏花事 种子细小，发芽率低。播种前要用温水浸泡，多数发芽后，在准备好的基质土上点播，覆土1毫米，保持湿润。幼苗避免暴晒，成株加大浇水量。

秋冬花事 10月采摘种子。待果实由绿转黄后，采摘晒干，打下种子。种子细小，注意防风，干燥保存。

22

Osmanthus fragrans

木犀（桂花）

木犀又称桂花，木犀科木犀属常绿灌木或小乔木。小枝黄褐色；叶片革质，椭圆形、长椭圆形或椭圆状披针形；聚伞花序簇生；花冠合瓣四裂，形小；果歪斜，椭圆形，呈紫黑色。花期9—10月上旬；果期翌年3月。其园艺品种繁多，自古就深受中国人的喜爱，被视为传统名花。其花可入药，也常被做成小吃。在现代园林中，常充分利用其枝叶繁茂、四季常青等优点，用作绿化树种。

22日 | 8月 星期＿＿

花事记

今日花事

湿度对木犀生长发育极为重要，若遇到干旱会影响开花。强日照和荫蔽对其生长不利，一般要求每天 6 ～ 8 小时光照。喜温暖，抗逆性强，既耐高温，也较耐寒，因此在中国秦岭、淮河以南的地区均可露地越冬。

春夏花事 在春季发芽以前，用 1 年生发育充实的枝条，切成 5 ～ 10 厘米长，剪去下部叶片，上部留 2 ～ 3 片绿叶，插于河沙或黄土苗床，插后及时灌水或喷水，并遮阴，保持温度 20 ～ 25℃，相对湿度 85% ～ 90%，2 个月后可生根移栽。一般春季施 1 次氮肥，夏季施 1 次磷、钾肥，使花繁叶茂。

秋冬花事 根据树姿将大框架定好，将其他萌蘖条、过密枝、徒长枝、交叉枝、病弱枝去除，使通风透光。同时在修剪口涂抹愈伤防腐膜保护伤口。入冬前施 1 次越冬有机肥，以腐熟的饼肥、厩肥为主。

23

唐菖蒲

Gladiolus gandavensis

鸢尾科唐菖蒲属多年生草本植物。球茎扁圆球形；叶基生或在花茎基部互生，剑形，基部鞘状，顶端渐尖；花茎直立，花茎下部生有数枚互生的叶；蝎尾状单歧聚伞花序；花在苞内单生，两侧对称，有红、黄、白或粉红等色；蒴果椭圆形或倒卵形，成熟时室背开裂；种子扁而有翅。花期 7—9 月，果期 8—10 月。它与切花月季、康乃馨和扶郎花被誉为“世界四大切花”。

23 日 | 8 月

星期___

花事记

今日花事

唐菖蒲特别喜肥，磷肥能提高花的质量，钾肥对球茎品质和子球的数量有促进作用。在施足基肥的同时，应追施适量的磷、钾肥，以利于植株生长和花芽分化。

春夏花事　春季栽植，可用充实饱满中等大的子球，采用开沟点种法，沟深为球直径的 3 倍左右，株距按球径大小灵活掌握。当幼苗长到 2 ～ 3 个叶片期间，每 7 ～ 10 天浇一次水。苗高在 25 厘米以上时，要及时进行根部培土，以防倒伏。

秋冬花事　夏花种的球根都必须在室内贮藏越冬，室温不得低于 0℃。

24

Scabiosa comosa

蓝盆花

忍冬科蓝盆花属多年生草本植物。基生叶羽状全裂，叶片披针形，边缘齿状；花序头状，花冠蓝紫色，密生柔毛；开花后，结成中空膨大的果实，被有粗毛，可以制作干花。花期4—5月。

24日

8月

星期＿＿

花事记

今日花事

蓝盆花喜光线良好、通风的环境。要求土壤疏松、肥沃、排水良好，以沙壤土为好。

春夏花事 播种繁殖，一般于春季温度在 15 ～ 20℃时进行，植于排水良好的沙质壤土，7 ～ 10 天可以发芽。幼苗注意遮光，勤浇水，成苗后减少浇水。

秋冬花事 易染叶斑病，叶片受侵染后产生褐色小斑，以后逐渐扩大，颜色逐渐加深，最后导致叶片枯萎。可用 75% 百菌清 800 倍液喷洒或用 65% 代森锌治疗。如想把果实做成干花，可在未枯萎时剪下，自然风干即可。

25 *Lythrum salicaria*

千屈菜

千屈菜科千屈菜属多年生草本植物。茎直立，多分枝；枝通常具4棱；叶对生或三叶轮生；披针形或阔披针形，顶端钝形或短尖；花组成小聚伞花序，花枝全形似一大型穗状花序；花红紫色或淡紫色；蒴果扁圆形。花期7—9月。

25日 8月

星期___

花事记

今日花事

喜强光，耐寒性强，喜水湿，在深厚、富含腐殖质的土壤上生长更好。

春夏花事 扦插繁殖：春季选健壮枝条，截成 30 厘米左右长，去掉叶片，斜插入土中，深度为插穗 1/2，压紧，浇水保湿，待生根长叶后移栽。分株繁殖：春季 4—5 月将根丛挖起，切分数芽为一丛，栽于施足基肥的湿地。定植后至封行前，每年中耕除草 3 ～ 4 次。春、夏季各施 1 次氮肥或复合肥。

秋冬花事 秋后追施 1 次堆肥或厩肥，经常保持土壤湿润是种好千屈菜最关键的措施。

26 *Tropaeolum majus*

旱金莲

旱金莲科旱金莲属多年生半蔓生或倾卧植物。基生叶具长柄；叶片五角形；花单生或2～3朵成聚伞花序；花瓣五，黄色，椭圆状倒卵形或倒卵形；全株可同时开出几十朵花，香气扑鼻，颜色艳丽；果扁球形，成熟时分裂成3个具一粒种子的瘦果。花期6—10月，果期7—11月。旱金莲的花可以入药。其嫩梢、花蕾及新鲜种子可作辛辣的香辛料。

26日 8月

星期____

花事记

今日花事

性喜温和气候，不耐严寒酷暑。开花后减少浇水。

春夏花事 春播在3—4月进行，发芽适温18～20℃。点播，覆土1厘米左右，浇透水并保持湿润，7天发芽。2～3片真叶时摘心上盆，适当整理叶片及分枝以利于通风，使花朵外露。旱金莲茎蔓一般都必须立支架加强，如任其自然生长，势必茎蔓太长，影响观赏。

秋冬花事 秋播在8月下旬或9月上旬进行，北方10月中旬进入室内。这样旱金莲会在元旦、春节期间开花。宜用富含有机质的沙壤土。一般在生长期每隔3～4周施肥一次。

27 *Portulaca grandiflora*

大花马齿苋

马齿苋科马齿苋属一年生草本植物。茎平卧或斜升，紫红色，多分枝，节上丛生毛；叶密集枝端，较下的叶分开，不规则互生；叶片细圆柱形，无毛；花单生或数朵簇生枝端，日开夜闭；花瓣5或重瓣，倒卵形，顶端微凹，红色、紫色、黄色、白色等；种子细小，多数，圆肾形，直径不及1毫米。花期6—9月，果期8—11月。全草可供药用，有散瘀止痛、清热、解毒消肿功效。

27日 | 8月 | 星期＿＿

花事记

今日花事

性喜欢温暖、阳光充足的环境，阴暗潮湿之处生长不良。

春夏花事 播种应选择排水良好的沙质壤土，播种后略压实，以保证足够的湿润。发芽温度 21 ～ 24℃，约 7 ～ 10 天出苗，幼苗极其细弱，因此应保持较高的温度。防治蚜虫的关键是在发芽前、花芽膨大期喷药。可用吡虫啉 4000 ～ 5000 倍液。发芽后使用吡虫啉 4000 ～ 5000 倍液并加兑氯氰菊酯 2000 ～ 3000 倍液杀灭蚜虫，也可兼治杏仁蜂。坐果后可用蚜灭净 1500 倍液。

秋冬花事 霜降后放在室内，让盆土偏干一点，就能安全越冬。次年清明后，可将花盆置于窗外，如遇寒流来袭，还需入窗内养护。

28

Helianthus annuus

向日葵

菊科向日葵属一年生高大草本植物。因花序随太阳转动而得名。茎圆形多棱角；广卵形的叶片通常互生，先端锐突或渐尖，有长柄；头状花序大型，单生于茎顶或枝端；花序边缘生中性的黄色舌状花，花序中部为两性管状花，棕色或紫色；矩卵形瘦果，称葵花籽。花期7—9月，果期8—9月。主要分食用和观赏两大类。

28日 8月

星期____

花事记

今日花事

具有较强的耐盐碱能力，而且还兼有吸盐性能。可以在碱性土壤中茁壮成长，抗旱性较强。

春夏花事 播种时间一般为 3—4 月，播种的适宜温度为 18 ～ 25℃，通常播种后 5 ～ 7 天左右出芽。播期选择的基本原则是根据盐碱发生规律，适当早播或晚播，使幼苗避开盐碱为害。

秋冬花事 种子成熟后采摘花盘，获取种子。种子可鲜食，也可以晾干炒熟食用。

29

Rheum palmatum

掌叶大黄

蓼科大黄属多年生高大草本植物。高可达 2 米，根及根状茎内部黄色，粗壮；基生叶大型，叶片近圆形，稀极宽卵圆形，叶腋具花序分枝；大型圆锥花序，分枝开展，花成簇互生，绿色到黄白色；花梗细长，果实长圆状椭圆形。花期 6—8 月。

29 日

8 月

星期____

花事记

今日花事

生于山地林缘或草坡，喜欢阴湿的环境，野生或栽培。

春夏花事 春栽可适当浅覆土，使苗叶露出地面即可。移栽后的第 1 年，在行间可间种大豆或玉米等作物。喜肥，要结合每次中耕除草追肥 1 次。每年的 5—6 月抽薹开花，要消耗大量养分，因此，除留种地外，应及早打掉花薹，使养分集中供应地下根茎生长。

秋冬花事 当年秋季播种的于翌年 9—10 月秋后移栽；以秋季移栽为好，幼苗生长健壮。8 月中旬、9—10 月各进行中耕除草 1 次。在秋季倒苗后，重施土杂肥加灶灰或过磷酸钙，施后覆土壅蔸防冻，并灌 1 次封冻水。

30

Gentiana scabra

龙胆

龙胆科龙胆属多年生草本植物。根黄白色，绳索状；茎直立，粗壮，常带紫褐色；叶对生，卵形或卵状披针形，有3～5条脉，急尖或渐尖；花簇生茎端或叶腋；花萼钟状，裂片条状披针形；花冠筒状钟形，蓝紫色；种子褐色，有光泽，线形或纺锤形。5—11月开花结果。根入药，能去肝胆火。

30日 8月

星期＿＿

花事记

今日花事

增施磷、钾肥，促进根部生长。

春夏花事 种子发芽期需补光，出苗期需弱光，幼苗生长期需自然光照。水分要求适中，适宜的土壤湿度为田间持水量的 60% ～ 80%。在整个生育期干湿平衡，利于生长发育。播种后第二年开花。

秋冬花事 龙胆草主要病害为斑枯病，同时也有白绢病发生。一是入冬时清除枯枝落叶集中烧毁；二是发病时可用甲基托布津 60 倍液喷施，每隔 7 ～ 15 天喷 1 次，连续喷施 5 次左右，可减轻病害。

31

黄花菜

Hemerocallis citrina

阿福花科萱草属多年生草本植物。根近肉质，中下部常有纺锤状膨大；花葶长短不一，花梗较短，花多朵，花被淡黄色、橘红色、黑紫色；蒴果钝三棱状椭圆形。花果期5—9月。嫩花可食用。

31 日 | 8月 | 星期___

花事记

今日花事

蕾肥可防止黄花菜脱肥早衰，提高成蕾率，应追施尿素，促进生长。耐瘠、耐旱，对土壤要求不严，地缘或山坡均可栽培。地上部不耐寒，地下部耐 -10℃低温。忌土壤过湿或积水。

春夏花事 分株繁殖是最常用的繁殖方法。一是将母株丛全部挖出，重新分栽；另一种是由母株丛一侧挖出一部分植株做种苗，留下的让其继续生长。5—6 月容易生炭疽病，可以喷洒 1 ∶ 1 ∶ 100 波尔多液、50% 甲基托布津、75% 百菌清可湿性粉剂 600 ～ 800 倍液进行防治。

秋冬花事 在黄花菜地上部分停止生长，即秋苗经霜凋萎后或种植时进行，施优质农家肥。

01

Echinacea purpurea

松果菊

菊科松果菊属多年生草本植物。高可达 50 ～ 150 厘米。叶缘具锯齿，基生叶卵形或三角形，茎生叶卵状披针形；头状花序，单生或多数聚生于枝顶，花大，直径可达 10 厘米，花的中心部位凸起，呈球形，球上为管状花，橙黄色。夏秋季开花。松果菊花朵大型、花色艳丽、外形美观，可以作为花境、花坛、坡地的布景材料，也可作盆栽摆放于庭院、公园和街道绿化。松果菊还可作切花的材料。

01 日 | 9月

星期___

花事记

今日花事

喜欢光照充足、温暖的气候条件，适生温度15～28℃，性强健，耐寒，耐干旱。对土壤的要求不严。应使其在深厚、肥沃、富含腐殖质的土壤中生长。

春夏花事 播种前要深耕土层，碎土，按0.6米宽度开沟，沟宽30厘米，沟深15～25厘米。要求床面泥土细碎平整。在大田移栽时，施少量有机肥，与土拌匀后栽入，用手指压紧小苗周围土壤，然后浇定根水，确保成活。栽后3天，必须保证每天浇水1次。在移栽前1天对苗床喷1次百菌清，带药移栽。

秋冬花事 秋季易得黄叶病：叶色变黄，呈透明状，植株矮化，花开后呈畸形。发病后，应及时拔除病株，消毒处理。10月采集成熟的种子，晒干后置于通风干燥处，来年备用。清除地上枯死枝即可。

02 *Amsonia tabernaemontana*

柳叶水甘草

夹竹桃科水甘草属多年生直立草本植物。具乳汁，全株无毛，表面可有白霜；叶互生，膜质，叶片长圆形至披针形，上面亮绿色，下面淡绿；圆锥花序生于枝顶，花药矩圆形，花冠管圆筒状，花色淡蓝或淡黄。花柱丝状，5月开花。是观叶、观果，低维护性草本花卉。是一种良好的观赏植物。

02日 9月

星期___

花事记

今日花事

喜光照充足，极耐寒，宜使其生长在湿润且排水良好的土壤。

春夏花事 春播 5 月上中旬，播种前用 0.1% ～ 0.5% 高锰酸钾溶液喷淋苗床，再用塑料薄膜盖闷 2 ～ 3 天。待幼苗子叶完全展开后，根据土壤墒情及时补水。浇水宜在早晚进行。雨季注意排水。植株生长期追肥 1 ～ 2 次。可适度修剪。

秋冬花事 秋播 9 月中下旬。入秋植株生长放缓后应控水。植株留床越冬应在入冬前浇防寒水。

03

雁来红

Amaranthus tricolor 'Splendens'

苋科苋属一年生草本植物。因秋季鸿雁南飞时叶子变红，因此得名。茎直立，单一或分枝；下部叶对生，上部叶互生，宽卵形、长圆形和披针形；圆锥状聚伞花序顶生，结果时开展或外弯，花冠高脚碟状。花果期 7—10 月。初秋时上部叶片变色，普通品种变为红、黄、绿三色相间，优良品种则呈鲜黄或鲜红色，艳丽，顶生叶尤为鲜红耀眼。花极小，穗状花序簇生于叶腋间，种子黑色有光泽。

03 日 9 月

星期＿＿

花事记

今日花事

耐干旱，不耐寒，喜湿润向阳及通风良好的环境。对土壤要求不严，适生于排水良好的肥沃土壤中。有一定的耐碱性，能自播繁衍。忌水涝和湿热。

春夏花事　播种繁殖春季 4 月进行。通常采用露地苗床直播。播种时要遮光。播后注意管理，保持土壤湿润状态，温度保持在 15 ～ 20℃，约 7 天就可以出苗。生长期可进行摘心，以促进分枝，发挥其彩叶群体密集的景观优势。

秋冬花事　秋季是观赏最佳季节。盆栽时，由于植株较高，须立支架。晚秋种子成熟可采摘种子。植株移入温室可继续观赏。

04 *Oenothera biennis*

月见草

柳叶菜科月见草属草本植物。晚上开花，所以叫月见草。基生莲座叶丛紧贴地面，茎生叶椭圆形至倒披针形；花序穗状，苞片叶状，芽时长及花的 1/2，长大后椭圆状披针形，自下向上由大变小。花果期 8—10 月。

04 日 | 9 月 星期___

花事记

今日花事

耐旱耐贫瘠，喜阳光，应注意排涝工作。

春夏花事 北方春季播种，播种时，土要耙细且平，种子撒在畦面上，用耙轻轻耙一下，盖上一薄层土。种子小，土不能盖厚，否则影响种子萌发生长。种子播后，土壤要保持湿润。播种后约 10 ～ 15 天，种子即可萌发出幼苗。在 7 月下旬和 8 月上旬进行 2 次人工拔大草，使田间没有超过月见草株高的杂草。

秋冬花事 秋季需预防斑枯病。患病后叶片上病斑呈圆形，淡褐色，边缘呈紫红色，中间褐色，密生小黑点。发病严重时会导致叶片枯死。秋季彻底清除田间病残叶，集中烧掉或深埋，以降低田间越冬菌源量。月见草果实陆续成熟，一般底荚果有 3 ～ 4 个变黄，并要开裂时，为最佳收获期，具体时间在 9 月中下旬左右。

05

Liatris spicata

蛇鞭菊

菊科蛇鞭菊属多年生草本植物。茎基部膨大呈扁球形。花红紫色。因多数小头状花序聚集成密长穗状花序，小花由上而下次第开放，因呈鞭形好似响尾蛇的尾巴而得名。花期长，花茎挺立，花色清丽，不仅有自然花材之美，而且具美好的花寓意。花期 7—8 月。

05 日

9 月

星期＿＿

花事记

今日花事

耐寒，耐水湿，耐贫瘠，喜欢阳光充足、气候凉爽的环境，土壤要求疏松肥沃、排水良好，以pH值6.5～7.2的沙质壤土为宜。

春夏花事 繁殖方法有播种和分株繁殖。播种繁殖在春、秋季均可进行，发芽适温为18～22℃，播后12～15天发芽。播种苗2年后开花。分株繁殖，在春季萌芽前进行，将地下块根切开直接栽植或盆栽。在生长期时保持土壤稍湿润，切忌积水。每半月施肥1次。在夏季应适当培土，防止植株倒伏。

秋冬花事 秋季种子成熟后可采种，冬季室外自然休眠，地上部分枯萎，清除枯叶，第二年能正常发芽。

06

Aster tataricus

紫菀

别名：青苑、紫倩。菊科紫菀属多年生草本植物。根状茎斜升；茎直立，高 40 ～ 50 厘米，粗壮，基部有纤维状枯叶残片且常有不定根，有棱及沟，被疏粗毛；有疏生的叶，基部叶在花期枯落，长圆状或椭圆状匙形，下半部渐狭成长柄。夏秋季开花，舌状花约 20 余个；管部长 3 毫米，舌片蓝紫色；瘦果倒卵状长圆形，紫褐色。花期 7—9 月。根茎可作中药，有治风寒咳嗽气喘，虚劳咳吐脓血之功效。

花事记

今日花事

耐涝、怕干旱，耐寒性较强。

春夏花事 春天土壤解冻10厘米后，选择粗壮、紫红色、节密而短、具休眠芽的根状茎作种栽，栽后稍加压实，浇水1次，再盖一层草保温、保湿。齐苗后揭去盖草，保墒、保苗。发现抽薹应及时剪除。

秋冬花事 紫菀的根及根茎。春、秋均可采挖，除去茎叶及泥土，晒干，或将须根编成小辫晒干，商品称为“辫紫菀”。

07 *Cosmos bipinnatus*

秋英
（波斯菊）

秋英又称波斯菊，菊科秋英属一年生或多年生草本植物。叶二次羽状深裂，裂片线形或丝状线形。头状花序单生，总苞片外层披针形或线状披针形；舌状花紫红色、粉红色或白色；管状花黄色；瘦果紫黑色。花期6—9月，果期9—10月。

07日 | 9月 星期___

花事记

今日花事

喜温暖和阳光充足的环境，耐干旱，忌积水，不耐寒，适宜肥沃、疏松和排水良好的土壤栽植。

春夏花事 4—5月露地播种，覆土厚约2厘米，播后10余天可出苗，发芽适温为20℃。苗长到5厘米、5～6片真叶时，即可移植盆中或露地定植。夏季生长旺盛，易倒伏，可设支架或修剪促其矮化。

秋冬花事 秋季经常开花，水不宜多。种子成熟变黑后可采摘种子，晒干，收藏于通风干燥处。秋季易得白粉病，明显特征是在病部长有灰白色粉状霉层。应适当增施磷肥和钾肥，注意通风、透光。

08

Kniphofia uvaria

火炬花

阿福花科火把莲属多年生草本植物。株高可达 120 厘米，茎直立；叶丛生、草质、剑形；叶片中部或中上部开始向下弯曲下垂，很少有直立；总状花序着生数百朵筒状小花，呈火炬形，花冠橘红色或黄色；种子棕黑色，呈不规则三角形。花期 6—8 月。火炬花的花形、花色犹如燃烧的火炬，点缀于翠叶丛中，具有独特的园林风韵。

08 日 | 9 月 | 星期___

花事记

今日花事

火炬花喜温暖，宜生长于疏松肥沃的沙壤土中。可丛植于草坪之中或植于假山石旁，用作配景。

春夏花事 1 月温室播种育苗，4 月露地定植，当年秋季可开花。喜温暖与阳光充足环境，对土壤要求不严，但以腐殖质丰富、排水良好的壤土为宜，忌雨涝积水。

秋冬花事 火炬花在养殖过程中要注意修剪，花后应尽早剪除残花枝不使其结实，以免消耗养分。冬季可放在 5℃以上温度中越冬，有的品种甚至能耐短期 −20℃低温。火炬花主要受锈病危害叶片和花茎，发病初期用石硫合剂或用 25% 萎锈灵乳油 400 倍液喷洒防治。

09 *Phlomis tuberosa*

块根糙苏

唇形科橙花糙苏属多年生草本植物。高40～110厘米；根粗壮，须根上具圆形、椭圆形的增粗块根，淡黄褐色；茎单生或分枝，紫红色或绿色，下部近无毛或疏被柔毛；轮伞花序多数，约3～10个生于主茎及分枝上，彼此分离，多花密集；苞片线状钻形，花萼管状钟形，花冠紫红色，小坚果顶端被星状短毛。花果期7—9月。块根及全草入中药；块根入蒙药。

09 日 | 9月 | 星期____

花事记

今日花事

主要生于山地沟谷草甸、灌丛、林缘或草原，园林绿化中可种植在岩石园、花境或坡地上。

春夏花事 块根糙苏的繁殖可用播种和移栽，最好是栽在含沙质壤土的坡地。喜光、耐旱，要注意排水、通风。一年栽种多年观赏。

秋冬花事 秋天容易得白粉病。病害出现后，每隔7～10天喷一次25%粉锈宁可湿性粉剂2000～3000倍液。也可以把地面部分割去，使其重新发出即可。冬季可自然越冬。

10

Gypsophila paniculata

圆锥石头花（满天星）

圆锥石头花又称满天星，石竹科石头花属多年生草本植物。根粗壮；茎单生，直立，多分枝；叶片披针形或线状披针形，顶端渐尖，中脉明显。圆锥状聚伞花序多分枝，花小而多；花梗纤细，苞片三角形，花萼宽钟形，花瓣白色或淡红色，匙形。蒴果球形，种子小，圆形。花期6—8月，果期8—9月。花色美丽，被广泛应用于鲜切花，是常用的插花材料，观赏价值高。其根、茎可供药用。满天星是清雅之士所喜爱的花卉，素蕴含“清纯、致远、浪漫”之意。

10日 9月

星期____

花事记

今日花事

该种的生命力极强，生根快。宜在向阳环境和疏松肥沃、排水良好的微碱性沙质壤土中生长。土壤要求疏松，富含有机质，含水量适中，pH 值 7 左右。喜光，忌涝，每周施一次肥，保持土壤湿润。

春夏花事 可使用扦插方式繁殖。4 月下旬，将健壮的母株上有 4 ～ 5 节时的侧芽枝作插穗，留上部 3 ～ 4 对叶片，在 500×10^{-6} 的吲哚丁酸溶液里蘸一下，在 1 ∶ 1 的珍珠岩与稻壳熏土为基质的苗床上扦插。适当遮阴，遮光。需经常喷雾以保持较高的空气湿度。25 ～ 30 天即可生根。夏季注意防雨、降温、通风。该种夏秋季高温时易发生疫病，主要表现为茎部或根部软腐或植株死亡。可在定植前用福尔马林或高锰酸钾消毒土壤，发病初期可用甲基托布津 1000 倍液灌根消毒。

秋冬花事 冬季生长速度会变缓，约 4 ～ 7 天浇一次水即可。放在阳光充裕的地方养护，无需遮阴。冬季的温度非常重要。它在 25℃的时候长得好，而晚间温度最好可以调节到 10 ～ 20℃之间。若降至 10℃以下则不利于其开花，同时还会让它进入休眠状态。

11 *Linaria vulgaris* subsp. *Chinensis*

柳穿鱼

车前科柳穿鱼属多年生草本植物。茎直立，叶通常多数而互生；总状花序，花期短而花密集，果期伸长而果疏离；花冠黄色，蒴果卵球状，种子盘状，边缘有宽翅。柳穿鱼花朵与金鱼非常相似，色彩艳丽，亮泽多姿，有着较高的观赏价值。6—9月开花。

11 日 9月

星期___

花事记

今日花事

有较强的耐寒性，生长在阳光充足或者是半阴半阳处。应注意遮光，适当浇水。可加支撑防止倒伏。

春夏花事 喜欢较干燥的空气环境，阴雨天过长时，易受病菌侵染。怕雨淋，应在晚上保持其叶片干燥。最适空气相对湿度为 40% ～ 60%。最适宜的生长温度为 15 ～ 25℃。在开花的过程中，把残花带三片叶剪掉，可以延长花期。

秋冬花事 柳穿鱼有较强的耐寒性，种子成熟时，可采下种子晒干，贮存于通风干燥处，准备下次播种。尽量选在秋冬季播种，以避免夏季高温。

12 高雪轮 *Silene armeria*

石竹科蝇子草属1年生草本植物。高可达50厘米。茎单生，直立。基生叶叶片匙形，花期枯萎；茎生叶叶片卵状心形至披针形。复伞房花序较紧密；花梗无毛；苞片披针形，膜质；花萼筒状棒形，带紫色，无毛，花瓣淡红色，爪倒披针形，瓣片倒卵形，副花冠片披针形，花柱微外露。蒴果长圆形，种子圆肾形。5—6月开花，6—7月结果。中国城市庭园多有栽培供观赏。高雪轮开花繁茂，色泽鲜艳，可在院地布置花境、花坛；亦可盆栽点缀阳台。常做切花用。

12日 9月 星期____

花事记

今日花事

喜阳光充足、温暖气候，亦耐寒；喜肥沃疏松、排水良好的土壤。不耐酷热。

春夏花事 高雪轮喜欢较高的空气湿度，空气湿度过低，会加快单花凋谢。也怕雨淋，晚上需要保持叶片干燥。最适空气相对湿度为 65% ～ 75%。在夏季温度高于 34℃时明显生长不良。

秋冬花事 不耐霜寒，在冬季温度低于 4℃以下时进入休眠或死亡。最适宜的生长温度为 15 ～ 25℃，一般在秋冬季播种，以避免夏季高温。秋季 9 月播种，发芽适宜温度为 20℃左右，播种后 7 ～ 10 天出苗。出苗不甚整齐。可于翌年春移植。

13 凤仙花 *Impatiens balsamina*

凤仙花科凤仙花属一年生草本花卉。因其花头、翅、尾、足俱翘然如凤状，故又名金凤花。茎粗壮，肉质，直立，不分枝或有分枝，无毛或幼时被疏柔毛，基部直径可达 8 毫米，具多数纤维状根，下部节常膨大。花颜色多样，有粉红、大红、紫色、粉紫等多种颜色。花瓣或者叶子捣碎，用树叶包在指甲上，能使指甲染上鲜艳的红色，非常漂亮，很受女孩子的喜爱。花期 7—10 月。茎有祛风湿、活血、止痛之效；种子称“急性子”，有软坚、消积之效。

13 日 9月

星期___

花事记

今日花事

性喜阳光，怕湿，耐热不耐寒。注意通风，排涝。室内养殖要防果荚与种子溅落。

春夏花事 4月播种最为适宜。行距35厘米，开1厘米的浅沟，将种子均匀撒入沟内，覆土后稍加镇压，随后浇水。播后保持土壤湿润，温度25℃左右时约5天开始出苗。如果气温高、湿度大，出现白粉病，可用50%硫菌灵可湿性粉800倍液喷洒防治。如发生叶斑病，可用50%多菌灵可湿性粉500倍液防治。

秋冬花事 8—9月种子成熟，当蒴果由绿转黄时，要及时分批采摘，否则果实过熟就会将种子弹射出去，造成损失。将蒴果脱粒，筛去果皮杂质，即得药材急性子。

14

八宝

Hylotelephium erythrostictum

景天科八宝属多年生肉质草本植物。地下茎肥厚，地上茎簇生，粗壮而直立，全株略被白粉，呈灰绿色。中国东北地区和朝鲜均有分布。常见栽培的有白色、紫红色、玫红色品种。花期8—10月。是景天科中花色最为艳丽的品种。全草药用，有清热解毒、散瘀消肿之效。

14日 | 9月

星期___

花事记

今日花事

性喜强光和干燥、通风良好的环境；喜排水良好的土壤，耐贫瘠和干旱。

春夏花事 分株或扦插繁殖。做水培也是很好的选择。方法是把刚刚开花的花枝剪下，插入玻璃瓶中，注入清水。清洁美丽，可用于装饰客厅、办公室等。

秋冬花事 秋季做好防涝工作。霜冻前平茬，移入室内。种子成熟，剪下花穗，晒干贮存。性耐寒，能耐 -20℃的低温，华东及华北露地均可越冬，地上部分冬季枯萎。

15

Achillea filipendulina

凤尾蓍

菊科蓍属多年生草本植物。高40～50厘米；叶抱茎，互生，羽状复叶，椭圆状披针形；小叶羽状细裂，叶轴下延，有香气；头状花序，密集成伞形，径可达10厘米以上；全株灰绿色，茎具纵沟及腺点，有香气；颜色有红、粉、深黄和白等色。花期6—9月。可植于花坛、花带、花境或草坪边缘。

15日 | 9月

星期____

花事记

今日花事

喜光照充足，耐寒，耐瘠薄，忌积水，适宜干燥或湿润、排水好的土壤。

春夏花事 以分株繁殖为主，也可播种繁殖。春天播种，播种基质应潮湿但不积水，播后用薄膜覆盖，在 20～24℃的条件下，7～15 天出苗。光照有利于种子萌发。根蘖性强，每隔 2～3 年于春季 4 月分株一次，移栽时注意间距适当，保持通风透光。生长期施稀薄肥 2～3 次。

秋冬花事 水涝时要注意排水。花谢后可剪除，移入室内，可重新发出新叶。发现病虫害要及时进行喷药防治，或将带病虫叶集中烧毁或深埋，防止病虫害的蔓延。

16

Potentilla fruticosa

金露梅

蔷薇科委陵菜属落叶灌木。高可达2米，树皮纵向剥落；单花或数朵生于枝顶，小枝红褐色，羽状复叶，叶柄被绢毛或疏柔毛；小叶片长圆形、倒卵长圆形或卵状披针形，花瓣黄色，宽倒卵形。该种枝叶茂密，黄花鲜艳，适宜作庭园观赏灌木，或作矮篱也很美观。6—9月开花结果。嫩叶可代茶叶饮用。花、叶可入药，有健脾，化湿、清暑、调经之效。

16日 9月

星期___

花事记

今日花事

生性强健，耐寒，喜湿润，但怕积水，耐干旱。

春夏花事 播种需先将种子催芽。50℃清水浸种，24小时后。捞取种子转至恒温培养箱，恒温25℃催芽至20%～80%以上种子露白。对土壤要求不严，在沙壤土、素沙土中都能正常生长。

秋冬花事 8月初至中旬，可追施1次磷、钾肥，用量为每亩20千克。秋末结合浇冻水，可再施用1次农家肥。

17 *Hibiscus tiliaceus*

黄槿

锦葵科木槿属常绿灌木或乔木。叶革质，近圆形或广卵形，花序顶生或腋生总状花序，花大，美丽；蒴果卵圆形，长约2厘米，被绒毛。四季常绿，树冠呈圆伞形，枝叶繁茂。花期6—8月。花多色艳，花期甚长，为常见的木本花卉，是优良庭园观赏树和行道树；亦可盆栽观赏，做成桩景亦甚适宜。

17日 9月

星期___

花事记

今日花事

喜光，喜温暖湿润气候，适应性特强；也略耐阴，耐寒，耐水湿，耐干旱和瘠薄。

春夏花事 常用的繁殖方法是播种繁殖和扦插繁殖。用撒播方法进行播种，播完种子后，用细表土或干净河沙覆盖，厚度约 0.3 ～ 0.5 厘米，以淋水后不露种子为宜，用遮光网遮阴，保持苗床湿润，播种后约 20 天种子开始发芽。当苗高达到 3 ～ 5 厘米，有 2 ～ 3 片真叶时即可上营养袋（杯）或分床种植。

秋冬花事 适当修剪花枝，也可做鲜切花使用。每周施少量钾肥，上冻前灌透水。种子于 12 月至翌年 1 月成熟，当果呈黄褐色或褐色，即将开裂时进行采收。果采回暴晒至果裂，抖出种子，晒干后进行干藏。

18

Callistephus chinensis

翠菊

菊科翠菊属 1 年生或 2 年生草本植物。茎直立，被白色糙毛；叶子卵形或长椭圆形，头状花序；花瓣有浅白、浅红、蓝紫等色；两性花花冠黄色；瘦果长椭圆状倒披针形，稍扁。花期 5—10 月。现植物园、花园、庭院及其他公共场所广泛观赏栽植。

18 日 | 9 月 | 星期___

花事记

今日花事

喜阳光、喜湿润、不耐涝，高温高湿易受病虫危害。

春夏花事 翠菊均采用种子繁殖，条播易出苗。播后保持土壤湿润，加施氮肥，2～3个月就能开花。翠菊为浅根性植物，注意水分供给。一般2～3天浇一次水。翠菊还有不少优良切花品种，当外层小花开始开放时采切，湿贮于水中，在0～4℃下，可贮存1～2周。以初夏播种为宜。过早播种，开花时株高叶老，下部叶枯黄。高型品种适应性较强，随处可栽；中矮型品种适应性较差，要精细管理。

秋冬花事 当枝端现蕾后应少浇水，以抑制主枝伸长，促进侧枝生长，待侧枝长至2～3厘米时，再略增加水分，使株型丰满。追肥以磷、钾肥为主。如出现黑斑病，应及时拔除销毁病株并喷洒7%托布津800倍液防治。秋季及时采收种子。

19 *Echinops sphaerocephalus*

蓝刺头

菊科蓝刺头属多年生草本植物。茎单生，叶薄，纸质，上面绿色，下面灰白色；复头状花序单生茎枝顶端，总苞白色，扁毛状；小花淡蓝色或白色，裂片线形，瘦果倒圆锥状。8—9月开花结果。蓝刺头可做成干花，保存期长，花形美丽。是优良蜜源植物。

19 日 | 9月 | 星期___

花事记

今日花事

耐干旱，耐瘠薄，耐寒，喜凉爽气候和排水良好的沙质土。忌炎热、湿涝，可粗放管理。是一种良好的夏花型宿根花卉。

春夏花事 蓝刺头可以采用种子繁殖、根段扦插和组织培养等繁殖方式。种子繁殖比较简单。一般在 4 月中旬，在 20 ～ 25℃条件下露地播种容易萌发，而且出苗率高。通过根段的扦插可以获得大量的不定芽，而且通过扦插繁殖，可以获得性状较为稳定的后代。

秋冬花事 秋季种子成熟时采种子，干燥贮存。植株枯萎可以割除。

20 *Coreopsis grandiflora*

大花金鸡菊

菊科金鸡菊属为多年生草本植物。叶对生；基部叶有长柄、披针形或匙形；下部叶羽状全裂，裂片长圆形；中部及上部叶 3 ～ 5 深裂，裂片线形或披针形，中裂片较大，两面及边缘有细毛；头状花序单生于枝端，舌状花 6 ～ 10 个，舌片宽大，黄色。7—8 月开花，陆续开到 10 月中旬。常用于花境、坡地、庭院、街心花园的美化设计中。当花盛开时，犹如铺上一层金色软缎，华丽夺目。

20 日 9 月

星期＿＿

花事记

今日花事

耐旱、耐寒、耐热，最适宜温度 -6 ～ 35℃。

春夏花事 春季 4 月底露地直播。发芽适宜温度 15 ～ 20℃。沈阳地区播种繁殖一般在 8 月进行，也可春季 4 月底露地直播。对土壤要求不严，喜肥沃、湿润排水良好的沙质壤土。尤其在花岗岩风化形成的 pH 值为 5 ～ 7 的土壤上生长最佳。

秋冬花事 易得白粉病，发现即把病叶剪除。剪掉开败花，可促进长出更多花蕾。采摘种子，每年 8—10 月间，选择果实大部分成熟的花序剪下，晒干后去除杂质，精选出种子，置于干燥阴凉处，采用防潮的纸袋包装。将种子置于干燥避光、通风良好处保存。环境温度在 10 ～ 15℃时，存放 1 ～ 2 年仍保持好的发芽率。

21

Hydrangea paniculata

圆锥绣球

绣球花科绣球属灌木或小乔木。枝暗红褐色或灰褐色；叶纸质，2～3片对生或轮生，卵形或椭圆形；圆锥状聚伞花序尖塔形，不育花较多，白色；萼片4；蒴果椭圆形。圆锥绣球花序硕大，极美丽。花期7—8月，果期10—11月。盆栽用于阳台或天台装饰；也是花境常用的材料。

21日 | 9月 | 星期___

花事记

今日花事

耐寒性不强。喜光，喜排水良好的土壤环境。

春夏花事 4月中旬至6月中旬，从生长健壮的母株上剪取木质化程度较高的当年生枝条作插穗。插穗长4～5厘米，带1～2个节，如为顶芽，顶部保留2片嫩叶。中间茎段，将顶端2枚叶片剪去2/3，减小插穗蒸腾作用，并及时扦插于苗床中。修剪多在花后或早春，萌芽力强，且开花多在嫩枝，可在春季萌芽前进行重剪，防止植株过高。

秋冬花事 圆锥绣球抗病虫害能力强，很少发生病虫害现象。冬季宿存花序不落，也有很好的观赏性。

22

Datura inoxia

毛曼陀罗

茄科曼陀罗属1年生直立草本植物或半灌木。高1～2米，全体密被细腺毛和短柔毛；茎粗壮，下部灰白色，分枝灰绿色或微带紫色；叶片广卵形；花单生于枝杈间或叶腋，直立或斜升，白色；蒴果俯垂，近球状或卵球状；种子扁肾形，褐色。花果期6—9月。叶和花含莨菪碱和东莨菪碱，全株有毒。

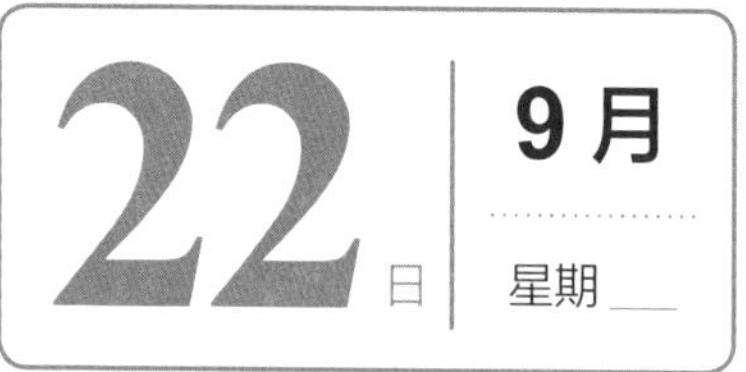

花事记

今日花事

对生长环境要求不严。果实可做干花，采摘要小心，注意扎手。

春夏花事 4—5月播种。在整好的畦面上，按行距20～25厘米开横沟，沟深10厘米左右，然后将种子均匀撒入沟内，播后覆一层细肥土，厚1～1.5厘米，浇水后畦面盖草，保温保湿，约20天出苗。出苗后，及时揭去盖草。生长快，需肥量大，若生长期内缺肥，则叶色变黄，发育不良。多于5—6月发生蛞蝓虫害，咬食叶片，多成孔洞或缺刻，严重时叶片被食光。防治方法：在早晚撒生石灰粉。

秋冬花事 8—10月当蒴果由绿变成黄色、上部开裂种子变为灰黑色时采收种子。毛曼陀罗种子上附有黏性物质，必须在清水中淘净。然后晒干。

23 *Hibiscus moscheutos*

芙蓉葵（草芙蓉）

芙蓉葵又称草芙蓉，锦葵科木槿属多年生草本植物。叶大，广卵形，叶柄、叶背密生灰色星状毛。花大，单生于叶腋，有白、粉、红、紫等色。花期6—9月。具有较高观赏、食用与药用价值。可用大型容器组合栽植，或地栽布置花坛、花境，也可于绿地中丛植、群植。

23日 9月

星期＿＿

花事记

今日花事

略耐阴，宜温暖湿润气候，忌干旱，耐水湿，在水边的肥沃沙质壤土中生长繁茂。北京地区可露地越冬。

春夏花事 成熟种子具有很强的活力，种子发芽的内在潜力很大。一般播种前用开水浸烫种15秒，28～32℃温水浸泡至种皮破裂，然后32℃恒温催芽。早春播种，当年可少量见花。秋季播种，翌年即可正常开花，分株繁殖，春秋两季均可进行，再生能力极强。

秋冬花事 全日照下生长良好。秋季花期可添加适量的氮磷钾复合肥或有机肥，温度过低易造成叶片失绿。虫害有蚜虫、红蜘蛛等。对杀虫剂十分敏感，易产生药害。使用时注意药剂的种类和浓度，必要时可选择用对植物安全的生物制剂，如1.2%苦烟乳油。冬季需做适当的防寒保护。

24

Tradescantia virginiana

无毛紫露草

鸭跖草科紫露草属多年生草本植物。茎多分枝，带肉质，紫红色；花瓣蓝紫色，广卵形；蒴果椭圆形。花期长、株形奇特秀美。可用作布置花坛。花期为5—10月。

24日 | 9月 星期____

花事记

今日花事

性喜凉爽、湿润气候，耐旱、耐寒、耐瘠薄，忌涝，喜阳光，在荫蔽地易徒长而倒伏。在 pH 值中性、偏碱性土壤条件下生长良好，无病虫为害。

春夏花事 无毛紫露草不易产生种子，但扦插成活率高，因此普遍采用分株繁殖和扦插繁殖。扦插时间从春季发芽后至秋季停止生长前均可进行。在露地苗床或冷床中进行时，最适时期为 6—7 月，此时期空气湿度大，插条叶片不易萎蔫，有利成活。插床应选择阴凉或设荫棚遮阴，遮光度以 50% 为宜。土壤应以排水良好的轻质土壤为好。盛花期后要进行平茬，割茬之后要及时追肥以促进新生萌芽生长。

秋冬花事 9 月中下旬可进行第二次割茬。割茬可使生长季节株高始终保持在 30 ～ 40 厘米理想株型范围内，并使花期一直延续到 10—11 月。割茬之后要及时追肥以促进新生萌芽生长。霜冻前要移到室内。冬季干燥，更要勤浇水。

25 *Clematis texensis*

红花铁线莲

毛茛科铁线莲属藤本植物。花期6—9月。茎柔弱纤细，自春夏至秋季开放出鲜红艳丽的垂悬花朵；盛夏，球果在扶疏青翠的叶丛中与红花相配，显得美丽可爱。广泛用作街道、围墙、阳台、灯柱、凉亭等处的垂直绿化材料。也可供做假山，岩石或树桩盆景陪衬绿化材料。

25日 9月

星期___

花事记

今日花事

性喜凉爽、湿润气候，喜阳光，在荫蔽地易徒长而开花少。注意舒展枝条，防止花被枝条夹住，影响观赏效果。

春夏花事 种子育苗可在冷室盆播或露天畦播。一般情况下，种子要经过第 2 个冬季的低温后才能出苗。水不能过度，阳光过强时要遮光。

秋冬花事 红花铁线莲结籽少，每个种子都很珍贵。要随成随采，干燥低温保存。露地越冬做防寒保护。

26

Ipomoeanil

牵牛

旋花科虎掌藤属 1 年生缠绕草本植物。全株有粗毛；叶子三裂，基部心形；花呈白色、紫红色或紫蓝色，漏斗状，果实卵球形。花呈喇叭状，因此又称喇叭花。花期 6—8 月。其品种很多，是常见的观赏植物。以夏季开花最盛。种子具有药用价值。

26 日

9 月

星期 ___

花事记

今日花事

适应性较强，喜阳光充足，可耐半遮阴，亦可耐暑热高温，但不耐寒，怕霜冻。霜冻时可遮盖保温，可延长花期。

春夏花事 4月末5月初播种，种子发芽适合温度18～23℃，幼苗在10℃以上气温即可生长。湿度适中时大约10天左右萌发。当植株长到一定高度时要用细竹竿做成支架，令其攀缘生长，并可按照个人的喜爱扎制成各种形状的支架进行艺术造型。

秋冬花事 蒴果成熟期不一，且成熟后易开裂，应随熟随采。采下置室内阴干，开裂后取出种子，贮藏于阴凉干爽处。

27 王莲 *Victoria amazonica*

睡莲科王莲属多年生或 1 年生大型浮叶草本植物。有直立的根状短茎和发达的不定须根，白色。叶片圆形，像圆盘浮在水面，直径可达 2 米以上；叶面光滑，绿色略带微红，有皱褶，背面紫红色；叶柄绿色，长 2 ～ 4 米，叶子背面和叶柄有许多坚硬的刺，叶脉为放射网状。花很大，单生，直径 25 ～ 40 厘米，有 4 片绿褐色的萼片，呈卵状三角形，外面全部长有刺；花瓣数目很多，呈倒卵形；子房下部长着密密麻麻的粗刺。王莲的花期为夏或秋季，傍晚伸出水面开放，甚芳香，第一天白色，有白兰花香气，次日逐渐闭合，傍晚再次开放，花瓣变为淡红色至深红色，第三天闭合并沉入水中。拥有巨型奇特似盘的叶片，浮于水面，十分壮观。以娇容多变的花色和浓厚的香味闻名于世。

27 日 | 9 月
星期 ___

花事记

今日花事

喜高温高湿，耐寒力极差，气温下降到 20℃时，生长停滞。喜清洁水质，应保持水质洁净。

春夏花事 喜光，喜高温。温度在 25℃以上时移至室外。

秋冬花事 王莲不耐寒，气温低于 20℃就不再生长。移入温室，气温保持在 25 ～ 35℃可延长花期。

28

Ophiopogon japonicus

麦冬

天门冬科沿阶草属多年生常绿草本植物。根较粗，中间或近末端常膨大成椭圆形或纺锤形的小块根；茎很短，叶基生成丛，禾叶状，苞片披针形，先端渐尖；花几朵至十几朵单生或成对着生于苞片腋内，白色或淡紫色；种子球形。花期 5—8 月。麦冬的小块根是中药，有生津解渴、润肺止咳之效。银边麦冬、金边阔叶麦冬、黑麦冬等具极佳的观赏价值，既可以用来进行室外绿化，又是不可多得的室内盆栽观赏佳品，其开发利用的潜力巨大。

28 日 | **9 月** | 星期___

花事记

今日花事

喜温暖湿润、降雨充沛的气候条件。5～30℃能正常生长，最适生长气温15～25℃，低于0℃或高于35℃生长停止。生长过程中需水量大，要求光照充足。尤其是块根膨大期，光照充足才能促进块根的膨大。

春夏花事 4—5月挖出叶色深绿、生长健壮、无病虫害的植株，切去根茎下部的茎节，留0.5厘米长的茎基，敲松基部，分成单株，用稻草捆成小把，剪去叶尖，以减少水分蒸发。立即栽种。

秋冬花事 10月以后，宜浅松土，勿伤须根。麦冬植株矮小，应做到田间无杂草，避免草荒。

29

Angelonia angustifolia

香彩雀

车前科香彩雀属多年生草本植物。高 30～70 厘米；全体被腺毛；茎直立，圆柱形；叶对生；叶片条状披针形，花单生于茎上部叶腋。花期 6—9 月。香彩雀花型小巧，花色淡雅，花量大，观赏期长，且对炎热高温的气候有极强的适应性，是非常优秀的夏季草花品种之一，既可地栽、盆栽，又可容器组合栽植或湿地种植。

29 日 | 9 月 星期___

花事记

今日花事

性喜温暖的气候，在高温、湿润环境条件下生长良好。喜强光，适应性强。

春夏花事 4—5月播种，因香彩雀的种子细小，为方便播种，可选择丸粒化的种子进行播种。一般4～6天萌芽。当有70%左右的子叶出土时便可移入温室管理，保持基质湿度为90%。当真叶露出进入快速生长期时，可施用100mL/L的氮、磷、钾平衡肥。

秋冬花事 初秋阳光强烈时要遮阴。种子大部分成熟时，割取枝条，晒干，打下种子，干燥保存。

30

Monarda didyma

美国薄荷

唇形科美国薄荷属 1 年生草本植物。株高 100 ～ 120 厘米；茎直立，四棱形；叶质薄，对生，卵形或卵状披针形，背面有柔毛，缘有锯齿；花朵密集于茎顶，萼细长，花冠长 5 厘米，花冠管状，淡紫红色，叶芳香。轮伞花序密集多花，花筒上部稍膨大，裂片略成二唇形。花期 7 月。美国薄荷常采用分株繁殖，也可采用播种和扦插繁殖。美国薄荷株丛繁盛，花色鲜丽，花期长久，而且抗性强、管理粗放，特别是花开于夏秋之际，十分引人注目。常作布置花境的材料，也可盆栽观赏。

30 日

9 月

星期 ___

花事记

今日花事

性喜凉爽、湿润、向阳的环境，亦耐半阴。在湿润、半阴的灌丛及林地中生长最为旺盛。

春夏花事 植株的分蘖力强，能在老株周围萌生许多新芽，在植株未出苗前，只要挖取新芽另行栽植，或将根部切开分栽便可，切取 2 ～ 3 分枝作为一小株丛栽种。灌一次透水，遮光，成活率很高。播种多在春、秋季进行。发芽适温为 21 ～ 24℃，播后 10 ～ 21 天发芽，发芽率高达 90% 以上。播后 4 个月开花。

秋冬花事 种子成熟可割取花穗，晒干，打下种子，干燥贮存。霜冻后，割掉地上部分，自然越冬。

时光花事

10 月

11 月

12 月

01 *Chrysanthemum × morifolium*

菊花

菊科菊属多年生宿根植物。叶互生，有短柄，羽状浅裂或半裂，边缘有粗大锯齿；头状花序单生或数个集生于茎枝顶端，总苞片多层，外层绿色，条形，边缘膜质，外面被柔毛；花色有红、黄、白、橙、紫、粉红、暗红等各色。夏菊每年农历 5 月及 9 月各开花一次，秋菊花期 9—11 月。菊花是中国十大名花之一，花中四君子（梅、兰、竹、菊）之一，也是世界四大切花（菊花、月季、康乃馨、唐菖蒲）之一。

01 日 | 10 月 | 星期___

花事记

今日花事

喜阳光，忌荫蔽，较耐旱，怕涝。喜温暖湿润气候。

春夏花事 4—5月扦插。截取嫩枝8～10厘米作为插穗，插后善加管理。在18～21℃下，多数品种3周左右生根，约4周即可移苗上盆。夏季清晨浇一次，傍晚再补浇一次。

秋冬花事 立秋前要适当控水、控肥，以防止植株窜高疯长。9月现蕾时，要摘去植株下端的花蕾，每个分枝上只留顶端一个花蕾，这样花会大而艳丽。冬季把花移入温室越冬。冬季花枝基本停止生长。

枯萎病在开花后发病严重，为害全株并烂根。防治方法：选无病老根留种；在病穴撒石灰粉或用50%多菌灵1000倍液浇灌。

02 *Matricaria chamomilla*

母菊
（洋甘菊）

母菊又称洋甘菊，菊科母菊属草本植物。叶片互生，2～3回，有羽状分裂；头状花序排列成伞房状，着生于枝梢或叶腋；花朵总苞呈半球形状。苞片有两层：白色舌状花生于花序外围，先端平截或略微凹，盛开后花冠下垂；里层为黄色管状花。花果期5—7月。由母菊提炼出来的精油是非常流行的保健和药物制品。

02日 10月 星期____

花事记

今日花事

喜光，喜欢凉爽，应避免高温。温度控制在 15 ～ 18℃之间是比较合适的。

春夏花事 在母菊的生长过程中，为了让它有更好的株形，可以进行打顶来促进侧枝的生长，开花也会更多。

茎腐病是比较常见的病害之一，需要注意养殖时通风条件要良好。发病后可用代森锌进行治疗。

秋冬花事 秋冬季播种。最好是准备比较疏松一点的土壤。可以用园土加河沙充分混合，还可加入适量的腐叶土、碎木屑，可增加土壤的疏松程度。把种子播上去就好，不必覆土。每周浇一次水。

03

Tradescantia zebrina

吊竹梅

鸭跖草科紫露草属常绿草本植物。茎柔弱质脆，匍匐地面呈蔓性生长。叶互生，无柄；椭圆状卵圆形或长圆形、背面紫色，通常无毛，全缘；花聚生于叶状苞内；花瓣玫瑰粉红色。花期 6—8 月。因其叶形似竹、叶片美丽，常以盆栽悬挂室内，观赏其四散柔垂的茎叶，故名之吊竹梅。“zebrina”源于拉丁语“zebrinus”，意思是“叶片有条纹的”，有斑马之意。

03 日 | 10 月 | 星期___

花事记

今日花事

匍匐在阴湿地上生长，怕阳光暴晒。能忍耐 8℃的低温，不耐寒，怕炎热。

春夏花事 扦插可在 3—5 月上旬进行。用河沙或蛭石作培养土，也可用园土和砻糠灰各半混合，或园土和腐叶土各半混合。摘取健壮茎数节插于培养土中，扦插后必须保持空气的相对湿度在 75% ～ 85%，每天 1 ～ 3 次进行喷雾来增加湿度。约 15 天后就能长出根来。生长期间及时摘心，使植株促发侧枝。

秋冬花事 秋冬季置于室内，14℃以上可正常生长。根据干燥程度控制浇水量。生长旺盛时应注意经常向茎叶上喷水。

04

Coleus hybridus

彩叶草

唇形科鞘蕊花属直立或上升草本植物。茎通常紫色；叶片膜质，通常卵圆形，先端钝至短渐尖，基部宽楔形至圆形，色泽多样，有黄、暗红、紫色及绿色；轮伞花序多花密集排列，花冠浅紫至紫或蓝色。花期 7 月。彩叶草的色彩鲜艳、品种甚多、繁殖容易，为应用较广的观叶花卉，除可作小型观叶花卉陈设外，还可配置图案花坛，也可作为花篮、花束的配叶使用。

04 日 | 10 月 | 星期___

花事记

今日花事

喜温性植物，适应性强。

春夏花事 扦插时从成熟植株上剪取10厘米左右嫩枝作为扦插苗。为减少蒸发量，尽量剪去扦插苗上的枝叶。扦插前要向育苗池中浇一遍透水，待池中水分大部分渗下，池土呈泥浆状时，进行扦插。扦插时，将扦插苗向下垂直插入2厘米即可。扦插后注意不要晃动扦插苗，以防土壤产生裂痕，使扦插苗风干致死。夏季高温时稍加遮阴，喜充足阳光，光线充足能使叶色鲜艳。

秋冬花事 秋冬季室内适温20～25℃，最低越冬温度不能低于10℃。温度过低时叶片变黄脱落，5℃以下植株枯死。

05

Physostegia virginiana

假龙头花

别名：囊萼花、棉铃花、伪龙头等。唇形科假龙头花属多年生宿根草本植物。茎丛生而直立，四棱形；叶片披针形，亮绿色，边缘具锯齿；穗状花序顶生，花色有粉色、白色、淡紫红等。花期 8—10 月。花期长，是很好的夏秋花植物。在北方地区表现佳且能露地安全越冬，具有广泛的园林应用前景。

05日 10月

星期___

花事记

今日花事

性喜温暖、阳光和疏松肥沃、排水良好的沙质壤土，较耐寒，耐旱，耐肥，适应能力强。

春夏花事 北方地区，通常在3月上旬繁育，在温室或大棚里，制作长5.6米，宽1.2米，高25～30厘米的苗床，床面翻松打碎整平，让其在太阳下暴晒几天，再用高锰酸钾溶液把苗土消毒。将假龙头花种子撒播在苗床上，覆沙土，厚约种子直径的2倍。平时保持苗床湿润。在16～21℃条件下6～7天可以出苗，3～4片真叶时可以分苗，移栽。夏季高温季节，要注意及时浇水，保持盆土湿润。

秋冬花事 可通过摘心促使侧枝萌发。种子成熟后割取花穗，晒干，打下种子，干燥保存。

06 *Inula japonica*

旋覆花

别名：金佛草、六月菊。菊科旋覆花属多年生草本植物。叶长圆状披针形，基部多少狭窄，常有圆形半抱茎的小耳；头状花序少数或多数，顶生，呈伞房状排列；舌状花黄色，舌片线形；瘦果长椭圆形，被白色硬毛，冠毛白色。花期 6—10 月，果期 9—11 月。花可供药用。

06 日 | 10 月 星期＿＿

花事记

今日花事

喜温暖、湿润环境，耐热、耐寒，不耐旱，生长快、耐瘠薄。

春夏花事 选地耙平，开出小沟，将种子均匀撒入沟内，覆薄土，稍镇压后畦面覆盖稻草或落叶，并浇 1 次透水，保持土壤湿润，20 天左右即可出苗。出苗后撤除稻草或落叶等覆盖物，可保留一薄层，既利于保持畦面湿润不板结，又能有效防止杂草丛生。

秋冬花事 病害有根腐病，多雨季节注意松土排水，发病后可用 50% 多菌灵可湿性粉剂 1000 倍液喷洒。冬季室外可越冬。

07 *Musella lasiocarpa*

地涌金莲

芭蕉科地涌金莲属植物。植株丛生，具水平向根状茎；假茎矮小，叶片长椭圆形，先端锐尖，基部近圆形，两侧对称；花序直立，直接生于假茎上，密集如球穗状；苞片黄色，有花2列，每列4～5花。原产中国云南，为中国特产花卉。开花时犹如涌出地面的金色莲花，景观十分壮丽。被佛教寺院定为“五树六花”之一，也是傣族文学作品中善良的化身和惩恶的象征。

07日 10月

星期＿＿

7月 8月 9月 10月 11月 12月

花事记

今日花事

喜光照充足，喜温暖，喜肥沃、疏松土壤。

春夏花事 早春季节，把根部分蘖长成的小株带上匍匐茎，从母株上切下另行种植。在植株周围开沟施腐熟有机肥，并在假茎基部培以肥土。旺盛生长期适量追肥，可促进生长开花。生长期间，维持微湿的状态对其生长有利。

秋冬花事 花后地上部假茎逐渐枯死，应及时将其砍掉，以利翌年再发；寒冷地区宜在温室内栽培，越冬温度应不低于 1℃。

08 *Clerodendrum bungei*

臭牡丹

唇形科大青属灌木。小枝近圆形；叶片纸质，宽卵形或卵形，边缘具粗或细锯齿；伞房状聚伞花序顶生，苞片叶状，披针形或卵状披针形；花冠淡红色、红色或紫红色。花果期 5—11 月。植株有臭味，根、茎、叶入药，有祛风解毒、消肿止痛之效。花期较长，可以盆栽，也可以地栽。

08 日 10 月

星期 ___

花事记

今日花事

喜欢温暖湿润和阳光充足的环境，耐湿、耐旱、耐寒。

春夏花事 盆栽用菜园土加适量土杂肥作基质。盆径15～20厘米的，每盆定植1株；盆钵大时，每盆可栽2～3株。带土团更易成活。栽后浇足定根水。

秋冬花事 秋季追施有机粪肥，冬季施土杂肥。常有锈病和灰霉病为害，用50%苯灵菌可湿性粉剂2500倍液喷洒灰霉病植株，用20%萎锈灵乳油400倍液喷洒锈病植株。

09 *Pontederia cordata*

梭鱼草

雨久花科梭鱼草属多年生湿生草本植物。地茎叶丛生，叶片深绿色，表面光滑，叶形多为倒卵状披针形；花葶直立，通常高出叶面，穗状花序顶生，每条穗上密密簇拥着几十至上百朵蓝紫色圆形小花，上方两花瓣各有两个黄绿色斑点。花果期5—10月。花期较长，是一种较有前途的水生观赏植物。

花事记

今日花事

喜温、喜阳、喜肥、喜湿，怕风，不耐寒。静水及水流缓慢的水域中均可生长。

春夏花事 分株繁殖可在春夏两季进行。主要是将梭鱼草的地下茎挖出，去掉老根茎，切成具 3 ～ 4 芽小块分栽。盆栽时灌满盆，保持一定的水层。

秋冬花事 梭鱼草不耐寒，冬季温度低的时候需要防寒。可以将梭鱼草的盆栽灌水并放进室内越冬，保持温度在5℃以上。

10

Curcuma phaeocaulis

莪术

姜科姜黄属多年生草本植物。根茎圆柱形，肉质，具樟脑般香味，末端膨大成块根；叶直立，椭圆状长圆形至长圆状披针形，中部常有紫斑，叶柄较叶片为长；花葶由根茎单独发出，常先叶而生，穗状花序阔椭圆形，苞片卵形，花萼白色，唇瓣黄色，近倒卵形，基部具叉开的距。花期4—6月。根茎可供药用。

10日

10月

星期___

7月 8月 9月 10月 11月 12月

花事记

今日花事

喜阳光充足，排水良好，土层深厚，上层疏松，下层紧密，肥沃的沙土或沙壤土。生长适温 16 ～ 28℃。

春夏花事 选择中等肥壮、长块根多、个体完整无病虫害的莪术作种用。4 月上旬种植，行株距 35 厘米 ×30 厘米，穴内施厩肥、草皮灰混合肥，肥上盖一层土。每穴放种茎 1 个，芽向上，覆土，再盖一层稻草，浇透水。在苗高 10 ～ 15 厘米时进行第一次中耕除草，以后每隔半个月进行一次，一般进行 2 ～ 3 次中耕除草。提供其充足的散射光。

秋冬花事 在 10 月以后，要保持田间干燥。8℃以上可安全越冬。

11

Amaranthus caudatus

尾穗苋

苋科苋属1年生草本植物。茎直立，粗壮，具钝棱角；叶片菱状卵形或菱状披针形，顶端短渐尖或圆钝，具凸尖；圆锥花序顶生，下垂，有多数分枝，中央分枝特长，由多数穗状花序形成，苞片红色，胞果近球形，上半部红色。花期7—8月，果期9—10月。

11日 10月 星期___

7月 8月 9月 10月 11月 12月

花事记

今日花事

对土壤要求不严，生长期最佳适温 18 ～ 28℃。

春夏花事 北方通常 3—5 月播种，播后覆土不宜超过 1 厘米，播后温度保持 20 ～ 25℃，3 ～ 5 天出苗，随着幼苗增长要及时间苗。幼苗 5 ～ 6 叶时，即可定植或入盆。

秋冬花事 切忌浇水过多，生育期间保持土壤见湿见干即可。成株地上部株冠沉重，为防止雨后肉质茎脆弱、风吹倒伏，需在主干旁插立柱，稍加绑缚。能耐 -2℃寒霜。

12

Helenium autumnale

堆心菊

菊科堆心菊属多年生草本植物。茎直立或基部稍弯曲，高 50 ～ 100 厘米，茎头纵棱，具有稀疏长柔毛。基生叶丛生，有叶柄，叶片线状披针形，花冠倒卵形，顶端 3 齿裂，黄色；瘦果长圆形，有粗毛；冠毛 8 片，鳞片状，顶端长尖，白色。花期 7—10 月。

花期长，是园林境花卉地被观花类植物。

12 日 | 10 月 | 星期___

花事记

今日花事

习性喜热、喜光，耐高温高湿，也耐高温干燥。适应性强，养护管理简单。

春夏花事 适宜温度 19 ～ 30℃，可耐 35℃高温，相对高温利于缩短生长周期。堆心菊喜日照充足和长日照，日照少于 12 小时，植株不长高甚至出现莲座化，需补光或使用植物生长调节剂打破莲座化。一般不需要使用植物生长调节剂，播种到开花需要 12 ～ 14 周。

秋冬花事 地上部分枯萎，可安全越冬。

13 *Sedum lineare*

金叶佛甲草

景天科景天属佛甲草的变种。叶片金黄色，枝叶生长茂盛，覆盖地面能力强，速度快，植株低矮，匍匐地面生长，高 10 ～ 20 厘米，开金黄色花。花果期 4—7 月。

13日 10月 星期___

花事记

今日花事

耐旱性极强，久不浇水也不会死，但叶片会干枯，进入假休眠。耐热，越晒长得越好。在荫蔽处茎会拉长，颜色不好。耐病害。

春夏花事 撒种主要适合于雨季或阴天进行，要求播于地势平坦、土壤疏松、已耕耙的湿润地块。做畦不宜过大，过大操作不便。将生长旺盛的茎叶剪成 3 ～ 4 厘米，均匀撒种在整好的畦内，撒种的茎叶间距大概 1cm 左右，用细土覆盖至似露非露程度后，进行喷灌，保持土壤湿润，约一周左右即生根。

秋冬花事 在土壤上冻前，进行封冻水灌溉。冬季温度不低于 10℃时可在露地越冬。

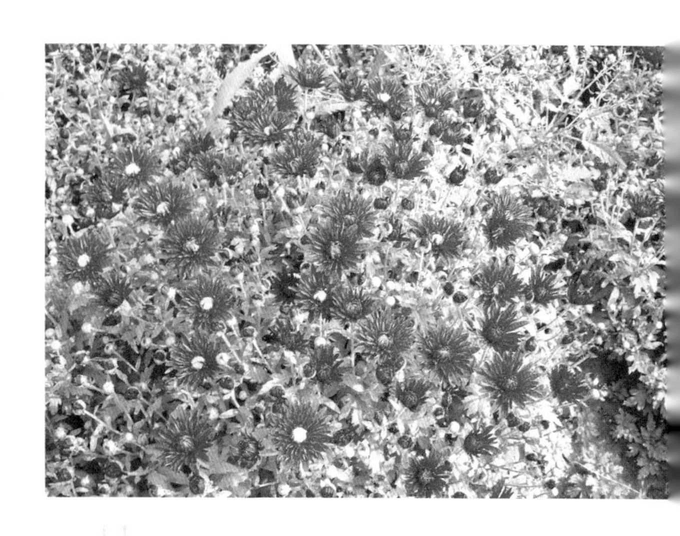

14

地被菊

菊科菊属多年生宿根草本植物。是利用菊花野生种质资源反复杂交选育出的菊花品种。植株低矮，开花早、花期长、开花繁密。花色有红、深红、褐红、紫红等多种。6—7 月形成花蕾，陆续开花至 10 月中下旬。园林绿地的空地、树下均可作地被植物用，是较好的城市绿化花卉之一。

14 日

10 月

星期＿＿

花事记

今日花事

有一定的耐阴性、耐瘠薄性、耐盐碱性和耐污染性。

春夏花事 利用穴盘基质扦插育苗。穴盘内的基质用泥炭，或将泥炭、珍珠岩和蛭石按 4 ∶ 3 ∶ 3 的比例配制，拌匀后装入 105 孔的穴盘，压实。将穴盘整齐摆放，浇透水待用。4 月中下旬扦插，采集越冬母株枝条顶端 6 ～ 8 厘米未木质化的新梢作插穗。用稍粗于插穗的木棍在每穴中央扎孔，插入插穗，插入长度约为插穗的 1/3，随后将基质挤压实。初春灌一次解冻水，一般情况下整个生长季均可粗放管理。

秋冬花事 具有一定的耐寒性。现蕾后和透色期各追施复合肥 1 次。当开败后，将干枯的植株剪去，注意不要伤及基部萌发出来的脚芽。封冻前浇一次越冬水。

15 *Hyoscyamus niger*

天仙子

茄科天仙子属2年生草本植物。高可达1米，全体被黏性腺毛。根较粗壮。一年生的茎极短，茎生叶卵形或三角状卵形，顶端钝或渐尖。花在茎中部以下单生于叶腋，在茎上端则单生于苞状叶腋内而聚集成蝎尾式总状花序。蒴果包藏于宿存萼内，长卵圆状，长约1.5厘米，直径约1.2厘米。种子近圆盘形，直径约1毫米，淡黄棕色。夏季开花。其叶、根、花、种子可入药。天仙子茎叶繁茂，群花期长达2个月，铜铃状的花朵微微垂头，可广泛种栽于公园、道路两侧，布置花坛外轮可起到画龙点睛的作用，亦可作为绿化带呈块状播种。

15日 10月 星期___

花事记

今日花事

天仙子适应性强，当年苗耐寒、喜光、喜肥，喜排水良好的沙质壤土。

春夏花事 早春播种。土壤偏干时可少量喷水，忌大水漫灌。天仙子喜肥，头年第1次施肥以施氮肥为主，时间为间苗后5天；第2次在7—8月以叶面肥为主，用“富尔655”或“磷酸二氢钾+尿素”。生长期注意中耕除草。第二年5月展叶，6—7月采叶、嫩茎及花分别晒至八成干，置阴凉处晾干备用。

秋冬花事 种子的采收，9月种子成熟，割取全草。取根晒干。搓干种子，晒干，即为“天仙子”。

16

Ixora chinensis

龙船花

茜草科龙船花属灌木。叶对生，有时由于节间距离极短几成 4 枚轮生，披针形；花序顶生，多花，具短总花梗；花冠红色或红黄色，顶部 4 裂，裂片倒卵形或近圆形，扩展或外翻。花期 5—7 月。花色丰富，有红、橙、黄、白、双色等。花色鲜丽，景观效果极佳，是重要的盆栽木本花卉。广泛用于盆栽观赏。

16 日　10 月

星期___

花事记

今日花事

龙船花较适合高温及日照充足的环境，喜湿润炎热。生长适温在23～32℃。当气温低于20℃时，其长势减弱。

春夏花事 春季播种。营养土以园土1份、河沙1份，有机肥土1份充分混合制成。发芽适温为22～24℃，播后20～25天发芽，长出3～4对真叶时可移苗于8厘米盆。龙船花喜湿怕干，茎叶生长期需给予充足水分。保持盆土湿润，有利于枝梢萌发和叶片生长。

秋冬花事 每半月施用“卉友”21-7-7酸肥1次。如发现叶片淡绿、变薄且缺乏光泽，开花少，花色较浅，应增加光照。当温度低于10℃后，其生理活性降低，生长缓慢；当温度低于0℃时，会产生冻害。霜冻前移入室内。

17 *Yucca gloriosa*

凤尾丝兰

天门冬科丝兰属常绿灌木。叶密集，螺旋排列茎端，质坚硬，有白粉，剑形；顶端硬尖，边缘光滑，老叶有时具疏丝；圆锥花序高1米多，花大而下垂，乳白色，常带红晕；蒴果干质，下垂，椭圆状卵形。花期9—10月。凤尾丝兰花大、树美、叶绿，是良好的庭园观赏树木。

17日 10月

星期___

花事记

今日花事

喜温暖湿润和阳光充足的环境，性强健，耐瘠薄，耐寒，耐阴，耐旱也较耐湿。

春夏花事 在春季2—3月根蘖芽露出地面时可进行分栽。分栽时，每个芽上最好能带一些肉根。将分开的蘖芽埋入其中，埋土不要太深，稍盖顶部即可。定植前施足基肥，定植后浇透水。盆栽时，春秋两季各施1～2次氮、磷、钾复合肥即可，冬夏季节不施肥。

秋冬花事 经常修剪枯枝残叶，花后及时剪除花梗。常发生褐斑病和叶斑病为害，可用70%甲基托布津可湿性粉剂1000倍液喷洒。虫害有介壳虫、粉虱和夜蛾为害，可用40%氧化乐果乳油1000倍液喷杀。

18

Taxus cuspidata 'Nana'

矮紫杉

红豆杉科红豆杉属植物，是由东北红豆杉（紫杉）（红豆杉科红豆杉属）培育出来的一个具有很高观赏价值的品种。半球状密纵灌木，树形矮小，树姿秀美，终年常绿。叶螺旋状着生，呈不规则两列，有短柄，先端且凸尖，上面绿色有光泽。花期5—6月，种子9—10月成熟。假种皮鲜红色，异常亮丽。

18日 10月 星期＿＿

7月 8月 9月 10月 11月 12月

花事记

今日花事

不耐阳光直射，喜散射光照射，耐阴性好。宜放置于半阴半阳、空气流通且湿润的场所。耐修剪，怕涝。喜生长于富含有机质的湿润土壤中。

春夏花事 矮紫杉宜保持盆土湿润，但不可积水。每年春季放叶，夏秋生长期水分可略多一些。夏季最好经常喷洒叶面水，能保持叶色青翠浓绿。修剪可随时进行，主要剪除徒长枝和过密枝，以保持树形疏密相称。宜用以氮为主的肥料，每年春秋各施 1 ～ 2 次，不要多施，以免肥多施后新枝徒长。观赏时不宜久放室内，容易引起叶黄脱落而生长不良。

秋冬花事 矮紫杉每年秋后萌芽，次年春天放叶，入冬后盆土稍干，不宜勤浇水。耐寒性极强，冬季除较浅盆外都可在室外越冬。

19 *Rudbeckia hirta*

黑心金光菊

菊科金光菊属多年生宿根草本花卉，常作1～2年生草花栽培。全株被有粗糙的刚毛，在近基部处分枝；叶互生，全缘，无柄；头状花序单生，盘缘舌状花金黄色，有时有棕色环带。花期5—9月。花朵硕大，色彩鲜艳，花期又长，常作花坛、花径材料，亦可盆栽家庭观赏或作切花材料。

19日 | 10月 | 星期___

7月 8月 9月 10月 11月 12月

花事记

今日花事

要求阳光充足。耐寒性，也适应夏热，生长旺盛。土壤适应性广。耐干旱，怕水涝。植株生长期最适温度为5～20℃，白天不超过26℃，夜间在5℃以上。在适宜的温度下，植株可以持续生长开花。

春夏花事 春季3月和秋季9月为自然生长的最佳播种时间。播种时间与它的自然花期关系密切，春季3月播种，6—7月开花。花期灌水，切勿使叶丛中心钻水，否则易引起花芽腐烂。生长期间消耗养分多，应及时追肥补充，需要氮、磷、钾的比例约为15∶8∶25，特别在花期，应提高磷、钾肥的施用量。

秋冬花事 秋季9月播种，幼苗初期生长缓慢，长至4片真叶后移植一次，于11月初定植。可露地越冬，翌年5—6月开花。

20

Acmella oleracea

桂圆菊

菊科金纽扣属一二年生花卉。株高30～40厘米。多分枝；叶对生，广卵形，边缘有锯齿，叶色暗绿；头状花序单生于茎、枝的顶端或叶腋，花梗细而长，开花前期呈圆球形，后期伸长呈长圆形；花黄褐色，无舌状花，筒状花两性。花期4—11月。花形奇特，极为可爱，适合花坛、花境及公园路边栽培，也可盆栽点缀阳台、窗台等处。

20日 10月

星期___

花事记

今日花事

不耐寒，喜温暖、湿润、向阳环境，忌干旱，宜植于疏松、肥沃的土壤。

春夏花事 一般于春季露地苗床播种繁殖，幼苗生长缓慢。经间苗移植后，5—6 月定植，株行距 30 ～ 40 厘米。栽培期间适当施肥。干旱时浇水。

秋冬花事 于秋季 9 月花序枯黄后即可采种，种子轻而薄，选种时需轻扬，以防损失种子；同时勿与苞片混杂。其他栽培管理工作比较简单。

21 *Fittonia albivenis*

网纹草

爵床科网纹草属多年生常绿蔓生草本植物。叶十字对生，卵形或椭圆形，绿色；从叶基部伸出主脉，与靠近主脉交替密生的侧脉以及横生细脉纵横交替，形成醒目的白色网纹或红色网纹。顶生穗状花序，黄色。花期 9—11 月。

21 日 10 月 星期___

7月 8月 9月 10月 11月 12月

花事记

今日花事

喜高温多湿和半阴环境，对温度特别敏感，生长适温为18～24℃。

春夏花事 分株繁殖，网纹草在茎叶生长比较密集的时候有不少匍匐茎节上已长出不定根，只要匍匐茎在10厘米以上即可带根剪下，可直接盆栽，然后在半阴处恢复1～2周后转入正常养护。

秋冬花事 秋冬季注意保温，气温低于12℃叶片就会受冷害，约8℃植株就可能死亡。网纹草虫害有介壳虫、红蜘蛛为害，可用40%氧化乐果乳油1000倍液喷杀。

22 *Antirrhinum majus*

金鱼草

车前科金鱼草属多年生直立草本植物。茎基部有时木质化，高可达 80 厘米；茎基部无毛，中上部被腺毛，基部有时分枝；叶下部的对生，上部的常互生，具短柄；叶片无毛，披针形至矩圆状披针形，长 2～6 厘米，全缘；总状花序，花冠筒状唇形，基部膨大成囊状，上唇直立，2 裂，下唇 3 裂，开展外曲；有白、淡红、深红、肉色、深黄、浅黄、黄橙等色；蒴果卵形。花果期 6—9 月。因花状似金鱼而得名。具有清热解毒、凉血消肿之功效。

22 日 | 10 月 | 星期 ___

花事记

今日花事

喜阳光，也能耐半阴。性较耐寒，不耐酷暑。

春夏花事 春播在3—4月进行。选择疏松肥沃、排水良好的土壤。每克种子6300～7000粒，播后不用覆盖，将种子轻压一下即可。发芽适温为21℃，浇水后盖上塑料薄膜，放半阴处，约7～10天可发芽，切忌阳光暴晒。发芽后幼苗生长温度为10～16℃，出苗后6周可移栽。盆土保持湿润、阳光充足。

秋冬花事 秋季每半月施一次含有氮、钾的混合肥料，浓度以0.01%为宜。冬季控制浇水，可使植株生长健康，花多而色艳。

23 *Verbena bonariensis*

柳叶马鞭草

马鞭草科马鞭草属草本植物。茎四方形，叶对生，卵圆形至矩圆形或长圆状披针形；基生叶边缘常有粗锯齿及缺刻，通常 3 深裂，裂片边缘有不整齐的锯齿；穗状花序顶生或腋生，细长如马鞭；花冠淡紫色或蓝色。花果期 5—9 月。颜色艳丽，群体效果非常壮观，可做观赏植物。

23 日 10 月

星期___

花事记

今日花事

喜阳光充足环境，怕雨涝。性喜温暖气候，生长适温为20～30℃，不耐寒。

春夏花事 种子发芽适温20～25℃，播后9～15天发芽。播种40天后可根据花苗长势及时定植。每平方米栽植10株左右，以利于分枝和生长发育所需要的空间。若栽植过密，在后期生长过程中易导致不透风。一季花结束，可剪掉花头，九月可开第二季花。

秋冬花事 10℃以下生长较迟缓。秋冬季将柳叶马鞭草根部以上割除后，对其根部直接覆膜，使柳叶马鞭草的根部不受冻害。

24 *Zephyranthes carinata*

韭莲

别名：韭兰、风雨花。石蒜科葱莲属多年生草本植物。鳞茎卵球形，直径2～3厘米；基生叶常数枚簇生，线形，扁平，株高约15～30厘米，成株丛生状；叶片线形，极似韭菜；花茎自叶丛中抽出，花瓣多数为6枚，呈粉红色，略弯垂。花期6—9月。适合庭园花坛缘栽或盆栽。

24日 10月 星期___

7月 8月 9月 10月 11月 12月

花事记

今日花事

喜光，但也耐半阴。喜温暖环境，但也较耐寒。

春夏花事 盆栽每17厘米盆植5～7个球。栽植后注意灌水保持湿度。栽培地点要日照充足，生育适温为22～30℃。荫蔽处不易分生子球，也不容易开花。

秋冬花事 植株丛生而显拥挤时，必须强制分株。9—10月成熟。由于其花期较长，因此，种子采集时间也不集中。注意观察，在果皮由绿色变为黑色时选择饱满充实的种子及时采收。如发生蛴螬虫害，可用辛硫磷对植物进行浇灌。

25

七叶树

Aesculus chinensis

无患子科七叶树属落叶乔木。树皮深褐色；小枝圆柱形，有淡黄色的皮孔；冬芽大形，有树脂；掌状复叶，由5～7小组成，上面深绿色；花序圆筒形，花瓣4，白色，长圆倒卵形至长圆倒披针形；果实球形或倒卵圆形，黄褐色。花期4—5月，果期10月。树形优美、花大秀丽，果形奇特，是观叶、观花、观果不可多得的树种，为世界著名的观赏树种之一。

25日 10月 星期＿＿

花事记

今日花事

喜光，稍耐阴；喜温暖气候，也能耐寒。

春夏花事 3月下旬进行播种。深度为3～4厘米，播种时种脐朝下，覆土4厘米，覆土与畦面平，用脚轻轻踩踏。1个月后出土。6月上旬是七叶树高生长期，要增大浇水量；7—8月为七叶树苗木质化期，应减少浇水量，促进苗木地茎生长和木质化。

秋冬花事 仲秋时节，七叶树果实外皮由绿色变成棕黄色，并有个别果实开裂时，就可以采集。果实采集后阴干，待果实自然开裂后剥去外皮。将筛选出的纯净种子按1：3的比例与湿沙混匀，然后用湿藏层积法在湿润排水良好的土坑贮存，并且留通气孔。冬灌后冬季可安全越冬。

26 *Tagetes patula*

万寿菊（孔雀草）

万寿菊又称孔雀草，菊科万寿菊属1年生草本植物。茎直立，分枝斜展；叶羽状分裂，头状花序单生，管状花花冠黄色；瘦果线形。花期6—10月。从播种到开花仅需70天。

26日 10月

星期___

花事记

今日花事

撒落在地上的种子在合适的温度、湿度条件中可自生自长，是一种适应性十分强的花卉。

春夏花事 早春育苗在大棚内不加温即可，种子发芽无需光照，通常在播种后覆盖一层薄薄的基质，建议以粗片蛭石为好，这样，既可以遮光，又可以保持育苗初期基质的湿润。保持基质湿润，但要防止过湿，温度保持在22～26℃。

秋冬花事 全草可药用，秋季采收，鲜用或晒干后用。晚霜后定植庭院、花坛或盆栽。

27 *Oxalis corymbosa*

红花酢浆草

酢浆草科酢浆草属多年生直立草本植物。地下球状鳞茎，叶基生，小叶片扁圆状倒心形，顶端凹入，两侧角圆形；总花梗基生，二歧聚伞花序，花瓣倒心形，淡紫色至紫红色；小花繁多，烂漫可爱。花果期3—12月。可布置成花坛、花境、花丛、花群及花台等。该种全草可入药。

27 日 | 10月 | 星期__

花事记

今日花事

适生湿润的环境，干旱缺水时生长不良，可耐短期积水。

春夏花事 春季做切茎繁殖，成活率较高，将球茎切成块，每块上带2～3个芽，栽上一个多月即可发出新叶片，当年就能开花。炎热季节生长缓慢，基本上处于休眠状态。夏季受高温干燥气候影响，叶片易受红蜘蛛为害，可用5%阿维菌素3000倍液喷雾控制。

秋冬花事 秋季水分不宜过多，霜冻前移入室内，注意通风、保湿，可连续开花。冬季抗寒力较强。

28 *Hymenocallis speciosa*

蜘蛛兰

别名：水鬼蕉。石蒜科水鬼蕉属多年生鳞茎草本植物。叶基生，倒披针形；花葶硬而扁平，实心；伞形花序，花径可达 20 厘米，花被筒长裂，一般呈披针形；雄蕊 6 枚着生于喉部，而下部为被膜联合成杯状或漏斗状副冠；花绿白色，有香气。花期夏末秋初。

28日 10月

星期___

花事记

今日花事

喜温暖湿润，不耐寒；喜肥沃的土壤，喜阳光。

春夏花事 春天栽植母球时，勿深栽，球颈部分与地面相平即可。子球可稍深些。生长期保持土壤湿润，每 30 天追肥 1 次。夏季强光时，需放半阴处。

秋冬花事 秋季挖球，干藏于室内，用干木屑贮藏。越冬温度不低于 15℃。

主要病害有叶斑病和叶焦病，发现少量病害时，摘除病叶销毁。病害发生严重时，用 75% 代森锰锌可湿性粉剂 500 倍液喷雾防治。

29

Capsicum annuum

辣椒

茄科辣椒属 1 年生草本植物。单叶互生，全缘，卵圆形，叶片大小、色泽与青果的大小色泽有相关性；花小，有白色、绿白色、浅紫色和紫色；果实有各种颜色。花果期 5—11 月。观赏椒是辣椒家族的一朵奇葩。既具有花卉的新奇美丽，同时又兼有一般辣椒的食用价值。

29 日

10 月

星期____

花事记

今日花事

喜温、怕霜冻、忌高温。生长适温18～30℃，果实发育适温为25～28℃。成熟的果实可以耐10℃的低温。

春夏花事 春播宜早，辣椒种子用温水浸种15分钟，取出用清水浸种3～4小时，捞起后用干净的湿布包好置于25～30℃的温度下催芽，待种子“露白”时即可播种。当幼苗长至17～20厘米，具有6～8片真叶可移栽定植。较耐旱，不宜浇水过多。

秋冬花事 结果期注意保持盆土湿润。大部分果实基本成熟后，可将上部茎叶和果实剪掉，继续浇水、追肥、精心养护，如管理得当，观赏辣椒可以再次发侧枝，开花结果至元旦前后。

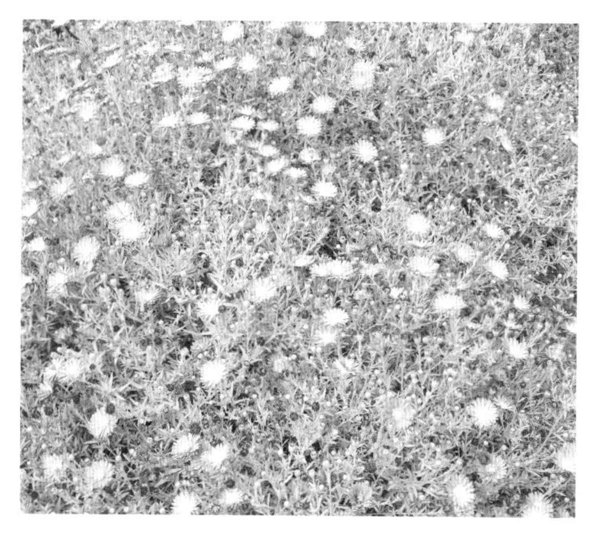

30 *Aster novi-belgii*

荷兰菊

菊科紫菀属多年生宿根草本植物。株高可达 100 厘米，全株被粗毛，叶片狭披针形至线状披针形；头状花序伞房状着生，花较小，舌状花，淡蓝紫色或白色。花期 8—10 月。花繁色艳，适应性强，植株较矮，自然成形，盛花时节又正值国庆节前后，故多用作花坛、花境材料，也可片植、丛植，或作盆花或切花。

30日 10月

星期___

7月 8月 9月 10月 11月 12月

花事记

今日花事

喜欢通风湿润的生长环境，适应性很强，耐干旱、贫瘠和寒冷，喜欢阳光能够照射到的环境。

春夏花事 最佳播期为7—8月。播种过早，会提前抽薹，营养生长转化为生殖生长，失去了肉质根的作用；播种深度1厘米。播种后先浇水、再盖草，这样可预防高温暴晒和暴雨冲刷对荷兰菊的影响，确保苗齐、苗匀。生长期里，需要每2周施1次薄肥，使植株生长旺盛，多开花。日常浇水要见干见湿，在天气干旱的时候要多浇水，可以喷水来保持空气的湿度。

秋冬花事 入冬前浇封冻水1次，即可安全越冬。蚜虫为害时，用乐果1000倍或1500倍液防治。东北地区也可以露地过冬。

31

Plumeria rubra 'Acutifolia'

鸡蛋花

夹竹桃科鸡蛋花属落叶灌木或小乔木。枝条粗壮，带肉质；叶厚纸质；聚伞花序顶生；总花梗三歧，肉质；花梗淡红色，花冠外面白色，花冠筒外面及裂片外面左边略带淡红色斑纹，花冠内面黄色。花期5—10月。具有极高的观赏价值。鲜花晒干，泡水饮用，可预防中暑等；叶片捣烂外敷，可治瘀伤或溃疡；树皮及枝叶所含的乳汁有毒，外敷可医治疥疮及红肿等症。

31日 10月

星期___

花事记

今日花事

耐干旱，忌涝渍，抗逆性好。耐寒性差，最适宜生长的温度为 20 ～ 26℃。

春夏花事 主要通过扦插繁殖。选取 1 ～ 2 年生粗壮枝条，从分枝基部剪取长 20 ～ 30cm 枝段。让剪口处流出的白色乳汁自然阴干，再扦插入培养土中。隔 1 天喷水 1 次，使基质保持湿润。30 ～ 35 天可生根。白天花盆要放置在阳光充足的向阳处给予充足的光照。

秋冬花事 生长季节每个月追施 1 次有机复合肥，冬季停止施肥。北方盆栽宜在 10 月中下旬移入室内向阳处越冬。越冬期间长时间低于 8℃易受冷害。

注意，鸡蛋花茎叶有毒，不要让小孩玩耍，更不要入口。

01 *Cotyledon tomentosa*

熊童子

景天科银波木属的多年生肉质草本植物。植株多分枝，茎绿色，肉质叶肥厚，交互对生，卵圆形，绿色，密生白色短毛。叶端具红色爪样齿，二歧聚伞花序，小花黄色。花期7—9月。绿色叶片密布白色绒毛，很像熊掌，花朵玲珑小巧，形态奇特，十分可爱，可用小型工艺盆栽种点缀书桌、窗台等处。繁殖方法有扦插等。

01日 11月 星期＿＿

花事记

今日花事

喜温暖干燥、阳光充足、通风良好的环境。

春夏花事 随着熊童子的生长，过小的盆无法满足其生长需求，一般每 1 ～ 2 年要换盆一次，宜于春季进行。当夏季温度超过 35℃时，植株进入休眠期，生长停滞，会自动减少或停止水分吸收。此时应减少浇水，防止因盆土过度潮湿引起根部腐烂，同时应适当遮阴以防止烈日晒伤向阳叶片，防止留下疤痕。春季、夏初和秋季的生长期可充分浇水，以保持盆土湿润，每月施一次腐熟的稀薄液肥或复合肥。

秋冬花事 冬季搬室内养护，应放阳光充分的窗前。冬季熊童子能耐 5℃的低温，浇水要根据室温和阳光等情况而定，若阳光不足则盆土不宜过湿。冬季需严格控制浇水，保持盆土干燥。

02 *Medinilla magnifica*

粉苞酸脚杆（宝莲灯花）

粉苞酸脚杆又称宝莲灯花。野牡丹科酸脚杆属常绿小灌木。茎较短而粗壮，叶形类似柑橘，互生；植株多分枝，花茎从叶腋处抽出。硕大的花蕾类似倒挂的灯笼，开花时的花瓣类似倒开的荷花，花茎顶端和花瓣处挂满类似珍珠宝石的小球，故名宝莲灯花。花色有浅粉色和粉红色。花期为2—8月，花开时间可长达百天以上。盆栽粉苞酸脚杆花最适合宾馆、厅堂、商场橱窗、别墅客室中摆设。以扦插繁殖为主。

02日 11月

星期___

花事记

今日花事

性喜温暖湿润的环境，生长适温为18～26℃。不耐寒，稍耐阴，忌暴晒，不耐干旱。要求土壤疏松肥沃，呈酸性、排水良好且富含有机质的腐叶土或泥炭土最为适宜。

春夏花事 常于春末秋初用当年生枝条进行嫩枝扦插，或于早春用上一年生的枝条进行老枝扦插。粉苞酸脚杆比较不耐热，在炎热的夏季，若气温达到27℃以上，应通过遮阴、室内喷水、通风等方法降低温室内温度。

秋冬花事 冬季温度宜在15℃以上，最低不可低于12℃，低于5℃就会受到寒害，进而严重危及其生存。北方要在有加温设施的温室内过冬。

03 *Ilex cornuta*

枸骨

别名：猫儿刺、老虎刺等。冬青科冬青属常绿灌木或小乔木。花期 4—5 月，果期 10—12 月。叶形奇特，碧绿光亮，四季常青，入秋后红果满枝，经冬不凋，艳丽可爱，是优良的观叶、观果树种。可在庭院作绿篱栽培，也可盆栽，陈设于厅堂，放在几架上。因有刺勿让儿童触摸，以免受伤。在欧美国家常用于圣诞节的装饰。扦插、播种繁殖。

03 日 | 11 月 星期＿＿

花事记

今日花事

耐干旱，每年冬季施入基肥，喜肥沃的酸性土壤，不耐盐碱。较耐寒，长江流域可露地越冬，能耐 -5℃的短暂低温。喜阳光也能耐阴。

春夏花事 枸骨盆景通常 2 ～ 3 年翻盆一次，常于春季 2 ～ 3 月进行，也可在秋后树木进入休眠期时进行。翻盆时可修去部分老根，施足基肥，保留 1/2 旧土，重新上盆。

梅雨季节实行嫩枝扦插，成活率较高。枸骨喜欢阳光充足、气候温暖的气候，及排水良好的酸性肥沃土壤，耐寒性较差，生长得缓慢，要多施磷肥，才能果密色鲜。枸骨的果实很吸引鸟雀啄食，因而在果期要加以遮盖保护，夏季还要将盆移置阴处。

秋冬花事 秋季果实成熟，采下的成熟种子需在潮湿低温条件下贮藏至翌年春天播种。冬季需入室越冬。

04

Ruellia simplex

蓝花草
（狭叶翠芦莉）

蓝花草又称狭叶翠芦莉。爵床科芦莉草属多年生草本植物。茎直立，与叶柄、花序轴和花梗均无毛，等距地生叶，上部分枝；茎下部叶有稍长柄；叶片五角形。总状花序数个组成圆锥花序；花梗斜上展。种子倒卵球形，密生波状横翅。花期7—8月。品种可分为高性种和矮性种两种类型，高性适宜做自然花境或在庭院种植。矮性适合盆栽观赏或做盆景，也可做花坛或地被的镶边材料。

04日 11月 星期___

花事记

今日花事

耐干旱能力较强。喜高温，耐酷暑，生长适温22～30℃。不择土壤，耐贫瘠力强，耐轻度盐碱土壤，但较怕积水。

春夏花事 主要用播种、扦插等方法繁殖，一年四季均可进行，但以春秋为最佳季节。生长期间适量浇水，土壤保持湿润即可，炎夏时需向叶面喷水。施肥以复合肥或磷、钾肥含量高的肥料为佳。植株生性强健，病虫害较少发生。

秋冬花事 抗寒力较低，遇5～6℃长期低温或短期霜冻，植株会受到轻微寒害。11月之后，就基本上没有花了，尤其是在1月前后低温来袭，叶片变暗和发紫，在一定程度上影响景观效果。

05

钩吻

Gelsemium elegans

钩吻科钩吻属常绿木质藤本植物。小枝圆柱形，幼时具纵棱；叶片膜质，卵形，除苞片边缘和花梗幼时被毛外，全株均无毛。种子扁压状椭圆形或肾形，边缘具有不规则齿裂状膜质翅。5—11 月开花，7 月至翌年 3 月结果。钩吻在中国东南沿海被当地群众称为“猪人参”，能使猪增加食欲。

05 日

11 月

星期 ___

7月 8月 9月 10月 11月 12月

花事记

今日花事

钩吻属于不耐低温、又怕高温的短日照植物，怕霜冻，喜光，在树林内很少有生长，多生长在阳光充足的路边、村边、高压线路下。

春夏花事 一般于春季播种，播种后气温在 25 ～ 30℃时，种子 6 ～ 10 天左右可见露白，15 天左右两子叶多数展开，苗期在 3 片真叶时，即可移栽到穴盘上假植。采用穴盘育苗的，苗龄在 6 ～ 8 片真叶时即可带土移栽到大田。

秋冬花事 于 7 月至翌年 3 月结果，可采收种子，摊开晒干，扬去杂物，装袋干藏保存。

06

Plumbago auriculata

蓝花丹

白花丹科白花丹属常绿柔弱半灌木。上端蔓状或极开散；除花序外无毛；被有细小的钙质颗粒；叶薄，通常菱状卵形至狭长卵形；穗状花序约含 18 ~ 30 枚花，花冠淡蓝色至蓝白色；果实未见。花期 6—9 月和 12—4 月。宜植于花坛、草坪。枝条顶端簇生繁星似的鲜艳小花，远远望去，淡蓝色的鲜花状若蓝英，清晰淡雅。

06 日 | 11 月

星期____

花事记

今日花事

加强营养管理，增加光照时间。性喜温暖，不耐寒冷，在中国华东及其他温带地区，可作温室花卉栽培。最适宜的生长温度为 22 ～ 25℃。

春夏花事 5—6 月时开始扦插，要挑选生长发育健壮枝条，每段长 8 ～ 12 厘米，至少要有 3 个节间，保留上端的 2 ～ 4 片叶。为减少水分蒸发，顶部留下的叶片，每片再剪去一小半，保持环境温度在 22 ～ 25℃之间。

秋冬花事 秋季根据土壤墒情，适当浇水，保持土壤湿润即可，冬季可在入冬前把水灌透，以后不再浇水。

07

Jasminum sambac

茉莉花

为木犀科素馨属常绿灌木或藤本植物，原产于印度、巴基斯坦，中国早已引种，并广泛种植。花期 5—8 月。茉莉喜温暖湿润和阳光充足环境，其叶色翠绿，花色洁白，香气浓郁，是最常见的芳香性盆栽花木。在素馨属中，最著名的一种就是茉莉花。茉莉有着良好的保健和美容功效，可以用来饮食。它象征着爱情和友谊。

07 日　11 月

星期 ___

花事记 ____________________

今日花事

性喜温暖湿润，在通风良好、半阴环境生长最好。以含有大量腐殖质的微酸性沙质壤土为最适合。大多数品种畏寒、畏旱，不耐霜冻、湿涝和碱土。

春夏花事 盆栽茉莉花，3 月可整形修剪。首先修去过密枝、干枯枝、病弱枝、交叉枝等，然后将留下的枝条短剪，留枝条长 15 厘米，促新枝生长，有利开花。盛夏季每天要早、晚浇水，如空气干燥，需补充喷水。茉莉花扦插繁殖，于 4—10 月进行，选取成熟的 1 年生枝条，剪成带有两个节以上的插穗，去除下部叶片，插在泥沙各半的插床，覆盖塑料薄膜，保持较高空气湿度，约经 40 ~ 60 天生根。

秋冬花事 每年霜降前入温室，越冬室温为 5 ~ 10℃，5℃以下受冻害，0℃以下易死亡。最适生长温度为 20 ~ 25℃。冬季休眠期，要控制浇水量，如盆土过湿，会引起烂根。冬季受冻害持续时间较长时就会死亡。

08 鹅掌柴 *Schefflera heptaphylla*

五加科南鹅掌柴属常绿灌木。分枝多，枝条紧密。掌状复叶，小叶 5 ～ 8 枚，长卵圆形，革质，深绿色，有光泽。圆锥状花序。是热带、亚热带地区常绿阔叶林常见的植物。盆栽布置客室、书房和卧室，具有浓厚的时代气息。叶片可以从烟雾弥漫的空气中吸收尼古丁和其他有害物质，并通过光合作用将之转换为无害的植物自有的物质。另外，它每小时能把甲醛浓度降低大约 9 毫克。花期 11—12 月，果期 12 月。

08 日 | 11 月 | 星期____

花事记

今日花事

喜温暖、湿润、半阳环境。宜生于土质深厚肥沃的酸性土中，稍耐瘠薄。鹅掌柴的生长适温为 16 ～ 27℃。

春夏花事 3—9 月适宜生长温度为 21 ～ 27℃，在 30℃以上高温条件下仍能正常生长。对光照的适应范围广，在全日照、半日照或半阴环境下均能生长。但光照的强弱与叶色有一定关系，光强时叶色趋浅，半阴时叶色浓绿。在明亮的光照下斑叶种的色彩更加鲜艳。喜湿怕干，但对临时干旱和干燥空气有一定适应能力。

春夏花事 冬季环境温度不应低于 5℃。若气温在 0℃以下，植株会受冻，出现落叶现象；但如果茎干完好，翌年春季会重新萌发新叶。在室外放置需要加盖地膜防寒，只要苗床局部空间的环境温度不低于 5℃，一般可平安过冬。

木本曼陀罗 *Brugmansia arborea*

茄科木曼陀罗属落叶小乔木。茎粗、叶大，叶卵状心形，顶端渐尖，嫩枝和叶两面均被柔毛；花白色，喇叭状下垂，长达 20 余厘米。花期 6—11 月。其洁白硕大的花朵下垂悬吊，犹如灯笼，是观赏价值很高的花木。在南方园林景观配置中通常有大花曼陀罗、黄花曼陀罗、粉花曼陀罗，它们花期长，花大，枝叶扶疏、花形美观、香味浓烈，观赏价值很高。园林中常孤植或群植，适于坡地、池边、岩石旁及林缘下栽培观赏，也适合大型盆栽。花枝可用于插花。叶和花含莨菪碱和东莨菪碱。

09 日 | 11 月 | 星期＿＿

花事记

今日花事

喜光照充足湿润的气候，在肥沃、适湿而排水良好的酸性或微酸性土壤中生长良好，忌低湿水涝。

春夏花事 种子繁殖。于 4 月上旬撒种，5 月下旬移栽定植。生长期中耕除草 2 ～ 3 次，需在根部培土，以防茎秆倒伏。6 月上旬定苗，苗高 8 ～ 10 厘米时间苗，间去弱苗。定苗后，可适当施入腐熟的人畜粪水或过磷酸钙追肥。

秋冬花事 我国北京、青岛等市有栽培，冬季放在温室；福州、广州等市及云南西双版纳等地区则终年可在户外栽培生长。种子 12 月成熟，应及时采收。全草有毒，以果实特别是种子毒性最大，嫩叶次之。干叶的毒性比鲜叶小。

10 *Tibouchina semidecandra*

巴西野牡丹

野牡丹科蒂牡花属常绿小灌木。枝条红褐色；叶对生，椭圆形至披针形，两面具细茸毛；花顶生，大型、5瓣，深紫蓝色；花萼五片，红色，披绒毛；蒴果坛状球形。一年可多次开花。原产巴西低海拔山区及平地，中国广东、海南等地有引种栽培。它的植株清秀，花期长，花朵艳丽，非常适合庭园、绿地的绿化、美化。一般采用扦插繁殖。

10日 | 11月 | 星期___

花事记

今日花事

巴西野牡丹性喜阳光充足、温暖、湿润的气候；对土壤要求不高，喜微酸性的土壤。具有较强的耐阴及耐寒能力，在半阴的环境下生长良好。

春夏花事 扦插时间为春季3月中旬至5月初。巴西野牡丹容易生根，可不使用生根剂，扦插深度2～3厘米，将插穗插入营养袋基质中并轻轻压实浇透水。扦插后需覆盖遮阳网。应保持基质湿润，及时清除杂草，注意病、虫害对扦插苗的为害，要及时防治。适时对扦插苗进行追肥，追肥结合浇水进行。春夏季要注意排水。

秋冬花事 在高温炎热的夏季和天气干燥的秋、冬季，每天浇1～2次水即可满足植物生长需要。冬季能耐一定的霜冻和低温。温度持续在2～8℃约一周，叶缘和叶尖会出现轻微的变红或褐红色的斑点，天气回暖后又重新恢复绿色和抽生新芽、新叶。

11 *Bauhinia × blakeana*

红花羊蹄甲

豆科羊蹄甲属常绿乔木。叶革质，圆形或阔心形，顶端二裂，状如羊蹄，裂片端圆钝。总状花序或有时分枝而呈圆锥花序状；红色或红紫色；花大如掌；花瓣 5，其中 4 瓣分列两侧，两两相对，而另一瓣则翘首于上方，形如兰花状。有近似兰花的清香，故又被称为“兰花树”。花期 11 月至翌年 4 月。该物种是美丽的观赏树木，花大，紫红色，盛开时繁英满树，终年常绿繁茂，颇耐烟尘，特适于做行道树。为广州主要的庭园树之一。为香港特别行政区的区花。

11 日 | 11 月 星期____

花事记

今日花事

性喜温暖湿润、多雨的气候、阳光充足的环境，喜土层深厚、肥沃、排水良好的偏酸性沙质壤土。萌芽力和成枝力强，分枝多，极耐修剪。

春夏花事 扦插繁殖为主，嫁接繁殖为次。此树虽然满树红花，但由于雌蕊的柱头已退化，不能授粉育种，故“花而不实”，无种子繁殖。移植宜在早春 2—3 月进行。小苗需多带宿土，大苗要带土球。温室盆栽，春、夏水分宜充足，保持湿度。夏季高温时要避免阳光直晒。

秋冬花事 此花在亚热带、长江流域盆栽，冬季应入温室越冬，最低温需保持 5℃以上。

12

Hylocereus undatus

量天尺（火龙果）

量天尺又称火龙果。别名：红龙果、龙珠果。仙人掌科量天尺属植物。花期7—12月。果实呈椭圆形，外观为红色或黄色，有绿色圆角三角形的叶状体，白色、红色或黄色果肉，具有黑色种子。火龙果营养丰富，含有一般植物少有的植物性白蛋白以及花青素，丰富的维生素和水溶性膳食纤维。在自然状态下，火龙果果实于夏秋成熟，味甜，多汁。以扦插和嫁接繁殖为主。

12日 11月 星期___

花事记

今日花事

喜光耐阴，耐热耐旱，喜肥耐瘠。在温暖湿润、光线充足的环境下生长迅速。火龙果可适应多种土壤，但以含腐殖质多，保水保肥的中性土壤和弱酸性土壤为好。

春夏花事 春夏季露地栽培时应多浇水，使其根系保持旺盛生长状态，在阴雨连绵天气应及时排水，以免感染病菌造成茎肉腐烂。生长的最适温度为 25 ～ 35℃。

秋冬花事 火龙果耐 0℃低温和 40℃高温，在北方可温室大棚栽培。每年采果后剪除结过果的枝条，让其重新发出新枝，以保证来年的产量。

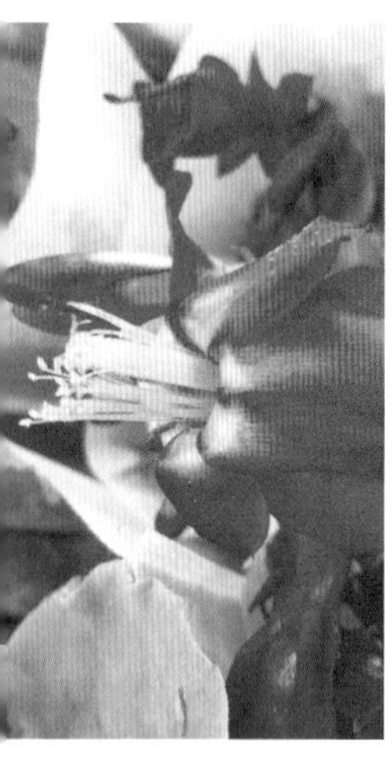

13

Schlumbergera truncata

蟹爪兰

仙人掌科仙人指属附生肉质植物。灌木状，茎悬垂，多分枝无刺，老茎木质化，幼茎扁平；鲜绿色或稍带紫色，顶端截形，花单生于枝顶，两侧对称；花萼顶端分离；花冠数轮，雄蕊多数，浆果梨形。花期10月至翌年2月。因节径连接形状如螃蟹的副爪，故名蟹爪兰。

13日 11月

星期___

花事记

今日花事

喜欢温暖湿润的半阴环境，喜欢疏松、富含有机质、排水透气良好的基质。生长适宜温度为25℃左右。蟹爪兰属短日照植物，每天日照8～10小时的条件下，2～3个月即可开花，可通过控制光照来调节花期。

春夏花事 家中常用扦插的方式进行繁殖。选生长健壮的蟹爪兰3～7节，一般有1.5节插入盆土内即可。环境温度超过30℃时进入半休眠状态。夏季高温空气干燥，选择通风透光的遮阴处放置，不可轻易挪动。应少浇水、忌淋雨，以免烂根，可向植株和植株附近的土面喷水，以增加空气湿度、降低温度。生长季节保持盆土湿润，避免过干或过湿。空气干燥时喷叶面水，特别是孕蕾期喷叶面水有利于多孕蕾。花谢后，及时从残花下的3～4片茎节处短截，同时疏去部分老茎和过密的茎节，以利于通风和居家养护。

秋冬花事 冬季应搬到室内，开花期温度以10～15℃为好，并移至散射光处养护，以延长观赏期。不耐寒，最低环境温度不能低于10℃。

14 *Lithops pseudotruncatella Subsp. archerae*

生石花

番杏科生石花属多肉植物的总称。茎很短；变态叶肉质肥厚；3～4年生的生石花秋季从对生叶的中间缝隙中开出黄、白、粉等色花朵，多在下午开放，傍晚闭合，次日午后又开，单朵花可开3～7天。开花时花朵几乎将整个植株都盖住。花期盛夏至中秋。异株授粉花谢后结出果实，可收获非常细小的种子。生石花形如彩石，色彩丰富，娇小玲珑，被称为“有生命的石头”。生石花属于室内花卉。

14 日

11 月

星期 ___

花事记

今日花事

生石花喜冬暖夏凉气候。喜温暖干燥和阳光充足环境。怕低温，忌强光。喜阳光充足，生长适温为10～30℃。宜生长在疏松透气的中性沙壤土中。一年四季都要放在温室内养护，不宜露天种植，也不宜地栽。盆栽也要用砖将花盆垫高或放在有一定高度的架子、台子上，以避免暴雨时温室进水将花盆淹没，造成植株腐烂，同时多通风，以免发臭。

春夏花事　春季4—5月播种，因种子细小，一般采用室内盆播。播种后不必覆盖泥土，否则不能发芽。盆土干时应采取浸盆法浇水，切勿直接浇水，以免冲失种子。播种温度15～25℃。播后约半个月发芽。出苗后让小苗逐渐见光。幼苗仅黄豆大小，生长迟缓，管理必须谨慎。一般长出后及3～5天浇一次水。实生苗需2～3年才能开花。

秋冬花事　每年秋季花后植株开始在其内部孕育新的植株，并逐渐长大，随着新植株的生长，原来的老植株皱缩干枯，只剩下一层皮，并被新株涨破，直到最后完全脱去这层老皮。对于干枯的老根以及腐烂的根系，应同时予以剪除，然后再用新的培养土栽种。此时应停止施肥，控制浇水。

15 Aeonium 'Zwartkop'

黑法师

景天科莲花掌属多肉草本植物，为莲花掌的栽培品种。其外形特殊，叶色美观，极具观赏价值，厚重的叶片聚合而成的花形，十分美丽。花期在春末。

15日 11月 星期＿＿

花事记

今日花事

黑法师是“冬种型”，喜温暖、干燥和阳光充足的环境，耐干旱，不耐寒，稍耐半阴。可用肥沃又排水透气良好的培养土种植，日照过少时叶片会变为绿色。黑法师因叶片本身容易变成黑色，所以在吸收热量上要强于其他多肉植物，日照过多会导致叶片变软。

春夏花事 夏季高温时植株有短暂的休眠期，此时植株生长缓慢或完全停滞，可放在通风良好处养护，避免长期雨淋，并稍加遮光，节制浇水，也不要施肥。春、秋季和初夏是植株的主要生长期，应给予充足的阳光，虽然在半阴处也能生长，但生长点附近会变成暗绿色，其他部位叶片的黑紫色也会变淡，成为浅褐色，影响观赏。繁殖可在早春剪下莲座叶盘扦插，剩下的茎上会群出蘖芽。如果初夏时扦插非但成活率受影响，且茎上出芽也少。叶插繁殖不易。

秋冬花事 冬季若最低温度不低于 11℃，可正常浇水，使植株继续生长，但不必施肥；如果保持不了这么高的温度，节制浇水，使植株休眠，也能耐 4 ～ 6℃的低温。

16

Punica granatum 'Lagrellei'

玛瑙石榴

别名：安石榴、海榴。千屈菜科石榴属落叶灌木或小乔木。针状枝，叶呈倒卵形或椭圆形，花多为朱红色，亦有黄色和白色；浆果近球形，外种皮肉质半透明，多汁；内种皮革质。花期5—6月。性味甘、酸涩、温，具有杀虫、收敛、涩肠、止痢等功效。玛瑙石榴是石榴的一个品种，花边泛白，观赏性好且兼具良好的食用性，适合盆景观赏及食用大面积种植。

16日　11月

星期＿＿

花事记

今日花事

喜欢背风、向阳、干燥的环境。适宜生长温度15～20℃。

春夏花事 萌芽前，从树势健壮的母株上剪取1～2年生枝条作为种条，截成有2～3节的短插枝，剪截后将其浸入40%多菌灵300倍液处理。之后把插条下端放在生根粉水溶液中浸5秒后扦插。将插条斜面向下插入土中，上端的芽眼距地1～2厘米。插完后立即浇水。灌水后可用地膜或麦糠覆盖保墒。生长期间保持盆土湿润，光照越充足，花越多越鲜。

秋冬花事 进入结果期，对徒长枝要进行夏季摘心和秋后短截，避免顶部发生二次枝和三次枝，使其贮存养分，以便形成翌年结果母枝，同时还要及时剪掉根际发生的萌糵。冬季温度不宜低于-18℃，否则会受到冻害。

17 *Ficus carica*

无花果

桑科榕属落叶灌木或小乔木。全株具乳汁，树皮灰褐色，皮孔明显；小枝粗；叶互生，厚纸质，宽卵圆形，雌雄异株；榕果单生叶腋，梨形；熟时紫红或黄色，瘦果透镜状。花果期5—7月。中国唐代即从波斯传入，南北方均有栽培，新疆南部尤多。是世界上最古老的栽培果树之一，经济价值较高。果实味甜可食或作蜜饯，又可作药用，也供庭园观赏。

17日　11月

星期＿＿

花事记

今日花事

保水性较好的沙壤土最适合无花果生长及果实发育的要求。不耐寒，不耐涝，喜光。生长期间对水分条件的要求不严格。

春夏花事 扦插一般分为春插和秋插，而又以春插为主。盆栽保持盆土湿润，一周浇 2 ～ 3 次水；夏季高温，早晚都需要浇一次水，适当施加氮、磷、钾肥，比例为 0.5 ：1 ：1，在生长旺季每半个月施一次肥即可。5—7 月防治天牛为害。

秋冬花事 果期相当长。从 6 月到 11 月，每年有 5 个多月的收果期。盆栽无花果保持盆土湿润。冬季温度低于 -10℃时应移入室内，半个月浇一次水即可，盆土保持稍干即可。地栽时树干需石硫合剂涂白越冬。

18 *Pinguicula gigantea*

巨大捕虫堇

狸藻科捕虫堇属多年生草本。叶片像花瓣一样，呈莲座状生长，肉质，光滑，质地较脆，呈现明亮的绿色，表面有细小的腺毛，腺毛分泌黏液，能黏住昆虫。是捕虫堇中最大的品种。

18日 11月

星期___

花事记

今日花事

生存温度为 0 ～ 38℃，适宜温度为 15 ～ 28℃。环境湿度应 >60%。浇水需使用矿物质含量低的水（如雨水、纯净水等）。适合采用盆浸法种植，盆底供水，保持基质较高湿度；但还要防止基质表面过湿导致烂根。栽培基质需用泥炭土、水苔、珍珠岩、沙等。适宜栽种在明亮有通风、散光的环境。

春夏花事 春夏是其生长旺盛的季节，适合扦插及播种。夏季天气炎热，对光照要求不大，注意防晒。一天浇水一次。捕虫堇是非常需要养分的植物，不然将会逐渐衰退，影响美观。一般来说可以每隔一个月给捕虫堇施一次复合肥或有机肥，每次不能施肥太多，不然会导致伤根，最后使捕虫堇叶片枯萎死亡。

秋冬花事 冬季天气寒冷，捕虫堇会处于休眠状态，所以最好等土壤快干时浇水，每次浇水都要控制水分，避免积水烂根。

19 乒乓菊 *Chrxsanthemum × morifolium 'pompon'*

菊科菊属多年生草本植物。根部生长较为发达，枝条细长带有植被毛；叶片为单叶互生，叶型呈卵形至卵状披针形，基部心形或楔形，先端尖形，羽状深裂，复不整状粗细锯齿缘，叶背被短柔毛。花朵生于枝头，形状酷似乒乓球；花色有红、白、黄、绿，其中黄色和绿色最为常见；花香属于比较清淡类型。作为鲜切花使用，原产自日本，主要生长在我国四季如春的昆明，家庭养殖不多。乒乓菊造型讨巧、可爱，而且保鲜时期较长，一般可有 20 天以上的赏花期，深受大众喜爱。圆形的乒乓菊象征着“圆满”，而爱情需要甜蜜，更贵在圆融，配上玫瑰花，代表爱情圆满长久。

19 日 | 11 月

星期 ___

花事记

今日花事

喜好生长光照充足、温暖湿润的环境中，但耐寒性较差，适宜生长在 15 ～ 25℃的环境中。以肥沃、疏松、略带沙质，且排水性及透气性好的土壤为宜。

春夏花事 乒乓菊多选择在春季 4—5 月开始播种，夏季属于生长旺季，大约在秋季 9 月开花。当气温高于 30℃且低于 35℃时，只要满足水分补给，也能够健康生长；当气温高于 35℃时，就需要及时避光、通风。在乒乓菊种子育苗期，每天保持适当的高温及长时光照，更有利于种子快速萌芽。

秋冬花事 花期主要集中在秋季 9—10 月，单花开放的时间可维持在 20 天左右，因此，无论盆栽还是地栽，乒乓菊都有较长的赏花时间。光照主要以柔光及散光照射为主。在寒冷的冬季，由于受到低温的影响，会进入短时的休眠期，这时就需要将其移于室内养殖，尽量放置窗台、阳台等，容易见光的位置。0℃以下的低温，会造成乒乓菊植株冻伤、死亡。

20 *Lonicera maackii*

金银忍冬

别名：金银木。忍冬科忍冬属落叶灌木。高可达 6 米，茎干直径可达 10 厘米；凡幼枝、叶两面脉上、叶柄、苞片外面都被短柔毛；冬芽小，卵圆形。叶纸质。花两性；果实暗红色，圆形，直径 5 ～ 6 毫米；种子具蜂窝状微小浅凹点。花期 5—6 月。花是优良的蜜源，果是鸟的美食，并且全株可药用。茎皮可制人造棉，种子油可制肥皂。春末夏初繁花满树，黄白间杂，芳香四溢；秋后红果满枝头，鲜艳夺目，而且挂果期长，经冬不凋，可与瑞雪相辉映，是一种叶、花、果具美的花木。

20 日 11 月 星期____

花事记

今日花事

性喜强光，每天接受日光直射不宜少于4小时，稍耐旱，但在微潮偏干的环境中生长良好。生长适温为14～28℃。

春夏花事 3月中、下旬，种子开始萌动的即可播种。5月、6月各追施一次尿素，每次每亩施15～20千克。及时浇水，中耕除草，当年苗可达40厘米以上。也可在6月中、下旬进行嫩枝扦插，管理得当，成活率也较高，也可以秋季选取一年生健壮饱满枝条进行硬枝扦插。

秋冬花事 每年10—11月种子充分成熟后采集，将果实捣碎、用水淘洗、搓去果肉，水选得纯净种子，阴干，干藏至翌年1月中、下旬，取出种子催芽。较耐寒，中国北方绝大多数地区可露地越冬。

21

大岩桐

Sinningia speciosa

苦苣苔科大岩桐属多年生草本植物。块茎扁球形，地上茎极短，株高可达 25 厘米，全株密被白色绒毛；叶片对生，肥厚，有锯齿；花顶生或腋生，花冠钟状，有粉红、红、紫蓝、白、复色等色。花期 3—8 月。是节日点缀和装饰室内的理想盆花。

21 日

11 月

星期＿＿

花事记 ____________________

今日花事

喜温暖，湿润，半阴，忌强光直射。宜在富含腐殖质的疏松、肥沃、偏酸性沙质壤土中生长。生长期适宜温度20～25℃，不耐寒。

春夏花事 夏季气温高达30℃以上时会使植株呈半休眠状态。生长期要求空气湿度大。不喜大水，避免雨水侵入。夏季必须放在通风、具有散射光的荫棚里精心养护。否则极易引起叶片枯萎。应根据花盆干湿程度每天浇1～2次水。

秋冬花事 冬季休眠期盆土宜保持稍干燥些，若温度低于5℃、空气湿度又大，会引起块茎腐烂。冬季气温下降到5℃左右时休眠。当植株枯萎休眠时，将球根取出，藏于微湿润沙中。冬季幼苗期应阳光充足，促进幼苗健壮生长。

22

Pelargonium hortorum

天竺葵

别名：洋绣球、石蜡红、入蜡红、日烂红、洋葵。牻牛儿苗科天竺葵属落叶灌木。茎直立，基部木质化，上部肉质，多分枝或不分枝，具明显的节，有浓烈鱼腥味；叶互生，边缘波状浅裂，具圆形齿，两面被透明短柔毛，表面叶缘以内有暗红色马蹄形环纹。露地栽培花期5—7月，如温室栽培可全年开花。是很好的装饰窗台的花卉。

22日 11月 星期___

花事记

今日花事

天竺葵喜燥恶湿，最适温度为15～20℃。光照不足时，茎叶徒长，花梗细软，花序发育不良；弱光下的花蕾往往花开不畅，提前枯萎。天竺葵不喜大肥，肥料过多会使天竺葵生长过旺，不利开花。

春夏花事 春秋季节是最适宜的生长的时期，要合理控制光照、水分和肥料。夏天的时候，注意温度。温度过高时，应避免使天竺葵接受阳光的暴晒。土湿则茎质柔嫩，不利花枝的萌生和开放；长期过湿会引起植株徒长，花枝着生部位上移，叶子渐黄而脱落。

秋冬花事 北方地区应在霜降到来时把盆株移至室内，放在向阳的窗前，使其充分接受光照。若光照不足，植株容易徒长，影响花芽的形成，甚至已形成的花蕾也会因光照不足而枯萎。如果在南方，也应在立冬过后将盆株移到避风保暖向阳处，既便于盆花多晒太阳，又便于躲避风寒。冬季室内每天保持10～15℃，夜间温度8℃以上，即能正常开花。

23 *Trachycarpus fortunei*

棕榈

棕榈科棕榈属一种常绿乔木。高3～7米，茎直立，不分枝；叶柄硬而长；叶片圆扇形，掌状深裂；肉穗花序生于叶间，花黄色；核果集生成穗形，近球形，棕衣可制绳索、床垫等，叶可编帽子。花期4—5月，10—11月果熟。棕榈树栽于庭院、路边及花坛之中，树势挺拔，叶色葱茏，适于四季观赏。北方常盆栽观赏。

23日 11月 星期___

花事记

今日花事

棕榈喜温暖湿润气候，稍耐寒耐阴。适生于排水良好、疏松、肥沃、湿润之地；微酸性土、中性土及石灰性土均能适应。过湿之地，易于腐根；且为浅根性树种，易于风倒。

春夏花事 正常生长温度是22～30℃，要求有充足的光照，在缺少光照的荫蔽环境里，会使幼龄植物茎叶徒长。夏季长时间的高温时应结合浇水喷雾降温，减少影响。

秋冬花事 棕榈可耐-15℃低温。如低温未伤及茎尖，可修剪掉受伤的叶片，结合翌春肥水管理使之恢复；如根际受伤或茎顶腐烂则生存的可能性极小。越冬前应少施氮肥，多施磷、钾肥，增强光照，增加植物体内的糖分积累，提高抗寒能力。北方需移入室内越冬。

24 *Chlorophytum comosum*

吊兰

别名：垂盆草、挂兰等。天门冬科吊兰属多年生常绿草本植物。根状茎平生或斜生，有多数肥厚的根；叶丛生，线形。有时中间有绿色或黄色条纹。花茎从叶丛中抽出，长成匍匐茎在顶端抽叶成簇，花白色。花期 5 月。植株有净化空气的作用，全株可入药。可采用扦插、分株、播种等方法进行繁殖。

24 日 11 月

星期 ___

花事记

今日花事

吊兰性喜温暖湿润、半阴的环境。它适应性强，较耐旱，不甚耐寒。不择土壤，在排水良好、疏松肥沃的沙质壤土中生长较佳。对光线要求不严，一般适宜在中等光线条件下生长。生长适温为 15 ～ 25℃。

春夏花事 吊兰扦插从春季到秋季可随时进行。剪取吊兰匍匐茎上的簇生茎叶，直接将其栽入花盆内培植即可，浇透水放阴凉处养护。扦插时注意不要埋得太深，否则容易烂心。盆栽可用肥沃的沙壤土、腐殖土、泥炭土，或细沙土加少量基肥。

秋冬花事 盆栽吊兰在管理上，为求茎叶茂盛，在每年的秋季入室前应换盆土一次。在翻盆时，将植株从盆中磕出，剪去枯腐根和多余的根系，换上新的富含腐殖质的培养土，再施以牲畜蹄角片或腐熟的饼肥作基肥。栽好后，放半阴温暖处缓苗。待植株恢复健壮生长后，将花盆吊于廊檐下或室内适当位置。下部枯叶、黄叶要随时摘去，叶尖发黄时用剪刀斜着剪去黄头。平时要保持正常湿度，不宜干燥，也不宜过湿。冬季环境温度应不低于 7℃即可。

25 *Matthiola incana*

紫罗兰

十字花科紫罗兰属2年生或多年生草本植物。全株密被灰白色具柄的分枝柔毛。茎直立，多分枝，基部稍木质化。叶片长圆形至倒披针形或匙形。花期4—5月。紫罗兰花朵茂盛，花色鲜艳，香气浓郁，花期长，花序也长，为众多爱花者所喜爱，适宜于盆栽观赏，适宜于布置花坛、台阶、花径，可作为冬、春两季的切花。

25日 11月 星期___

花事记

今日花事

喜冷凉的气候，忌燥热。喜通风良好的环境，冬季喜温和气候，但也能耐短暂的 -5℃的低温。生长适温白天 15～18℃，夜间 10℃左右，对土壤要求不严，但在排水良好、中性偏碱的土壤中生长较好，忌酸性土壤。

春夏花事 紫罗兰耐寒不耐阴，怕渍水，适生于位置较高的地方。在夏季梅雨天气，炎热而通风不良时，易受病虫为害。施肥不宜过多，否则对开花不利。

秋冬花事 紫罗兰的繁殖以播种为主。一般于 9 月中旬露地播种，也可根据用花时间进行调整，在温室内一年四季都可播种。1 月播 5 月开花，2—3 月播 6 月开花，4 月播 7 月开花，5 月中旬播 8 月开花。通常要有 100～150 天的生长期。北方一般做盆栽观赏，可以在春季 4—10 月露地栽培观赏。

26

Cercis chinensis

紫荆

别名：裸枝树、紫珠。豆科紫荆属落叶乔木或灌木。树皮和小枝灰白色。叶纸质，近圆形或三角状圆形，长5～10厘米，花紫红色或粉红色，2朵至十余朵成束，簇生于老枝和主干上，尤以主干上花束较多，越到上部幼嫩枝条则花越少，通常先于叶开放，但嫩枝或幼株上的花则与叶同时开放。花期3—4月。皮果木花皆可入药，其种子有毒。

26日 11月

星期___

7月 8月 9月 10月 11月 12月

花事记

今日花事

原产于中国。性喜欢光照，有一定的耐寒性。喜肥沃、排水良好的土壤，不耐淹。萌蘖性强，耐修剪。

春夏花事 春季开花，先花后叶，一簇数朵，花冠如蝶。一般于春季 3—4 月，进行播种或利用萌蘖和空中压条繁殖。要求肥沃、疏松、排水良好的沙壤土。生长期需施液肥 1 ～ 2 次。春、夏季宜水分充足、湿度大。

秋冬花事 秋、冬季稍干燥，应及时清理枯死枝。

27 *Gardenia jasminoides*

栀子

茜草科栀子属常绿灌木。单叶对生或三叶轮生，叶片倒卵形，革质，翠绿有光泽。浆果卵形，黄色或橙色。花期3—7月。除观赏外，其花、果实、叶和根可入药，有清热利尿，凉血解毒之功效。栀子花枝叶繁茂，叶色四季常绿，花芳香素雅，为庭院中优良的美化材料。北方常盆栽或做盆景观赏。

27日 11月

星期___

花事记

今日花事

栀子花喜光照充足且通风良好的环境，但忌强光暴晒，耐热也稍耐寒（-3℃）。宜用疏松肥沃、排水良好的酸性土壤种植。可用扦插、压条、分株或播种繁殖。

春夏花事 每1～2年的春季翻盆一次。同时剪去过长的徒长枝、弱枝和其他影响株形的乱枝，以保持株形的优美，并促发新枝使其多开花。夏季宜放在荫棚下等具有散射光的地方养护。宜用含腐殖质丰富、肥沃的酸性土壤栽培。一般可选腐叶土3份、沙土2份、园土5份混合配制。浇水应用雨水或发酵过的淘米水，如果是自来水要晾放2～3天后再使用。

秋冬花事 十月寒露前移入室内置向阳处。浇水不宜太多，可经常用与室温相近的水冲洗枝叶，保持叶面洁净，不使灰尘沾污叶面。可耐短期的0℃低温。北方土质偏碱，气候干燥，水质不宜其生长。生长期如每隔10～15天浇1次0.2%硫酸亚铁水，可防止土壤转成碱性，同时又可为土壤补充铁元素，防止栀子叶片发黄。

28 *Nandina domestica*

南天竹

别名：南天竺。小檗科南天竹属常绿小灌木，是我国南方常见的木本花卉种类。花期3—6月。因其形态优越清雅，也常被用以制作盆景或盆栽来装饰窗台、门厅、会场等。繁殖以播种、分株为主，也可扦插。可于果实成熟时随采随播，也可春播。分株宜在春季萌芽前或秋季进行。

28日 11月

星期___

花事记

今日花事

南天竹性喜温暖及湿润的环境，比较耐阴。也耐寒。容易养护。栽培土要求肥沃、排水良好的沙质壤土。对水分要求不甚严格，既能耐湿也能耐旱。比较喜肥，可多施磷、钾肥。生长期每月施 1 ～ 2 次液肥。盆栽植株观赏几年后，枝叶老化脱落，可整型修剪，一般主茎留 15 厘米左右便可，4 月修剪，秋后可恢复到 1 米高，并且树冠丰满。

春夏花事　南天竹在半阴、凉爽、湿润处养护最好。在夏季强光照射下，茎粗短变暗红，幼叶“烧伤”，成叶变红；在十分荫蔽的地方则茎细叶长，株丛松散，有损观赏价值，也不利结实。南天竹适宜生长温度为 20℃左右，适宜开花结实温度为 24 ～ 25℃。

秋冬花事　冬季移入温室内，一般不低于 0℃。翌年清明节后搬出户外。冬季植株处于半休眠状态，不要使盆土过湿。冬季浇水宜在中午进行。在移进室内越冬时施肥一次，肥料可用充分发酵后的饼肥和麻酱渣等。同时剪除根部萌生枝条、密生枝条，剪去果穗较长的枝干，留一二枝较低的枝干，以保株型美观，以利来年开花结果。

29 *Epiphyllum oxypetalum*

昙花

仙人掌科昙花属附生肉质灌木。老茎圆柱状，木质化；分枝多数，叶状侧扁，披针形至长圆状披针形，边缘波状或具深圆齿，深绿色，无毛，中肋粗大，老株分枝产生气根。花单生于枝侧的小窠，漏斗状，于夜间开放，芳香，瓣状花被片白色，边缘全缘或啮蚀状。昙花享有“月下美人”之誉。6—10月期间开花，花渐渐展开后，过1～2小时又慢慢地枯萎了，整个过程仅4小时左右。故有“昙花一现”之说。刹那间的美丽，一瞬间的永恒。

29日 | 11月 | 星期___

花事记

今日花事

喜温暖湿润的半阴和潮湿的环境，不耐霜冻，忌强光暴晒。土壤宜用富含腐殖质、排水性能好、疏松肥沃的微酸性沙质土。

春夏花事 盆栽昙花夏季可放置树荫或屋檐下，但要避开雨水冲滴，以免浸泡烂根及引起植株露根倾倒，影响生长。生长期每半月施肥 1 次，初夏现蕾开花期，增施磷肥 1 次。肥水施用合理，能延长花期，肥水过多，过度荫蔽，易造成茎节徒长，反而影响开花。

秋冬花事 冬季入室勤浇水、停肥，放在有光照处，控制它的生长。冬季室温过高时，从基部常常萌发繁密的新芽，应及时摘除，以免消耗养分影响春后开花。盆栽昙花由于变态茎柔弱，应及时绑扎或立支柱。越冬温度在 10～12℃。冬季可耐 5℃左右低温。如室温达到 20℃以上，可正常生长开花。

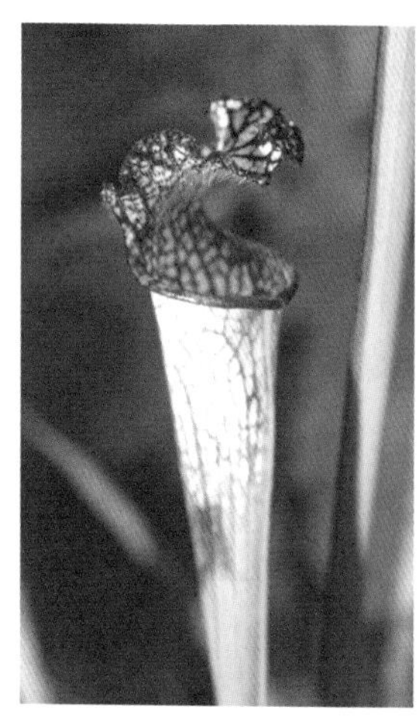

30 *Sarracenia leucophylla*

白网纹瓶子草

瓶子草科瓶子草属多年生食虫草本植物。根状茎匍匐，有许多须根。瓶状叶形成捕虫囊，囊壁开口光滑，并生有蜜腺，分泌香甜的蜜汁，以引诱昆虫前来并掉入囊中，囊内有消化液，可分泌消化酶将昆虫分解，然后由内壁的薄壁细胞构成的腺体分解出来的蛋白分解酶加以吸收。此外，瓶子草在秋冬季节会长出剑形的叶，这种叶片无捕虫囊，只通过光合作用来制造养分。

30日 11月

星期___

花事记

今日花事

白网纹瓶子草是一种湿生食虫植物，在野外可长年浸于沼泽地中生长，因此需要一个极湿的环境，其生长才会壮旺。在人工栽培条件下，如果用腰水套盆种植的话，浇水时可直接将水灌入套盆中或浇至套盆水满为止。

春夏花事 使用叶插或者根茎段扦插都能繁殖。可把叶子剪半从母株上剥下，斜插于洁净的基质上；或者将根茎切成 2.5 厘米一段，切口涂抹杀菌剂，平放于洁净的基质上，再在上面铺上湿水苔，保持高湿度和明亮的光线，约 2 个月左右可长芽。夏季要把瓶子草移到棚下遮阴。浇水次数可适当增加为 2 次，以补烈日迅速蒸腾水分的不足。人工栽培的瓶子草，每天最好有 6 ～ 8 小时的阳光照射。如果光照不足，盆栽的瓶子草会变得色泽晦暗并徒长，植株原有的鲜红色泽会消失并变成暗绿色。

秋冬花事 秋天种子成熟时可采收种子。种子细小，注意保存。瓶子草冬季要放温室保温，经常通风，不要过湿。冬季休眠期，可节制浇水，保持盆中植料稍湿即可。

01 *Gerbera jamesonii*

非洲菊

别名：太阳花、日头花等。菊科火石花属多年生草本植物。繁殖用播种或分株法。茎直立；根状茎短；多数叶为基生，羽状浅裂，具较粗的须根；顶生花序，花朵硕大，花色分别有红色、白色、黄色、橙色、紫色等。花期11月至翌年4月。花色丰富，是现代切花中的重要材料，供插花以及制作花篮，也可作盆栽观赏。

01日 | 12月 星期____

花事记

今日花事

非洲菊喜空气流通、阳光充足的环境，不耐寒，室温要保持在20℃左右，夜间温度不低于10℃。喜肥沃疏松、排水良好、富含腐殖质的微酸性沙质壤土，可放置在家庭中的室内阳台观赏。

春夏花事 从生产及销售的角度考虑，4—6 月播种或组培繁殖较为理想。种植前 2 ～ 3 天，给土壤浇透水。种植时间在阴天或晴天的早晨和傍晚进行。栽种时要深穴浅植，根颈部位露于土表 1 ～ 1.5 厘米，否则，植株易感染真菌病害。如果植株栽得太浅，采花时易拉松或拉出植株。栽完后及时浇透水。夏季需保持土壤的湿润、不受旱，并向叶面喷雾，以增加空气湿度和降低温度；夏季施肥时氮与钾的比例为 2 ： 1。夏季花期，要注意遮阳及通风降温。

秋冬花事 非洲菊对温度和光照强度较为敏感，应充分做好保暖工作，使其不受冻，夜间温度不低于 10℃，白天不低于 15℃。这些对提高非洲菊的鲜艳度均十分有益。秋冬季花期，注意保温及加温，尤其应防止昼夜温差太大，以减少畸形花的产生。

02

Brassica oleracea var. acephala

羽衣甘蓝

十字花科芸薹属二年生草本植物。为结球甘蓝（卷心菜）的园艺变种。结构和形状与卷心菜非常相似，区别在于羽衣甘蓝的中心不会卷成团。栽培 1 年植株形成莲座状叶丛，经冬季低温，于翌年开花、结实。园艺品种形态多样，边缘叶有翠绿色、深绿色、灰绿色、黄绿色，中心叶则有纯白、淡黄、肉色、玫瑰红、紫红等品种。观赏期为 10 月至翌年 3 月。

02 日

12 月

星期＿＿

花事记

今日花事

喜冷凉气候，极耐寒，不耐涝。可忍受多次短暂的霜冻，生长适温为 20 ～ 25℃。对土壤适应性较强，以腐殖质丰富、肥沃的沙壤土或黏质壤土最宜。在钙质丰富，pH 值 5.5 ～ 6.8 的土壤中生长最旺盛。

春夏花事 春季露地栽培于 1 月上旬至下旬育苗。3 月左右幼苗长至 5 ～ 6 片真叶时可露地定植。浇定植水后中耕，过 5 ～ 6 天浇缓苗水。地稍干时，中耕松土，提高地温，促进生长。以后要经常保持土壤湿润，夏季不积水。注意防治菜青虫、蚜虫和黑斑病。

秋冬花事 8—12 月均可育苗移栽。冬季育苗时注意保温。羽衣甘蓝生长期较长，对营养需求量大。营养杯育苗的在定植前可施一次“送嫁肥”，苗床育苗的在冬季定植后可施一次“定根肥”，以促进幼苗生长。苗床育苗时先将苗畦浇透，播种后上覆 0.5 ～ 1 厘米厚的细土，出苗后保持苗床湿润。

03 *Asplenium nidus*

巢蕨

别名：山苏花。铁角蕨科铁角蕨属多年生阴生观叶草本植物。根状茎直立；鳞片阔披针形，先端渐尖，全缘，薄膜质，深棕色，稍有光泽。巢蕨是一种附生的蕨类植物，在中国热带地区广泛分布；有强壮筋骨、活血祛瘀的作用。是室内优良的观叶花卉。

03日 12月 星期___

花事记

今日花事

生长适温为20～25℃。对土壤适应性较强，而以腐殖质丰富、肥沃的沙壤土或黏质壤土最宜。不耐强光，气温较低时，以保持盆土湿润为好。盆栽植株可常年放在室内光线明亮处养护。

春夏花事 春末夏初新芽生出前，用利刀从基部分切成2～4块，并将叶片剪短1/3～1/2，使每块带有部分叶片和根茎，然后单独盆栽成为新的植株；盆栽后放在温度20℃以上半阴和空气湿度较高地方养护，以尽快使伤口愈合。盆中栽培基质稍湿润，不可太湿，否则容易腐烂。

秋冬花事 秋季短期放在室外树荫下或大棚中，则更有利于其生长，并能增加叶面光泽。盆栽巢蕨，切忌烈日暴晒，否则植株会出现叶色变劣泛黄、叶面灼伤、叶缘枯焦等不正常现象，降低其观赏价值。冬季应保持不低于5℃的棚室温度，若温度过低易导致其叶缘变成棕色，甚至有可能因受寒害而造成植株死亡。冬季气温较低时，以保持盆土湿润为好，可多喷水，少浇水，以免在低温条件下因盆土中水分过多而造成植株烂根。

04

Cytisus scoparius

金雀儿

豆科金雀儿属多年生落叶灌木。因花多为黄色或金黄色，形状酷似雀儿，故名金雀儿。高80～250厘米。枝丛生，直立，分枝细长，无毛，具纵长的细棱。上部常为单叶，下部为掌状三出复叶；小叶倒卵形至椭圆形全缘，长5～15毫米，宽3～5毫米。花单生，于枝梢排成总状花序；花冠无毛，长1.5～2.5厘米。种子椭圆形，灰黄色。花期4—5月。可植于庭园观赏。

04日 | 12月 | 星期___

花事记

今日花事

喜光，耐寒，耐干旱瘠薄。

春夏花事 春季开花前浇一次液肥，可延长花期；花开后，再施一次追肥，催使其枝叶生长，平时适量施以薄肥即可。浇水掌握“不干不浇，浇则浇透”的原则。

秋冬花事 冬季休眠期可施一次液肥。越冬不必防寒。

05

Ananas comosus

凤梨

凤梨科凤梨属多年生常绿草本植物。叶莲座状基生，为镰刀状，上半部向下倾斜，硬革质，带状外曲；叶色有的具深绿色的横纹，或水花纹样，也有的绿叶具深绿色斑点等；特别临近花期，中心部分叶片变成光亮的深红色、粉色；叶缘具细锐齿，叶端有刺；花多为天蓝色或淡紫红色。花期夏季至冬季。尤其可栽培于室内，供家庭园艺观赏。作为客厅摆设，既热情又含蓄。

05日 12月 星期___

花事记

今日花事

大部分凤梨都喜欢半遮阴环境，忌阳光直接照射。平时凤梨花尽量放在室内，可以保持阴凉，不要放在室外暴晒。当气候干燥时要及时浇水。如果是盆景，要注意对凤梨花的形状进行修剪，保持盆景的美观。

春夏花事 春季和秋季是其生长期，这时候要适当浇水，保持土壤湿润。生长期还要注意追加施肥，保证营养供应，可以生长出更大的叶子和花朵。夏季时不要将凤梨花直晒在太阳低下，要适当进行遮挡。在夏季高温高湿期间，易造成通风不足，使生长受阻及易招病虫害，因此需保持通风。花穗抽出后若遇高温（高于 30℃），则花穗颜色淡化，花期也会缩短。在 5—9 月，每周施氮肥一次，花前适当增施磷、钾肥，以促进花大色艳。开花时，筒内不要灌水，存放在避日光处，能延长花期。花后进入休眠期，须将花梗剪除，以减少养分的消耗。

秋冬花事 冬季当温度低于 10℃时，最好移入室内。日间要求在 22 ～ 28℃上下，而夜间最好维持在 20 ～ 21℃左右。在强光或干燥下，湿度小于 50%，叶片会向内卷曲，或无法伸展。在秋冬可 7 ～ 10 天补充一次水分。冬季不要在筒内灌水。

06

Duranta erecta

假连翘（蕾丝金露花）

假连翘又称蕾丝金露花，别名：巧克力花。马鞭草科假连翘属多年生的常绿灌木。其茎可达 3 米；分枝多；小枝柔软而下垂；叶对生，椭圆形；总状花序，顶生或腋生，下垂状；花冠筒状，紫蓝色，5 瓣；花瓣边缘粉紫色，略卷曲，花形似蕾丝花纹。花果期 5—10 月。最特别的是它的花香味和巧克力的味道差不多。是一种新兴的观赏型花卉，世界各地都有引种，南方多用于做花坛或者是庭院绿化和园林造景，而在北方地区一般都是个人种植在家里当作盆景来观赏。

06日 12月

星期___

花事记 ______________________

今日花事

蕾丝金露花喜欢光照，稍耐旱，不耐涝，较少病虫害，在北方需要在室内越冬。蕾丝金露一年四季都可以开花，所以养分一定要补足，建议使用发酵好的营养液1毫升加磷酸二氢钾2克，一起稀释2000倍后浇土，一般7～10天一次，让它一边生长一边开花。

春夏花事 在每年的春季长势非常旺盛的，而且特别容易养活，随便掐根枝条就可以扦插成活。通过修剪，可以长成独立主干的小乔木状或普通灌木状。在生长季节，在植株周围和基质中施用均衡缓释肥或叶面喷施均衡肥。发现花序后，加施磷、钾等开花肥。

秋冬花事 蕾丝金露花稍怕冷，在寒冷地区种植时，可在冬季用塑料薄膜包住植株，或移至室内栽培，春季再移到花园、花台。植于花盆的小苗冬天应拿到温暖的房间里养护。蕾丝金露非常喜光，光照不足，开花就少，香味也会变淡。应放在光照充足的阳台地方养护，越晒花越多，颜色更鲜艳，香味也更浓。

07 *Clerodendrum thomsoniae*

龙吐珠

唇形科大青属常绿灌木。幼枝四棱形；被黄褐色短绒毛，老时无毛；叶片纸质，狭卵形或卵状长圆形，顶端渐尖，基部近圆形，全缘；聚伞花序腋生或假顶生，二歧分枝；苞片狭披针形；花萼白色；花冠深红色；宿存萼不增大，红紫色。花期3—5月。龙吐珠作盆栽观赏，点缀窗台和夏季小庭院。

07 日 12月 星期___

花事记

今日花事

龙吐珠喜温暖、湿润和阳光充足的半阴环境，不耐寒。

春夏花事 一般于早春或花谢后换盆均可，换盆后浇透水，放背阴处缓苗，缓苗后移至阳光充足处养护。夏季30℃以上高温时，应充分浇水，适当遮阴。光线不足时，会引起蔓性生长，不开花。而生殖生长，即开花期的温度宜较低，约在17℃左右。花芽分化不受光周期影响，但较强的光照对花芽分化和发育有促进作用。在黑暗中不宜置放时间过长，在温度21℃以上，超过24小时，就会落花。可进行播种或扦插繁殖。

秋冬花事 2—10月的生长适温为18～30℃，10月至翌年2月为13～16℃。冬季温度应不低于8℃，5℃以下茎叶易遭受冻害，轻者引起落叶，重则嫩茎枯萎。冬季要减少浇水，使其休眠，以求安全越冬。在室内可冬季观赏。

08 *Hedera nepalensis var. sinensis*

常春藤

五加科常春藤属常绿攀缘灌木。茎长 3 ～ 20 米，灰棕色或黑棕色，有气生根；一年生枝疏生锈色鳞片，鳞片通常有 10 ～ 20 条辐射肋。叶片革质，在不育枝上通常为三角状卵形或三角状长圆形。花期 9—11 月。常春藤常攀缘于林缘树木、林下路旁、岩石和房屋墙壁上，庭园也常有栽培。北方地区多盆栽与室内，垂吊或盆栽。

08 日

12 月

星期___

花事记

今日花事

常春藤为阴性藤本植物，喜阴，但在全光照环境下亦可生长。更喜欢温暖湿润的环境，不耐寒。

春夏花事 最忌高温干燥环境，较耐阴，也能在充足的阳光下生长，畏强烈阳光暴晒。以疏松肥沃的壤土最为理想，最适生长温度为25～30℃。常春藤喜光也耐阴，在半光条件下节间较短，叶形一致，色彩鲜艳。长期光照不足会使叶片失去美丽的色彩而变为全绿色，适宜摆放于室内光线明亮处。如果春秋两季将植株移出在室外遮阳处养护一段时间，使早晚多见阳光，则生长更加茂盛。

秋冬花事 冬季0℃以上可安全越冬，能耐短暂的-3℃低温，在寒冷地叶会呈现红色，所以最好在室内越冬。

09

松红梅

Leptospermum scoparium

桃金娘科鱼柳梅属常绿小灌木。株高约 2 米，分枝繁茂，枝条红褐色，较为纤细，新梢通常具有绒毛。叶互生，叶片线状或线状披针形，叶长 0.7 ~ 2 厘米，宽 0.2 ~ 0.6 厘米。花有单瓣、重瓣之分；花色有红、粉红、桃红、白等多种颜色；花朵直径 0.5 ~ 2.5 厘米。蒴果革质，成熟时先端裂开。自然花期晚秋至翌年春末。因其叶似松叶、花似红梅而得名，又因其重瓣花朵形似牡丹，也称“松叶牡丹”。松红梅具有观赏价值与一定的药用价值。

花事记

今日花事

耐旱性强，喜欢凉爽湿润、阳光充足的环境。当外界温度处于18～25℃时，它生长最快。喜欢微酸性的土壤。

春夏花事 平时只要保持土壤湿润就可以。进入雨季以后，不能让花盆中出现积水，否则根部会出现腐烂。养殖期间要注意及时修剪，可以把它的老枝、病枝以及徒长枝全部剪掉，从而达到矮化树冠和保持树形美观的目的。这样能促使植株长出新的枝条，开花更多，观赏价值更高。生长期间，施肥以液态肥料为宜。

秋冬花事 耐寒性不太强，冬季须保持 -1℃以上的环境温度，因此在北方多盆栽观赏。

10 Cattleya hybrida

卡特兰

兰科卡特兰属多年生草本植物。茎通常膨大成假鳞茎状，呈棍棒状或圆柱状；叶长圆形，革质。花单朵或数朵着生于假鳞茎顶端，萼片披针形。花瓣卵圆形，边缘波状。花期多为冬季或早春。花大，色彩丰富，雍容华丽，芳香馥郁。在国际上有“洋兰之王”“兰之王后”的美称，为高档年宵花卉。

10日 12月 星期__

花事记

今日花事

多喜温暖湿润的气候。多生于热带雨林的树干或岩石上。一般不耐寒。

春夏花事 3～10月生长适温为20～30℃。夏季当气温超过35℃以上时，要通过搭棚遮阴、环境喷水、增加通风等措施，为其创造一个相对凉爽的环境，使其能继续保持旺盛的长势，安全过夏，避免发生茎叶晒伤。卡特兰在花谢后约有40天左右的休眠期，此一时期应保持栽培基质稍呈潮润状态。一般在春、夏、秋三季每2～3天浇水1次。

秋冬花事 10月至翌年3月生长适温为12～24℃，其中白天以25～30℃为好，夜间以15～20℃为最佳，日温差在5～10℃较合适。冬季每周浇水1次，当盆底基质呈微润时，为最适浇水时间。浇水要一次性浇透，水质以微酸性为好。不宜夜间浇水喷水，以防湿气滞留叶面导致染病。

11 *Euphorbia lactea f. cristata*

彩春峰

别名：春峰锦、春峰之辉锦。大戟科大戟属多年生肉质植物。春峰之辉的彩化变种，而春峰之辉又是春峰的斑锦变异品种，春峰则是帝锦的缀化（带化）变异品种。彩春峰是近年新引进的多肉植物，其株形奇特而优美，色彩丰富又多变，具有较高的观赏价值。是装饰家居、厅堂，深受人们喜爱的新潮时尚花卉。

11日 12月

星期____

花事记

今日花事

喜温暖、干燥和阳光充足的环境，耐干旱，稍耐半阴，忌阴湿，不耐寒。

春夏花事　春季生长期可放在室外光线明亮且通风良好处养护，保持盆土湿润而不积水，避免长期淋雨和土壤积水，以防烂根。夏季高温时稍加遮光，以免强烈的直射光灼伤表皮；并加强通风，否则会因闷热、潮湿，导致肉质茎腐烂。生长期每月施一次腐熟的稀薄液肥或复合肥，注意肥料中氮肥含量不宜过高，以免植株带有过多的绿色，影响观赏，以磷、钾肥为主，氮肥为辅。

秋冬花事　秋季气温低于10℃时，应移回室内养护，空气干燥时，可向植株喷少量的水，以增加空气湿度，使肉质茎颜色清新，富有光泽。

12

白花虎眼万年青

Ornithogalum arabicum

天门冬科春慵花属多年生草本植物。花25朵簇生于长茎，茎圆柱形。下部生长的花有长柄，所有的柄都有苞叶包裹，苞叶先端尖，绿色，略带白色，花宽为50毫米，被片6，纯白色，子房位于中间，紫黑色，形成鲜明的对比。蒴果，圆柱形。花期7—8月，属球茎盆栽观赏花卉。

12日

12月

星期___

花事记

今日花事

喜光，但却怕强光。适于在肥沃、疏松和排水良好的沙质壤土上栽植；适宜生长的温度在 15 ～ 28℃。

春夏花事 夏季怕阳光直射，若遇到高温天气需要遮光50%。喜干燥环境，浇水不需太勤。若是连续的阴雨天气，要加强通风，避免感染病害。鳞茎有夏季休眠习性。鳞茎分生力强，繁殖系数高。对肥、水要求不严，但怕乱施肥、施浓肥和偏施氮、磷、钾肥，要求遵循“少量多次、搭配均衡”的施肥原则。

秋冬花事 冬季要移到室内，环境温度控制在 5℃以上。当温度降到 10℃以下时会进入休眠。

13

Zantedeschia aethiopica

彩色马蹄莲

天南星科马蹄莲属多年生草本植物。马蹄莲的彩色品种的统称。肉质块茎肥大。叶基生，叶片亮绿色，全缘。肉穗花序直立于“佛焰”中央，佛焰苞似马蹄状，有黄色、粉红色、红色、紫色等。花期 11 月至翌年 5 月。

13日 12月 星期___

花事记

今日花事

喜温暖，不耐寒，生长适温为23℃左右，生育温度在18～20℃之间，夜间温度保持在10℃以上才能正常开花。一般高于25℃或低于5℃都易造成休眠。基质要求保水保肥，同时排水良好，通透能力强。

春夏花事 叶抽出后进入旺盛生长期，要注意“见干见湿”。在成长期大约每20天就需施加一次。施肥时注意不要把肥液弄到叶子上，不然会腐蚀叶片。如果叶子因为营养不足而变黄，可以适当多施点肥。结果之后，需每10天喷一些磷酸二氢钾，适量即可。

秋冬花事 彩色马蹄莲最低能忍耐4℃低温。0℃时，球茎就会受冻死亡。冬天尽量多晒太阳。它不能被强光照射。

14

Lewisia cotyledon

露薇花

又名繁瓣花。水卷耳科露薇花属多年生草本植物。根肉质，基生莲座叶丛，叶倒卵状匙形，长 5 ～ 8 厘米，全缘或波状。圆锥花序顶生，高约 25 厘米，花白色、橙红、粉色或橙黄，具红脉、红晕或红色条纹，瓣片 8 ～ 10，开展，长 1.2 厘米。花期早春至夏季。花开时满铺叶片顶端，色彩缤纷，极为繁茂，为近年来新兴的观花草本植物。

14日 12月 星期＿＿

花事记

今日花事

不耐寒，喜春季湿润、夏季干燥的生长环境，宜栽培于排水良好，疏松的砾质土壤。喜半阴的光照条件。

春夏花事 夏季露薇花不适应高温、潮湿，植株有时进入半休眠状态。此时，少浇水，遮阴避雨，以通风和散射光为好。

秋冬花事 每月施肥 1 次，可施氮、磷、钾（5 ∶ 10 ∶ 10）的复合肥。花后及时剪去残花残梗，利于新花枝的产生。可以播种繁殖。由于室温逐月下降，应减少浇水，盆土保持稍干燥，生长适温为 12 ～ 18℃，但在 7 ～ 8℃下可安全越冬。

15

Ficus elastica

印度榕

桑科榕属常绿乔木栽培变种。叶面深绿色，叶背紫黑色，叶脉紫红色。适应性较强，秋季开花，冬季结果，没有明显的休眠期。叶大革质，形状可爱，南方可露地栽培，北方盆栽观赏。采用扦插法繁殖。

15日 12月

星期___

花事记

今日花事

喜温暖湿润的生长环境，对光线的适应性较强。生长适温15～35℃，冬季环境温度应不低于5℃。充分浇水。喜肥沃湿润的酸性土。较耐水湿，忌干旱。

春夏花事 印度榕于春季气温稳定回升后进行扦插，剪取5年生以内幼龄树的嫩枝，带顶芽扦插，老枝不易成活。切口处较多乳汁，剪下的枝条，插入水中数小时，洗清切口，然后插入湿沙床内。保持稀疏光照，喷雾保湿，约25天可发根，2个月左右即可上盆。当年作小盆栽植供观赏。高温季节每天早、晚各浇1次水，并经常向枝叶上喷水，否则叶缘易枯焦。

秋冬花事 北方应在10月中下旬移入室内越冬，室温以10℃左右为宜，如温度低于3℃，则叶片就会变黄脱落。来年4月上中旬根据当时的气温，可移至室外。

16

Leucospermum nutans

针垫花

别名：风轮花、针包花等。山龙眼科针垫花属常绿蔓性灌木。叶轮生，硬质，多为针状、心脏形或矛尖状，边缘或叶尖有锯齿；花序密集，头状花序，单生或少数聚生；花冠小，针状。花期夏季。针垫花通过众多的鲜花布景被世界各地的游人认识，从而传播至世界各地，成为一个非常流行的园艺品种，也被广泛用作鲜切花。常见的颜色有红色、黄色、橙色等。

16日 12月 星期＿＿

花事记

今日花事

针垫花是南非本土的植物品种，生长在酸性、贫瘠的土壤环境中，在冬季多雨季节和炎热、干燥的夏季开花。据说，在南非开普角保护区还遗存有世界上为数不多的金黄色针垫花，成为植物王国里不可多得的活化石。

春夏花事 一般于春季播种繁殖。将种子播种在高温杀菌处理过的泥炭和沙的混合土中，发芽适温为16～20℃，播后25～30天发芽。出苗后不能过湿，稍干燥，待出现1对真叶时移栽上盆，放通风和光照充足处。或于初夏扦插，剪取半成熟枝条，长10～15厘米，插入沙床。室温保持在16～18℃并保湿，插后30～40天生根。

秋冬花事 冬季环境温度不应低于10℃。土壤以肥沃、疏松和排水良好的酸性沙质壤土为宜。入室前剪除枯枝、过密枝，对徒长枝适当短截。盆栽每隔3～4年换盆1次。

17 *Cotyledon orbiculata*

轮回（乒乓福娘）

轮回又称乒乓福娘，景天科银波木属多肉植物。植株叶片退化成扁卵状；植株为直立的肉质灌木；叶片对生，叶片顶端紫红圆叶尖，叶面有一层白粉，强光下叶片的顶端边缘会较红；聚伞状圆锥花序，花序较高，小花管状下垂；花开橙红色，先端五裂，花蕾看起来像一个个挂着的小辣椒。花期初夏，是观赏多肉植物。

17日 12月 星期＿＿

花事记

今日花事

轮回需要阳光充足和凉爽、干燥的环境，耐半阴，怕水涝，忌闷热潮湿。具有冷凉季节生长，夏季高温休眠的习性。每年的 9 月至翌年的 6 月为植株的生长期，若光照不足植株容易徒长，叶与叶之间的上下距离会拉得更长，使得株型松散，茎变得很脆弱，而在阳光充足之处生长的植株，株型矮壮，叶片之间排列会相对紧凑点。盆栽时建议使用陶瓷盆，以透气、排水能力好的土壤最佳。

春夏花事 尽量将温度调整到 15 ～ 25℃左右，夏季应避免高于 35℃。养护期间要保证环境通风，避免太荫蔽。浇水次数不要太多，在高温的气候下多浇些水即可。

秋冬花事 冬季需尽早搬到室内。

18

Pachira glabra

马拉巴栗
（光瓜栗）

别名：发财树。锦葵科瓜栗属常绿小乔木。叶互生；掌状复叶；小叶5～9片，全缘。原产于巴西，在中国华南及西南地区有广泛地引种栽培。株型美观，耐阴性强，为优良的室内盆栽观叶植物。

18日 12月

星期＿＿

花事记

今日花事

喜高温高湿气候，耐寒力差，幼苗忌霜冻。喜肥沃疏松、透气保水的沙壤土，喜酸性土，忌碱性土或黏重土壤，较耐水湿，也稍耐旱。生长适温为 20 ～ 30℃。忌冷湿，在过于潮湿的环境下，叶片很容易出现渍状冻斑。

春夏花事 在南方一般 3—10 月进行扦插繁殖，成活率较高。选择健壮、无病虫害的植株顶梢作插穗，插穗长 10 ～ 12 厘米，去掉下叶，大叶剪去一半，同时要将插穗斜剪，以扩大插穗的发根面积。然后用“根太阳”生根剂 300 倍液和黄泥混合成泥浆，将插穗剪口蘸点泥浆，待泥浆干后插入育苗床。20 ～ 25℃为生根最适温度，插后 12 ～ 15 天左右可移栽上盆。扦插完后要及时浇透水、遮盖。夏季用遮光率 90% 的遮光网遮盖，在春秋季可用 60% ～ 70% 的遮阳网遮盖。温度低于 15℃不适宜扦插繁殖。

秋冬花事 种子在秋季成熟，宜随采随播。当果实外皮枯黄或干燥后即可采收。果实采回后敲开果壳，收取种子。种子播在河沙或园土泥中，播种深度 2 ～ 3 厘米，温度控制在 20 ～ 30℃范围内。播后 3 ～ 5 天出芽，20 ～ 30 天可定植于大田或上盆栽种。冬季温度不可低于 15℃，最好保持在 18 ～ 20℃之间。若温度较低，则会出现落叶现象，严重时枝条光秃，不仅有碍观赏，而且容易造成植株死亡。

19 *Aglaia odorata*

米仔兰

别名：米兰、树兰、鱼仔兰等。楝科米仔兰属的常绿灌木或小乔木。羽状复叶对生；叶柄上有极狭的翅；每复叶有3～7片倒卵圆形的小叶，全缘，叶面深绿色，有光泽；小型圆锥花序，着生于树端叶腋；花很小，黄色，香气甚浓；花期很长，以夏、秋两季开花最盛。米仔兰可被用作盆栽，开花季节浓香四溢，可用于布置会场、门厅、庭院及家庭装饰。落花季节又可作为常绿植物陈列于门厅外侧及建筑物前。

19日 12月

星期___

花事记

今日花事

米仔兰幼苗时较耐荫蔽，长大后偏阳性；喜温暖、湿润的气候，怕寒冷；适合生于肥沃、疏松、富含腐殖质的微酸性沙质土中。

春夏花事 于4月下旬至6月中旬进行扦插繁殖，扦插基质可用蛭石或粗沙。扦插深度约为插条的1/3。用手指揿实泥土，使泥土和插条紧密结合，浇足水。架设荫棚，以保持通风、湿润的环境。米仔兰盆栽时，要保证排水良好，浇水按气候干湿情况而定，既要保持盆土湿润又不能长期水分过多。过干则对米仔兰生长不利，出现叶片萎蔫，维持较高的空气湿度才对米仔兰生长不利，在天旱和生长旺盛期，最好每天对叶面喷水1～2次。

秋冬花事 米仔兰对低温十分敏感，很短时间的零下低温就能造成整株死亡。当温度达16℃左右时，植株抽生新枝，但生长缓慢，不能形成花穗。气温达25℃时，生长旺盛，新枝顶端叶腋孕生花穗。

20

Begonia masoniana

铁甲秋海棠

秋海棠科秋海棠属的多年生草本植物。根状茎未见；叶均基生，叶片两侧极不相等，轮廓斜宽卵形至斜近圆形，边缘有密、微凸起的长芒之齿，上面深绿色，下面淡褐绿色；沿脉被硬刺毛；叶柄被粗、褐色卷曲硬毛；托叶早落；花多数，黄色，聚伞花序。花期5—7月。可盆栽，常用来点缀客厅、橱窗或装点家庭窗台、阳台、茶几等地方。

20日 12月

星期＿＿

花事记

今日花事

在温暖的环境下生长迅速，茎叶茂盛，花色鲜艳。生长适温为 19 ～ 24℃，冬季温度不低于 10℃，否则叶片易受冻，但根茎较耐寒。对光照反应敏感。一般适合在晨光和散射光下生长，在强光下易造成叶片灼伤。

春夏花事 盆栽一般两三年换土一次，常用堆肥土、腐叶土和炭土。而碱性或黏重，易板结的土壤作为盆栽土，不利于新根生长、会导致茎叶矮小，色彩暗淡，易引起萎黄病。适合生长在 pH 值 6.5 ～ 7.5 的中性土壤中。

秋冬花事 在短日照和夜间温度 21℃的条件下，花期明显推迟。应于温室中栽培，适当遮阴。

21

Pyracantha fortuneana

火棘

蔷薇科火棘属常绿灌木或小乔木。通常采用播种、扦插和压条法繁殖。花期3—5月。火棘树形优美，春有繁花，秋有红果，果实存留枝头甚久，适于在庭院中做绿篱以及园林造景材料。具有良好的滤尘效果，对二氧化硫有很强吸收和抵抗能力。是一种极好的春季看花、冬季观果植物和盆景植物。

21日 12月 星期__

花事记

今日花事

火棘性喜温暖湿润而通风良好、阳光充足、日照时间长的环境生长，最适生长温度 20 ～ 30℃。具有较强的耐寒性，在 -16℃仍能正常生长，并安全越冬。

春夏花事 火棘虽耐瘠薄，对土壤要求不严，但在春季生长季节，为了植株生长发育良好，宜选择土层深厚；土质疏松，富含有机质，pH5.5 ～ 7.3 的微酸性土壤种植为好。

秋冬花事 黄河以南露地种植，华北需盆栽，塑料棚或低温温室越冬，温度可低至 -16℃。火棘果实 10 月成熟，可在树上宿存到翌年 2 月，采收种子以 10—12 月为宜，采收后及时除去果肉，将种子冲洗干净，晒干备用。

22

Osmanthus fragrans var. *aurantiacus*

丹桂

木犀科木犀属常绿乔木或灌木。树皮灰褐色；小枝黄褐色，无毛；叶片革质，椭圆形、长椭圆形或椭圆状披针形，先端渐尖，两面无毛，中脉在上面凹入，下面凸起；叶柄长0.8～1.2厘米，最长可达15厘米，无毛；雌雄异株，开橘红色花，香味很浓，树冠圆球形，枝条峭立，紧密度中等。花期9月至翌年10月上旬。丹桂是桂花中花色最深的一类，是珍贵的观赏植物，常用作园林景观树种使用。

22日 | 12月 | 星期___

花事记

今日花事

喜光树种，喜欢气候温暖和通风良好的生长环境，不很耐寒，北方地区需在小气候条件或盆栽。但在幼苗期要求有一定的庇阴。成年后要求有充分光照，只有在全日照条件下，方可枝叶茂盛。

春夏花事 清明节后将丹桂移置露天，浇一次透水。夏季须在早晚浇水，浇腐熟稀薄的豆饼、麻酱、鱼腥水等，每半月一次，5 月底至开花前每周浇一次，肥水浓度逐渐增加，7—8 月每隔半月追施一次 0.5% 磷酸二氢钾溶液。花后追施一次清淡的肥液，以免引发秋枝。

秋冬花事 冬季则在中午前后浇水，使水温与土温接近，不致骤冷骤热，注意不可积水。保持盆土湿润即可。冬季入室前可在盆土表面撒豆饼粉或浇一次浓肥越冬。

23

Alamanda schottii

黄蝉

夹竹桃科黄蝉属直立常绿性灌木。枝条不具攀缘性；幼枝呈暗紫红色；叶长椭圆形；单叶轮生，叶端较尖，薄肉质且全绿；叶面平滑，叶脉为羽状。花期5—6月。原产巴西，现广植于热带地区。我国华南各省（区）有露地栽培，长江流域以北可于温室盆栽观赏。

23日 12月 星期__

花事记

今日花事

喜温暖湿润气候，不耐寒。在土层深厚肥沃质地疏松的酸性土，植株生长良好，自夏至秋，陆续开花不绝，萌芽力强，耐修剪。

春夏花事 在春季出房之后盆栽，应置于房屋北面半阴、湿润处，并对枯枝、弱枝进行一次修剪和短截，加施肥水，促进新枝萌发。若植株较高，下部脱脚，可将根部的萌蘖条适当保留并摘心，以逐步替代更新老株。平时浇水要及时，保持盆土湿润，并经常向植株及其周围喷水，提高环境湿度。生长期 7～10 天施肥 1 次，最好粪肥和过磷酸钙交替使用，保证枝条生长充实，花期持久。

秋冬花事 冬季入室后，室温宜保持在 10℃以上，盆土也要较湿润。若温度过低或干湿不当，均会导致叶片脱落。

24

Clivia miniata

君子兰

别名：剑叶石蒜、大叶石蒜。石蒜科君子兰属的多年生草本。属观赏花卉，花期长达30～50天，盛花期自元旦至春节。君子兰具有很高的观赏价值，中国常在温室盆栽供观赏。采用分株或种子繁殖。根肉质纤维状，为乳白色，十分粗壮；茎基部宿存的叶基部扩大互抱成假鳞茎状；叶片从根部短缩的茎上呈二列叠出，排列整齐，宽阔呈带形，顶端圆润，质地硬而厚实，并有光泽及脉纹；基生叶质厚，叶形似剑，叶片革质，深绿色，具光泽，带状。

24日 12月

星期___

花事记

今日花事

君子兰忌强光，为半阴性植物，喜凉爽，忌高温。生长适温为15～25℃，低于5℃则停止生长。喜肥厚、排水性良好的土壤和湿润的土壤，忌干燥环境。

春夏花事 生长的最佳温度为15～25℃之间，10℃以下，30℃以上，生长受抑制。夏季应放置在通风的环境，喜深厚肥沃疏松的土壤，适宜在疏松肥沃的微酸性有机质土壤内生长。换土时间最好选择在春季，换土最关键的一点就是要把根部用土装实，不然倘若根部没有土，那么水分和养分就达不到根部，易造成烂根。

秋冬花事 君子兰0℃受冻害。因此，冬季必须保温防冻。花茎抽出后，维持18℃左右为宜。温度过高，叶片、花苔徒长细瘦，花小质差，花期短；温度太低，花茎矮，容易夹箭早产（开花），影响品质，降低观赏价值。

25 *Euphorbia pulcherrima*

一品红

大戟科大戟属的常绿灌木。有轻微毒性。茎直立，含乳汁；叶互生，卵状椭圆形，下部叶为绿色，上部叶苞片状，红色；花序顶生；花果期 10 月至翌年 4 月。一品红花色鲜艳，花期长，在圣诞、元旦、春节期间开花，盆栽布置室内环境可增加喜庆气氛；也适宜布置会议等公共场所。南方暖地可露地栽培，美化庭园，也可作切花。

25 日 | 12 月

星期 ___

花事记

今日花事

一品红是短日照植物，喜温暖，生长适温为18～25℃；一品红对水分的反应比较敏感，生长期需水分供应充足，花期应适度浇水。

春夏花事 在清明节前后将休眠老株换盆，剪除老根及病弱枝条，促其萌发新枝，在生长过程中需摘心两次，第一次6月下旬，第二次8月中旬。在栽培中应控制大肥大水，待枝条长20～30厘米时开始整形作弯，目的是使株形短小，花头整齐，均匀分布，提高观赏性。

秋冬花事 每年的9月中下旬进入室内，要加强通风，使植株逐渐适应室内环境，冬季室温应保持15～20℃。此时正值苞片变色及花芽分化期，若室温低于15℃以下，则花、叶发育不良。至12月中旬以后进入开花阶段，要逐渐通风。冬季温度不低于10℃。

26 *Dracaena draco*

龙血树

天门冬科龙血树属常绿或半常绿乔木。树干短粗，表面为浅褐色，较粗糙；能抽出很多短小粗壮的树枝；树液深红色；叶蓝绿色。龙血树花小，颜色为白绿色，圆锥花序；浆果，橙色。龙血树植株挺拔、素雅、朴实、雄伟，富有热带风情，大型植株可布置于庭院、大堂、客厅，小型植株和水养植株适于装饰书房、卧室等。繁殖方法采用播种繁殖或扦插繁殖。

26日 12月 星期___

花事记

今日花事

龙血树喜阳光充足，也很耐阴。宜室内栽培。只要温度条件合适，一年四季均处于生长状态。

春夏花事 一般于春季（1—4 月）用苗床播种育苗；或采用栽后 3 ～ 5 年出苗的分枝，于 7—8 月高温多雨季节扦插。待插条生根以后，移入苗床。也可直接扦插于花盆内，制作成盆景。龙血树的室内栽培应置于距南窗台 3 ～ 4 米处，或明亮的地方，过于荫蔽的地方会导致叶片褪色变黄。生长期间每 15 天左右施肥一次，多年生老株最好每 7 ～ 10 天施肥一次。如要使植株冬季休眠，则 9 月以后应停止施肥，并适当控水。

秋冬花事 栽培中最好让其冬季休眠，休眠温度为 13℃，冬季温度最低不得低于 5℃。若温度太低，叶尖和叶缘会出现黄褐色斑点或斑块。

27

Fuchsia hybrida

倒挂金钟

又名：灯笼花、吊钟海棠。柳叶菜科倒挂金钟属多年生半灌木。茎直立，高 50 ～ 200 厘米，粗 6 ～ 20 毫米，多分枝，被短柔毛与腺毛，老时渐变无毛，幼枝带红色。叶对生，卵形或狭卵形，长 3 ～ 9 厘米，宽 2.5 ～ 5 厘米。花期 9—12 月。倒挂金钟花形奇特，极为雅致。

27 日 | 12 月 | 星期___

花事记

今日花事

喜凉爽湿润环境，怕高温和强光，忌酷暑闷热及雨淋日晒。以肥沃、疏松，且宜富含腐殖质、排水良好的微酸性土壤为宜。适宜生长温度为 10 ～ 28℃。

春夏花事 夏季要求凉爽及半阴条件，并保持一定的空气湿度。可每日多次向叶面喷水，地面洒水，降低温度，增加空气湿度。夏季温度达 30℃时生长极为缓慢，35℃时大批枯萎死亡。因倒挂金钟生长快，开花次数多，故在生长期要掌握“薄肥勤施”原则，约每隔 10 天施一次稀薄饼肥或复合肥料。施肥前盆土要偏干；施肥后用细喷头喷水一次，以免叶面沾上肥水而腐烂。

秋冬花事 冬季要求温暖湿润、阳光充足、空气流通；冬季环境温度不应低度于 5℃，若低于 5℃，则易受冻害。

28 *Polyscias scutellaria*

圆叶南洋参（钱兜）

圆叶南洋参又称钱兜，五加科南洋参属常绿灌木或小乔木。植株多分枝；茎干灰褐色，密布皮孔；枝条柔软；叶互生，3 小叶的羽状复叶或单叶，小叶宽卵形或近圆形；基部心形，边缘有细锯齿，叶面绿色。另有花叶、银边品种。

28 日 12 月

星期＿＿

花事记

今日花事

温度不能过低，否则会导致叶片大量脱落，甚至植株死亡。

春夏花事 春季应换盆一次，盆土要求疏松肥沃，含腐殖质丰富，并有良好的排水透气性，可用腐叶土或草炭土加 1/3 的河沙，并掺少量腐熟的鸡粪、牛粪作基肥。

繁殖可剪取 1 年至 2 年生的枝条进行扦插，插穗长 10 厘米左右，去掉大部分叶片，以减少蒸发，在 20 ~ 25℃的条件下，保持较高的空气湿度，4 ~ 6 周可生根。

秋冬花事 9 月以后停止施肥，使其新枝木质成熟，有利越冬。冬季放在室内阳光充足处，适当减少浇水，温度应维持在 12℃以上。

29

Epipremnum aureum

绿萝

天南星科麒麟叶属大型常绿藤本植物。其缠绕性强，气根发达，可以水培种植。它遇水即活，因其顽强的生命力，被称为“生命之花”。室内养殖时，也可培养成悬垂状置于书房、窗台，抑或直接盆栽摆放，是一种非常适合室内种植的优美花卉。

29日 12月

星期＿＿

花事记

今日花事

绿萝属阴性植物，喜湿热的环境，忌阳光直射，喜阴。喜富含腐殖质、疏松肥沃、微酸性的土壤。越冬温度不应低于 15℃。

春夏花事 通常绿萝的繁殖采用扦插法。春末夏初选取健壮的绿萝藤，剪取 15 ～ 30 厘米的枝条，将基部 1 ～ 2 节的叶片去掉，注意不要伤及气根，然后插入素沙或煤渣中，深度为插穗的 1/3，淋足水放置于荫蔽处，每天向叶面喷水或覆盖塑料薄膜保湿，只要保持环境不低于 20℃，成活率均在 90% 以上。

秋冬花事 冬季室温不能低于 10℃，否则易发生黄叶、落叶现象。室内栽培可置窗旁，但要避免阳光直射。阳光过强会灼伤绿萝的叶片，过阴会使叶面上美丽的斑纹消失。在光线较暗的室内，应每半月移至光线强的环境中恢复一段时间，否则易使节间增长，叶片变小。

30

Pachystachys lutea

金苞花

爵床科金苞花属常绿灌木。高可达 1 米，多分枝；叶对生，狭卵形，长达 12 厘米，亮绿色，叶面皱褶有光泽。穗状花序顶生，长达 10 ～ 15 厘米，直立，金黄色苞片可保持 2 ～ 3 个月。叶色亮绿，花序苞片排列紧密、黄色，花白色素雅，花型别致，整个花序形如金黄色的虾，花期长，观赏价值高。

30 日 12 月

星期 ___

花事记

今日花事

性喜高温、多湿及阳光充足的环境，不耐寒。喜排水良好、肥沃的腐殖质土或沙质壤土。生长适温为15～25℃。

春夏花事　春秋两季每天浇水1次。夏季每天要浇水2～3次，可在每天上午10时前浇1次，下午3点后浇水1次，并适当增加叶面喷水次数。生长季节一般每15～20天施一次腐熟的有机肥或尿素＋磷酸二氢钾兑水喷施。

秋冬花事　冬季越冬温度宜保持10℃以上，如越冬温度低于4～5℃，植株停止生长，叶片脱落。如果低温持续的时间过长，还会导致根系腐烂，植株死亡。

31

Fatsia japonica

八角金盘

五加科八角金盘属常绿灌木。叶片大，革质，近圆形，掌状7～9深裂，裂片长椭圆状卵形，先端短渐尖；基部心形掌状的叶片，裂叶约8片。因其叶看似有8个角而得名。花期10—11月。八角金盘四季常青，叶片硕大。叶形优美，浓绿光亮，是深受欢迎的室内观叶植物。适应室内弱光环境，为宾馆、饭店、写字楼和家庭美化常用的植物材料。或作室内花坛的衬底。叶片又是插花的良好配材。常用扦插、播种和分株繁殖。

31日 12月

星期___

花事记

今日花事

喜温暖湿润的气候，耐阴，不耐干旱，有一定耐寒力。宜种植有排水良好和湿润的沙质壤土中。

春夏花事　通常春季3—4月多采用2年生硬枝扦插繁殖；4月出室后，要放在荫棚或树荫下养护。夏季5—7月用嫩枝扦插，保持温度及遮阴，并适当通风。忌阳光直射，否则发生叶日烧病。长期光照不足，则叶片会变细小。生长适温约在10～25℃。如发生烟煤病，要及时用干净的棉布将煤污擦去，并喷施百菌清等杀菌药进行防治。

秋冬花事　越冬温度应保持在7℃以上，种子10月成熟，当果实呈褐色时即应采收。果枝剪下后放在室内阴干约7～10天，然后放在日光下摊晒2～3天，待具翅小坚果自行分离，去除杂质，装入布袋干藏。采种精选后在湿沙中层积过冬，于次年春季播种育苗。

A

B

C

D

E

K

L

M

X

Y

Z